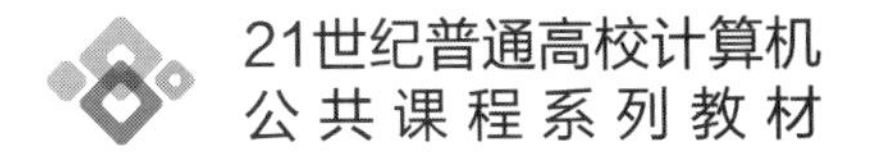

21世纪普通高校计算机
公共课程系列教材

大学计算机应用基础实践教程

◎ 刘 洋 施卫华 曹永胜 主编
王永全 焦 娜 唐 玲 单美静 程 燕 陈德强 编著

U0378472

清华大学出版社
北京

内 容 简 介

本书以上海市高等学校学生计算机应用能力的水平为依据，参照《大学计算机基础课程教学基本要求》(2016 版)和上海市教育考试院上海市高等学校信息技术水平考试一级《大学信息技术＋数字媒体基础》(2021 年版)的精神，结合计算机应用基础教学特点，教学团队总结了多年的实践教学经验，以案例组织教学的思想编写了本教材。

全书的主要内容包括 Windows 10 操作系统、办公软件 Office 2016、图像处理软件 Photoshop、动画制作软件 Animate CC、网页制作软件 Dreamweaver、网络基础、数字声音编辑软件 Adobe Audition 和视频编辑软件 Adobe Premiere 的基本使用方法等。本书通过完成综合案例的实践练习，逐步引入各个知识点，引导学生在实践中学习，形成了面向应用和技能的教材特色。

本书适合作为高等学校计算机应用基础课程教学的教材，也可作为相关软件学习的入门教材，同时也适合作为上海市高等学校信息技术水平考试的培训和自学教材。

本书封面贴有清华大学出版社防伪标签，无标签者不得销售。
版权所有，侵权必究。举报：010-62782989，beiqinquan@tup.tsinghua.edu.cn。

图书在版编目(CIP)数据

大学计算机应用基础实践教程/刘洋，施卫华，曹永胜主编. —北京：清华大学出版社，2023.2(2023.10重印)
21 世纪普通高校计算机公共课程系列教材
ISBN 978-7-302-62435-6

Ⅰ. ①大… Ⅱ. ①刘… ②施… ③曹… Ⅲ. ①电子计算机－高等学校－教材 Ⅳ. ①TP3

中国国家版本馆 CIP 数据核字(2023)第 016935 号

责任编辑：黄　芝　薛　阳
封面设计：刘　键
责任校对：胡伟民
责任印制：刘海龙

出版发行：清华大学出版社
网　　址：http://www.tup.com.cn，http://www.wqbook.com
地　　址：北京清华大学学研大厦 A 座　　**邮　　编**：100084
社 总 机：010-83470000　　**邮　　购**：010-62786544
投稿与读者服务：010-62776969，c-service@tup.tsinghua.edu.cn
质量反馈：010-62772015，zhiliang@tup.tsinghua.edu.cn
课件下载：http://www.tup.com.cn，010-83470236
印 装 者：三河市龙大印装有限公司
经　　销：全国新华书店
开　　本：185mm×260mm　　**印　　张**：14.5　　**字　　数**：365 千字
版　　次：2023 年 3 月第 1 版　　**印　　次**：2023 年 10 月第 3 次印刷
印　　数：2501～4000
定　　价：49.80 元

产品编号：097037-01

本书编委会

（按编写章节为序）

主　任：刘　洋　施卫华　曹永胜

委　员：焦　娜　杨年华　唐玲

王　弈　单美静　刘　琴

宋沂鹏　程　燕　王学光

陈德强　陈海燕　王永全

前 言

随着计算机信息技术的蓬勃发展、社会信息化程度的提高，以及未来智慧城市数字化转型升级，计算机的应用能力已成为每个大学生的必备技能之一。高校针对非计算机专业的学生开设各类计算机课程，顺应了时代发展的要求。我国高校的计算机基础教育可以追溯到20世纪80年代，经过30多年的蓬勃发展，高校的计算机基础教育已具有了清晰的课程体系和教学特色。计算机基础教育的培养目标是使学生掌握计算机软硬件技术的基础知识，培养学生在本专业与相关领域的计算机应用开发能力，培养学生利用计算机分析问题、解决问题的意识，提高学生的计算机文化素养。

本书的编者均是计算机基础教育的第一线教师，他们结合了多年的实践教学经验，改变了传统的教材编写思路，以案例驱动教学，在案例的完成中引入知识点，引导学生学习，增加了学习的趣味性和实践性。本书包含了大量的案例应用，且每个案例都提供了详细的操作说明。

本书共9章，主要内容有Windows 10操作系统、办公软件Office 2016、图像处理软件Photoshop、动画制作软件Animate CC、网页制作软件Dreamweaver、网络基础、数字声音编辑软件Adobe Audition和视频编辑软件Adobe Premiere的基本使用方法等，每章后面包含实践操作习题、部分基础选择题及相关视频供学生学习使用。其中第8章和第9章内容可作为拓展阅读材料，不占用学时。

本书由华东政法大学智能科学与信息法学系、上海交通职业技术学院联合编写。本书第1章和第8章由焦娜、杨年华编写，第2章由唐玲、王弈编写，第3章由单美静、刘琴编写，第4章由曹永胜、宋沂鹏编写，第5章由程燕、王学光编写，第6章由陈德强、陈海燕编写，第7章由施卫华编写，第9章由刘洋、王永全编写。全书由刘洋、施卫华和曹永胜担任主编，完成全书的修改及统稿。

本书相关的素材和样张，可扫描"目录"下方的二维码下载。本书配套微课视频，请读者先扫描封底刮刮卡内二维码，再扫描书中对应章节旁的二维码，即可观看。本书其他配套教学资源可从清华大学出版社官网或"书圈"公众号下载。

本书适合作为高等学校计算机应用基础课程教学的教材，也可作为相关软件学习的入门教材，同时也适合作为上海市高等学校信息技术水平考试的培训和自学教材。由于编者水平有限，书中不当之处在所难免，欢迎广大同行和读者批评指正。

编　者
2022年8月

目　录

第1章 操作系统 Windows 10

目的与要求

(1) 掌握 Windows 10 的桌面及其操作。

(2) 掌握文件、文件夹的管理及其操作。

(3) 掌握 Windows 10 的打印管理、控制面板及其操作。

(4) 掌握 Windows 10 的其他附件及其操作。

(5) 掌握 Windows 10 的系统管理及其操作。

1.1 Windows 10 的界面与管理

本节主要包括 Windows 10 系统的启动与退出、应用程序和帮助系统的使用，以及计算器和画图工具的使用等。

本节属于 Windows 10 的基本操作及桌面管理等范畴，各操作方面具有相对独立性，可以单独进行，互不干扰。在对 Windows 10 登录与退出、鼠标、键盘、窗口、菜单等操作较为熟悉的基础上着重介绍桌面属性的设置和管理、任务栏和“开始”菜单属性的设置与管理以及“开始”菜单中的级联菜单的创建、快捷方式的创建及运行方式和快捷键的设置、Windows 10 的帮助系统的使用等操作。

案例 1-1 按下计算机电源按钮，计算机启动并进入选择用户登录界面，选择登录用户名登录到该用户所对应的 Windows 10 桌面。

(1) 桌面属性的设置：桌面背景、颜色、锁屏界面、主题、字体、屏幕保护程序、“开始”菜单和任务栏。

(2) 在桌面上创建名为“计算器”的快捷方式，并设置运行方式为“最大化”，快捷键为 Ctrl+Shift+J(快捷方式所对应的应用程序名称为 C:\windows\system32 下的 calc. exe)。

(3) 在 C 盘根文件夹的 aaa 子文件夹中创建名为“记事本”的快捷方式(快捷方式所对应的应用程序名称为 C:\windows\system32 下的 notepad. exe)。

(4) 在“开始”菜单的“所有程序”子菜单下创建名称为“实验”的级联子菜单，并在该级联子菜单“实验”中创建名称为“画图 1”的快捷方式(快捷方式所对应的应用程序名称为 C:\windows\system32 下的 mspaint. exe)。

(5) 使用 Windows 10 获取帮助，搜索有关“安装打印机”主题的帮助信息，并将该信息窗口界面以文件名 azdyj. rtf 保存到 C:\aaa 文件夹中。

(6) 利用计算器将二进制数 100110111B 转换成十进制数、将十六进制数 ACD89H 转换成十进制数、将十进制数 35821 转换成二进制数、将十六进制数 3CA5BH 转换成二进制数、将十进制数547823转换成十六进制数。

(7) 打开“计算器”和“记事本”两个窗口，然后将整个桌面上的图像画面利用“画图”程序在水平和垂直方向各缩小50%，同时水平方向扭曲45°，完成后以256色的位图格式并以文件名tzdx.bmp保存到C:\aaa文件夹中。

操作步骤如下。

第(1)题：右击桌面空白处，打开桌面快捷菜单，选择“个性化”命令，打开“个性化”窗口，如图1-1所示，在该窗口中可分别根据需要通过“背景”“颜色”“锁屏界面”“主题”“字体”“开始”和“任务栏”选项卡对桌面显示属性进行相关设置。

图1-1 桌面“个性化”窗口

桌面属性的设置还可以右击任务栏空白处，打开任务栏快捷菜单，选择“任务栏设置”命令，打开“个性化”窗口。

第(2)题：右击桌面空白处，打开桌面的快捷菜单，选择“新建”|“快捷方式”命令，打开“创建快捷方式”对话框，并按照“创建快捷方式”对话框中的各项进行设置，如图1-2所示。右击“计算器”快捷方式图标，在快捷菜单中选择“属性”命令，弹出“计算器属性”对话框，在“快捷方式”选项卡中，在“运行方式”下拉菜单中选择“最大化”选项，在“快捷键”文本框里，同时按下Ctrl键、Shift键和J键，如图1-3所示。

说明：单击“浏览”按钮，打开“浏览文件夹”对话框，在该对话框中根据所对应的应用程序位置和名称，如C:\windows\system32\calc.exe找到并选择calc.exe，单击“确定”按钮，随后自动返回“创建快捷方式”对话框，最后单击“完成”按钮。此时桌面上出现了名为“计算器”的快捷方式图标。

注意：快捷方式可以直接创建在桌面上，也可以创建在某磁盘的根文件夹或子文件夹下。

第(3)题：在桌面上双击打开“此电脑”对话框，单击对话框中左侧的C盘，进入C盘根文件夹，双击名为“aaa”的子文件夹进入该文件夹窗口。单击“文件”|“新建”|“快捷方式”命令，打开“创建快捷方式”对话框，在“请输入项目的位置:”输入框中直接输入“C:\windows\

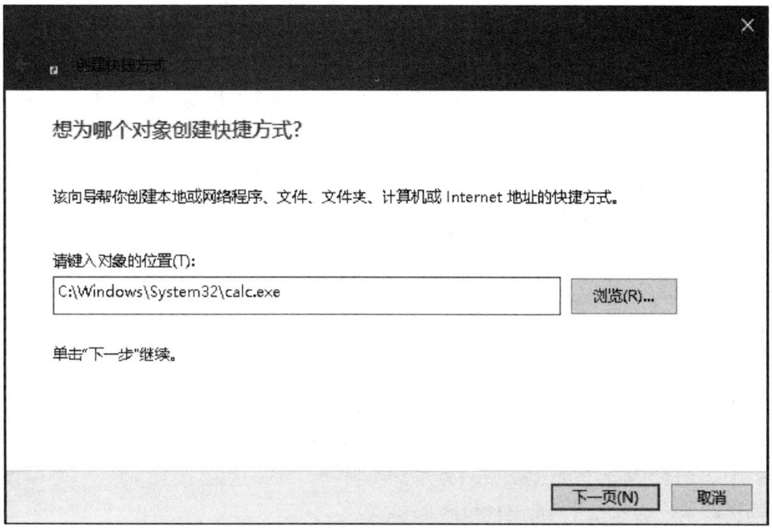

图 1-2 “创建快捷方式”对话框

图 1-3 “计算器属性”对话框

system32\notepad. exe”(或单击该输入框右侧的“浏览”按钮,打开“浏览文件夹”对话框,选择“C:\windows\system32\”位置,找到并选择 notepad. exe),单击“确定”按钮,自动返回“创建快捷方式”对话框。单击“下一步”按钮,出现“选择程序标题”对话框,在“输入该快捷方式的名称:”输入框中输入“记事本”(如果没有指定所建的具体快捷方式的名称,可以自定义名称或由系统默认名称),单击“完成”按钮。此时在“C:\aaa”下出现了名为“记事本”的快捷方式图标。

说明：如果桌面上没有"此电脑"按钮，单击任务栏中的文件夹按钮 打开"文件资源管理器"窗口，选择 C 盘。还可以右击打开"开始"菜单的快捷菜单，选择"文件资源管理器"命令，打开"文件资源管理器"窗口。

第(4)题：单击"开始"菜单，选择"所有程序"，右击选择快捷菜单的"打开"命令，打开"[开始]菜单"窗口，双击"程序"图标进入"程序"窗口。选择"文件"|"新建"|"文件夹"命令，此时出现名为"新建文件夹"的图标，将名为"新建文件夹"的名称改为 "实验"。双击"实验"图标进入"实验"窗口，选择"文件"|"新建"|"快捷方式"命令，打开"创建快捷方式"对话框，在"请输入项目的位置："输入框中直接输入快捷方式对应的应用程序位置及名称"C:\windows\system32\mspaint. exe"(或单击该输入框右侧的"浏览"按钮，打开"浏览文件夹"对话框，在该对话框中寻找位置"C:\windows\system32\"并选择 mspaint. exe)后，单击"确定"按钮，随后自动返回"创建快捷方式"对话框，单击"下一步"按钮，在 "输入该快捷方式的名称："输入框中输入"画图 1"，单击"完成"按钮。

说明：通过选择"开始"|"所有程序"，可以看到在"所有程序"级联菜单下已经存在"实验"级联子菜单，并在"实验"级联子菜单中已存在"画图 1"子菜单。

第(5)题：选择"开始"|"所有程序"|"应用"|"获取帮助"命令，打开 Windows 10 的"获取帮助"对话框。在输入框中输入"安装打印机"，然后按 Enter 键，则"安装打印机"主题的帮助内容显示在下面的栏目中，按 Alt＋PrintScreen 键，将此时的活动窗口复制到剪贴板，单击"开始"|"所有程序"|"附件"|"写字板"，打开"写字板"程序窗口，选择"主页"标签的"粘贴"命令，选择"文件"菜单的"另存为"|"RTF 文本文档"命令，打开"保存为"对话框，在"保存在："下拉列表框中找到并选择文件保存所在的子文件夹 C:\aaa，在"文件名："输入框中输入文件主名"azdyj"，在"保存类型："下拉列表框中选择"RTF 文档(RTF)(*. rtf)"，单击"保存"按钮，完成操作。

第(6)题：选择"开始"|"所有程序"|"应用"|"计算器"，打开"计算器"程序窗口，选择"打开导航"|"程序员"命令，则"计算器"窗口成为"程序员"的"计算器"窗口，如图 1-4 所示，选择 BIN 或者"二进制"，在窗口中的输入框中依次输入"100110111"(最后的符号"B"表示该数是二进制数，此处不用输入)，在窗口的 DEC 或者"十进制"后面显示数字 311，数字 311 是上述输入的二进制数转换而来的十进制数。HEX 代表十六进制，OCT 代表八进制。类似上述的操作可完成十六进制数 ACD89H 转换成十进制数、十进制数 35821 转换成二进制数、十六进制数 3CA5BH 转换成二进制数、十进制数 547823 转换成十六进制数的操作。

注意：构成二进制数的基本数字只有两个，即 0 和 1，最后用大写英文字母 B 来标记。以此类推，构成八进制数的基本数字有 8 个，即 0、1、2、3、4、5、6、7，最后用大写英文字母 O 来标记；构成十六进制数的基本数字有 16 个，即 0、1、2、3、4、5、6、7、8、9、A、B、C、D、E、F，最后用大写英文字母 H 来标记。

第(7)题：通过快捷方式分别打开"计算器"和"记事本"窗口，按 PrintScreen 键，将整个桌面复制到剪贴板，打开"画图 1"窗口，选择"编辑"|"粘贴"命令，此时，整个桌面画面被粘贴到"画图"程序窗口中，选择"主页"|"调整大小和扭曲"命令，打开"调整大小和扭曲"对话框，在对话框"重新调整大小"栏目中的"水平"和"垂直"输入框内分别输入"50"，在"倾斜(角度)"栏目中的"水平"输入框中输入"45"，单击"确定"按钮。选择"文件"|"另存为"命令，打

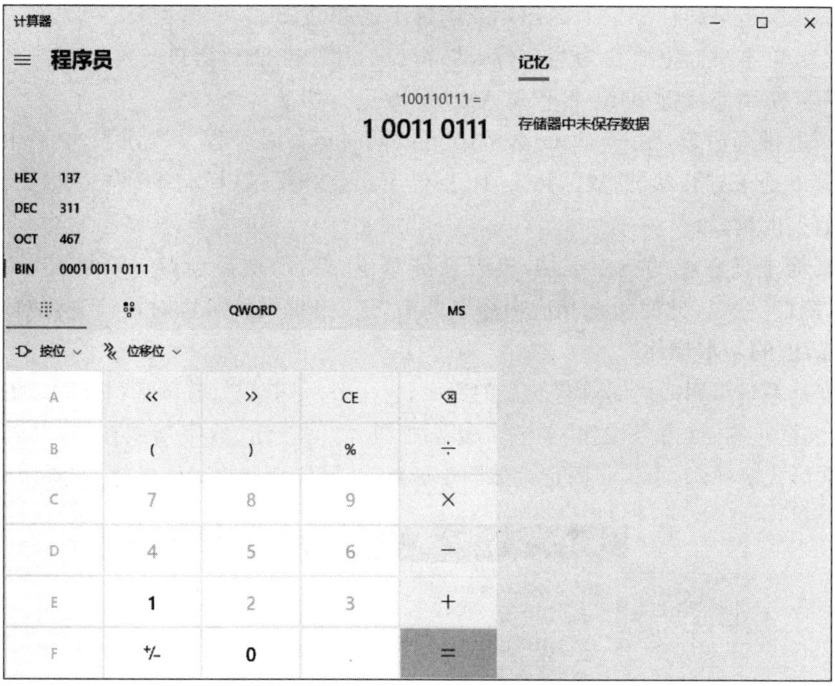

图 1-4　科学型的“计算器”程序窗口

开“保存为”对话框，在“保存在:”下拉列表框中找到并选择文件保存所在的子文件夹 C:\aaa，在“文件名:”输入框中输入文件主名“tzdx”，在“保存类型:”下拉列表框中选择“256 色位图（*.bmp; *.dib)”，单击“保存”按钮，完成操作。

注意：在“保存类型:”中可选择如“单色位图(*.bmp; *.dib)”“16 色位图(*.bmp; *.dib)”“256 色位图(*.bmp; *.dib)”“24 色位图(*.bmp; *.dib)” 进行保存。

1.1.1　窗口组成及其操作

1. 窗口的组成部分

Windows 10 中，应用程序窗口和文档窗口的结构基本一致，它们都具有边框、标题栏、控制菜单图标、窗口角、滚动条、状态栏等部分。此外，应用程序窗口还有菜单栏、工具栏等。

2. 窗口的基本操作

应用程序窗口的基本操作有：最小化窗口、最大化窗口、还原窗口、关闭窗口、放大或缩小窗口、移动窗口、窗口间的切换。

使用快捷键 Alt+F4，可以关闭当前的活动窗口，关闭应用程序窗口将终止应用程序的运行，而最小化窗口只是将应用程序的窗口缩为任务栏上的图标按钮，并不会终止应用程序的运行，并且相同类型的文件最小化到任务栏的一个图标当中，在鼠标放在任务栏的图标上时会出现缩略图。当打开了多个窗口时，只有一个窗口处于屏幕的最前面覆盖在其他窗口之上，该窗口标题栏的颜色(颜色或透明度稍深)不同于其他各个窗口标题栏的颜色，称此窗口为当前窗口(或活动窗口)，其他应用程序窗口的标题栏颜色或透明度稍浅，都是后台程序。将某一后台程序变成前台程序，称为窗口间的切换。

在窗口间进行切换的方法一般有如下三种。

方法一：单击桌面任务栏上的图标或图标上的缩略图。

方法二：单击桌面上要变为当前(活动)窗口的那个非活动窗口的可见区域。

方法三：使用快捷键 Alt+Esc 或 Alt+Tab 进行切换。

在桌面上排列窗口：由于 Windows 10 可以同时运行多个程序或任务，桌面上经常会同时有几个窗口处于打开状态，Windows 10 提供了层叠和平铺(横向平铺与纵向平铺)两种方式排列桌面上的窗口。

右击桌面上任务栏的空白区域，打开快捷菜单，选择“层叠窗口”或“堆叠显示窗口”或“并排显示窗口”命令(此时所选相应命令名前有“√”出现)，就可以对窗口进行对应的排列。

3. 对话框的基本操作

对话框是系统与用户之间进行交互的界面，它一般由标题栏、选项卡(标签)、列表框、文本框(下拉列表框)、按钮(命令按钮、单选或复选按钮、滑动按钮、数字增减按钮)等若干部分组成。对话框形式多样，大小相对固定。如图 1-5 为某应用程序中“文件夹选项”对话框的示例。

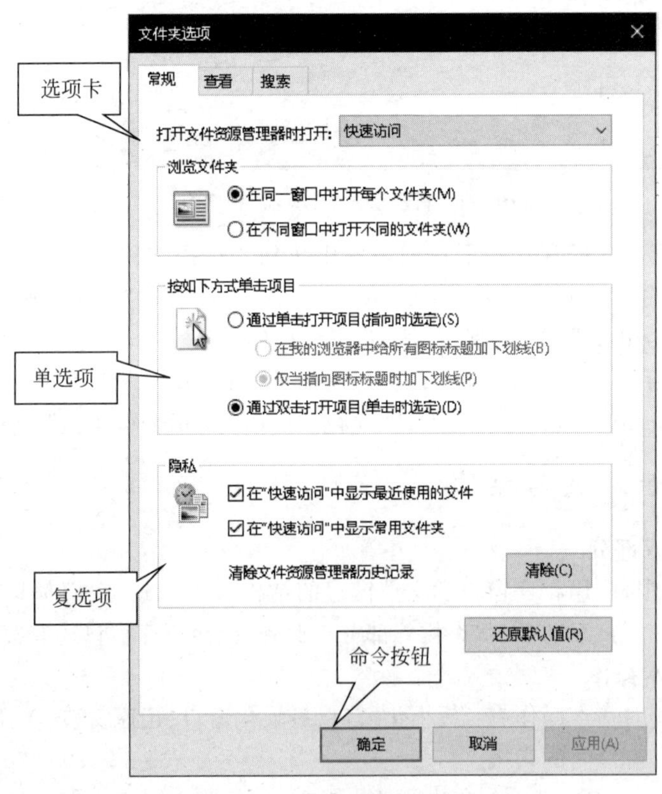

图 1-5 对话框示例

对话框的操作有移动、关闭、选项卡的选择等操作。

1.1.2 菜单功能及其操作

Windows 10 中，对菜单的操作比较简单，通过鼠标可以方便地实现相关操作。当然，通过键盘也可以实现相关操作。

(1) 打开菜单和选择菜单命令：单击菜单栏上的菜单名，即可打开该菜单下拉菜单列表，进一步用鼠标在下拉菜单列表中单击可选择相关菜单命令进行操作。

(2) 打开快捷菜单：用鼠标右击所选定的对象，即可打开该对象的快捷菜单。右击的对象不同，所得到的快捷菜单中的命令项也不尽相同。

(3) 打开窗口控制菜单：用鼠标单击该窗口左上角的控制菜单图标或按 Alt+Space(空格)组合键即可打开当前(活动)窗口的控制菜单。

(4) 打开"开始"菜单：用鼠标单击桌面任务栏上的"开始"菜单或按 Ctrl+Esc 组合键即可。

(5) 撤销菜单：菜单打开后，如果不想执行其中的菜单命令，可以在菜单外任意位置处单击，或者按 Esc 键，即可撤销已打开的菜单。

1.1.3 桌面管理及其操作

启动 Windows 10(或登录)进入系统后，展现在用户面前的是 Windows 10 的桌面。桌面上一般有任务栏、图标及(桌面)空白区域等。

1. "开始"菜单及其操作

"开始"菜单位于桌面底部任务栏的左侧，"开始"菜单有"简洁型"和"经典型"两种风格。

1) 打开"开始"菜单

打开"开始"菜单至少有三种方法：用鼠标单击屏幕左下角的"开始"菜单、按快捷键 Ctrl+Esc 或按键盘上标有 Windows 图标标记的按键。在"开始"菜单中，左侧从下至上分别是电源、设置、图片、文档、用户名和开始，中间显示应用列表，右侧是自定义菜单项。如图 1-6 所示为"开始"菜单的示例。

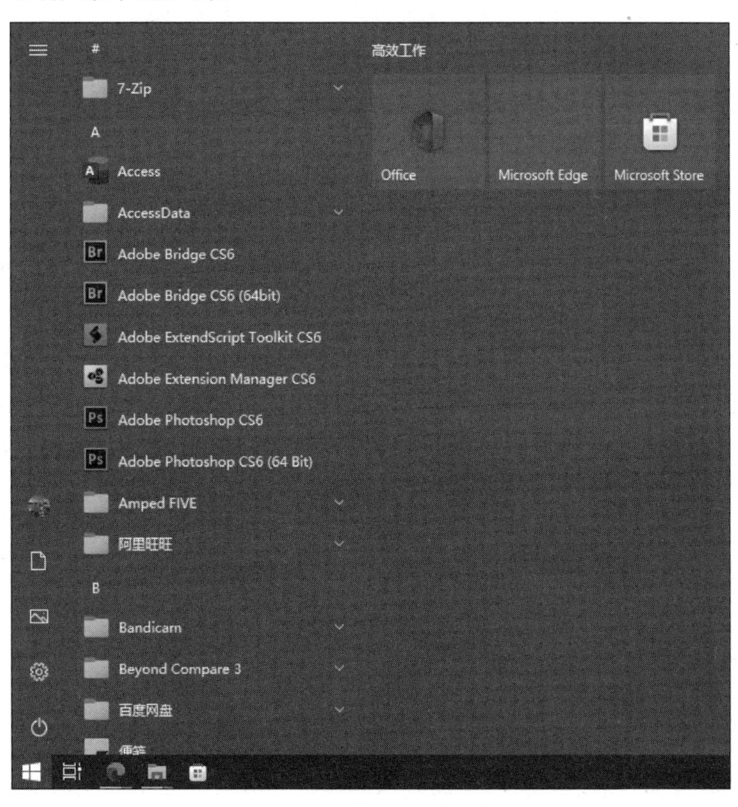

图 1-6 "开始"菜单示例

2）“开始”菜单的自定义

右击桌面空白处，打开桌面的快捷菜单，选择“个性化”命令，选择“开始”，打开“设置开始”窗口，并在该窗口中对各项进行设置，如图 1-7 所示。

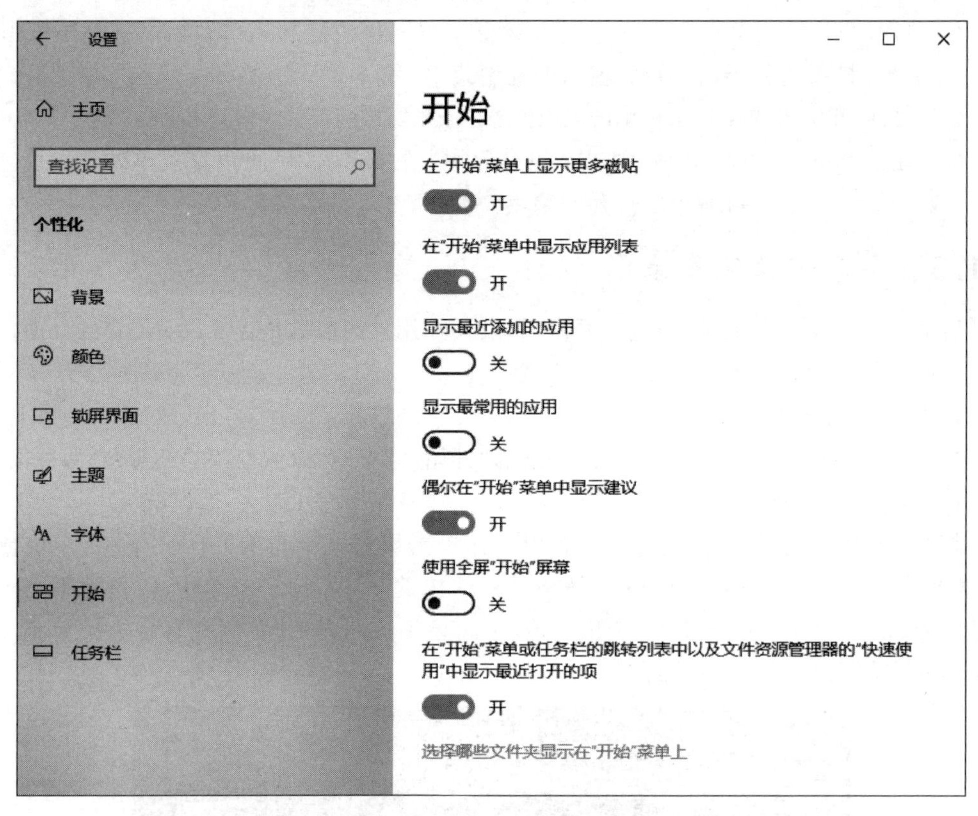

图 1-7　“设置开始”窗口

2. 任务栏及其有关操作

Windows 10 的任务栏默认位于桌面屏幕的底部，当然任务栏也可以用鼠标拖动到桌面屏幕的其他适当位置。

1）移动任务栏

方法一：右击任务栏上的空白空间。如果其旁边的“锁定任务栏”有复选标记，请单击它以删除复选标记。

方法二：单击任务栏上的空白空间，然后按下鼠标左键，并拖动任务栏到桌面的四个边缘之一。当任务栏出现在所需的位置时，释放鼠标。

2）任务栏设置

右击任务栏空白区域，打开任务栏的快捷菜单，选择“任务栏设置”命令，随后打开“设置任务栏”窗口，并在该窗口中对各项进行设置，如图 1-8 所示。

3. 快捷方式

1）快捷方式及其图标

快捷方式是指将应用程序映射到一个图标上，这个图标建立后一般放置在桌面上或某文件夹内，可以双击桌面上所建立的快捷方式图标打开对应的应用程序窗口。

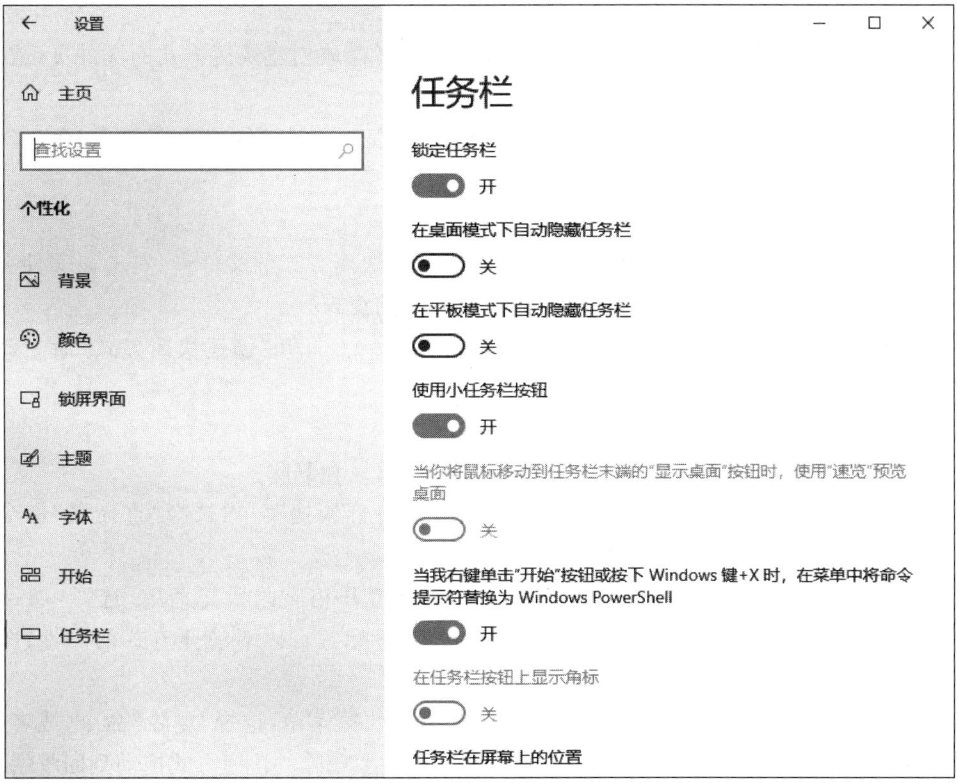

图 1-8 “设置任务栏”窗口

快捷方式的图标有两类：系统图标和用户定义图标（左下角有一个右向上的小箭头）。删除快捷方式的图标仅表示删除快捷方式本身，而与其对应的应用程序或文档文件并没有被删除。

2）创建快捷方式

创建快捷方式时必须明确对哪个对象（主要指应用程序、文档或文件夹等），以及所创建的快捷方式所放置的位置。一般地，快捷方式根据用户需要，可以放置在桌面上或者某文件夹内。

（1）在桌面上创建快捷方式。

右击桌面空白区域打开桌面快捷菜单，选择“新建”|“快捷方式”命令，打开“创建快捷方式”对话框，单击“浏览”按钮进一步打开“浏览文件夹”对话框，在对话框中选择相应文件夹或子文件夹，选中应用程序名或文档名，单击“确定”按钮。

在“创建快捷方式”对话框中单击“下一步”按钮，进入“选择程序标题”对话框，在文本输入框内输入快捷方式的名称（可默认，也可自行定义别的名称），然后单击“完成”按钮即可。

（2）在文件夹内创建快捷方式。

方法一：

双击桌面上“此电脑”图标打开“此电脑”窗口，选择存放快捷方式的文件夹（或子文件夹）。

右击该文件夹中的空白区域打开快捷菜单，选择“新建”|“快捷方式”命令，打开“创建快捷方式”对话框，余下的操作完全与在桌面上创建快捷方式的相应过程相同。

方法二：

双击桌面上“此电脑”图标打开“此电脑”窗口，选择存放创建快捷方式的文件夹(或子文件夹)。

选择“主页”|“新建”组|“新建项目”|“快捷方式”命令，打开“创建快捷方式”命令，使用上述方法在文件夹中创建快捷方式。

(3) 在“开始”菜单的某级联菜单里创建快捷方式。

单击“开始”菜单，选择“所有程序”，选中需要创建快捷方式的文件夹，右击该文件夹，在打开快捷菜单中选择“打开”命令，打开所选择文件夹的窗口。

选择“主页”|“新建”组|“新建项目”|“快捷方式”命令，打开“创建快捷方式”命令，使用上述方法在文件夹中创建快捷方式。

3) 快捷方式的重命名、改变属性和删除

快捷方式(桌面上或文件夹中)均可以改变名称、属性和删除。

改变快捷方式的名称：右击某一快捷方式图标，打开快捷菜单，选择“重命名”命令，然后输入新的名称。

改变快捷方式的属性：右击某一快捷方式图标，打开相应的快捷菜单，选择“属性”命令，然后在对话框中通过其中的“常规”和“快捷方式”等标签可以对快捷方式的属性、图标、运行方式及快捷键等进行修改。

删除快捷方式：右击要删除的快捷方式图标，打开快捷菜单，选择“删除”命令，或者选中要删除的快捷方式图标，直接按 Delete 键，也可以直接将要删除的快捷方式拖动到回收站。

扫码观看

1.1.4 综合练习

(1) 在桌面上创建名为“画图”的快捷方式(该快捷方式对应的应用程序位置及名称为 C:\windows\system32\mspaint.exe)。

(2) 在 C 盘根文件夹中创建名为“计算器”的快捷方式(该快捷方式对应的应用程序位置及名称为 C:\windows\system32\calc.exe)，完成后把该快捷方式拖动到桌面上。

(3) 利用计算器计算 567×4321 和 $299 \times \sqrt{564}$。利用计算器将二进制数 1010010101B 转换成十进制数、将十六进制数 5E8DFH 转换成十进制数、将十进制数 56234 转换成二进制数、将十六进制数 8AB6H 转换成二进制数、将十进制数 42631 转换成十六进制数。

操作步骤：

第(1)题：右击桌面空白处，打开桌面的快捷菜单，选择“新建”|“快捷方式”命令，打开“创建快捷方式”对话框，完全类似地按照案例 1-1 中操作步骤部分第(3)题操作方法依次完成各项操作即可(注意对应的应用程序为 C:\windows\system32\mspaint.exe)。

第(2)题：双击桌面上的“此电脑”图标打开“此电脑”窗口，选择 C 盘，进入 C 盘根文件夹窗口。右击该文件夹中的空白区域打开快捷菜单，选择“新建”|“快捷方式”命令，打开“创建快捷方式”对话框，在“请输入项目的位置：”输入框中直接输入：“C:\windows\system32\calc.exe”(或单击该输入框右侧的“浏览”按钮，在打开的“浏览文件夹”对话框中选择“C:\windows\system32\”位置，找到并选择 calc.exe)，单击“确定”按钮，自动返回“创建快捷方式”对话框。单击“下一步”按钮，出现“选择程序标题”对话框，在“输入该快捷方式的名称：”输入框中输入“计算器”，单击“完成”按钮。此时在“C:\”下出现了名为“计算器”的快捷方

式图标，拖动该图标到桌面的空白处即可把快捷方式移动到桌面上放置。

第(3)题：限于篇幅，请读者自行按照案例 1-1 中操作步骤部分第(7)题的操作方法完成本题。

1.2　Windows 10 的文件与程序

本节主要包括 Windows 10 的文件和文件夹的搜索、创建、重命名、属性设置、复制、移动、删除、多窗口之间文件内容的传递、打印机的安装、文件打印及打印管理等文件管理和系统管理方面的相关操作。

本节属于 Windows 10 的文件管理及系统管理范畴，各操作相对具有独立性，可以单独进行。主要在 Windows 资源管理器、计算机和控制面板中进行有关操作。

案例 1-2　案例操作要求如下：

(1) 设置文件夹的显示方式、文件的隐藏或显示、文件扩展名的隐藏或显示。

(2) 搜索 C:\文件夹及其子文件夹中字节数最多为 1KB、包含“Command”文字的全部文本文件(扩展名为 TXT)。

(3) 在 C 盘根文件夹下建立名为 test-1 和 test-2 的两个子文件夹，并在 test-2 下再建立名为 test 的子文件夹。

(4) 将 C:\windows\system32 文件夹下名为 write. exe 的文件复制到 C:\test-2\test 文件夹下，并改名为 wri. com，同时将改名后的文件设置为“只读”和“存档”属性。

(5) 将磁盘 C 的卷标设置或修改为“xxjb”。

(6) 安装 Generic/Text Only 打印机。然后在“记事本”程序窗口中输入引号内“学习和了解计算机网络与信息安全知识显得越来越重要。”的文字内容，并以文件主名“xxjsj”保存到 C:\test-2 文件夹中。利用 HP LaserJet 6L 打印机将上述保存的 xxjsj. txt 的文本文件发送到 C:\test-2\xxdy-1. prn 文件。

(7) 设置 Generic/Text Only 打印机为默认打印机，打印方向为横向，将测试页打印输出到磁盘文件 C:\test-2\xxdy-2. prn。

操作步骤：

第(1)题：双击桌面上“此电脑”图标打开“此电脑”窗口，选择“查看”|“显示/隐藏”组，可以选择显示或隐藏文件扩展名、隐藏的项目。如图 1-9 所示。

第(2)题：双击桌面上“此电脑”图标打开“此电脑”窗口，在左侧选择 C 盘或相关的子文件夹，在右上角的搜索框中输入“Command”，单击搜索框，在添加搜索筛选器中可以修改日期、大小等。本题输入“大小:<=1KB”，则满足条件的有关文件名或文件名列表将会显示在窗口下面的文件列表栏目中。

注意：如果满足条件的文件不存在，则会提示“没有与搜索条件匹配的项”。另外，可以根据需要对搜索的结果进行复制、移动、删除、重命名等操作。

第(3)题：双击桌面上“此电脑”图标打开“此电脑”窗口，在该窗口中选择盘符 C，选择“主页”|“新建文件夹”命令，则在 C 盘根文件夹下出现名为“新建文件夹”的子文件夹，将“新建文件夹”的名字改成“test-1”，则完成在 C 盘根文件夹下建立名为“test-1”的一级子文件夹。类似前面操作可在 C 盘根文件夹下建立名为“test-2”的子文件夹。双击 C 盘中

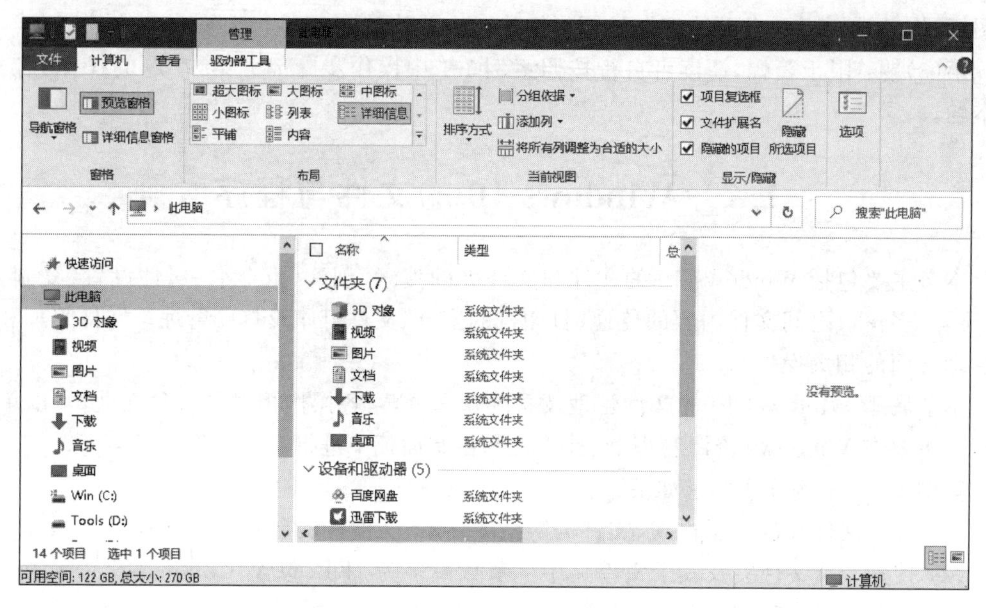

图 1-9 “文件夹选项”对话框

“test-2”的子文件夹，进入 C 盘“test-2”子文件夹窗口，在该窗口下类似上述操作方法可在 C:\test-2 中建立名为“test”的二级子文件夹。

第(4)题：按照第(2)题所介绍的搜索操作方法，打开“此电脑”窗口，在该窗口中根据要求设置搜索条件(比如本题搜索的文件夹是 C:\windows\system32、搜索的文件名为“write. exe”)，则所找文件的文件名“write. exe”会显示在窗口下面的文件列表栏目中。选中该文件并右击打开快捷菜单，选择“复制”命令，并在该窗口中选择“C:\test-2\test”文件夹，按快捷键 Ctrl+V 粘贴所复制的文件到所选的目标文件夹中(或选择“编辑”|“粘贴”命令粘贴所复制的文件到所选的目标文件夹)。两次单击(不等于双击)“write. exe”的文件名称框，并输入“wri. com”(需要注意的是：在做此操作前应选择“工具”|“文件夹选项”命令，在打开的对话框的“查看”选项页中取消选中“隐藏已知文件类型的扩展名”复选框)。右击文件“wri. com”，在打开的快捷菜单中选择“属性”命令，在“属性”窗口的“常规”选项卡(标签)中，单击“只读”属性，并选中“存档”复选框，再单击“确定”按钮，完成文件属性的设置或修改。

第(5)题：双击桌面上“此电脑”图标打开“此电脑”窗口，右击 C 盘，在快捷菜单中选择“属性”命令，打开属性对话框，在该窗口中打开“常规”选项卡，在该选项卡的文本输入框中输入“xxjb”，单击“确定”按钮。

第(6)题：选择“开始”|“设置”，选择左侧“打印机和扫描仪”，打开“打印机和扫描仪”窗口，单击“添加打印机或扫描仪”加号图标项，再单击“我需要的打印机不在列表中”，如图 1-10 所示，打开“添加打印机”对话框，选择“通过手动设置添加本地打印机或网络打印机”，如图 1-11 所示，并按照“打印机安装向导”打开“选择打印机端口”窗口，在使用现有的端口中分别选择端口为“File:打印到文件”、厂商为 Generic、打印机型号为 Generic/Text Only、打印机名称为 Generic/Text Only、不共享等项。在出现“要打印测试页吗?”的窗口中，根据具体操作要求选择“是”或“否”(本题这里选择“否”)，单击“完成”按钮，所要安装的打印机安装完成。

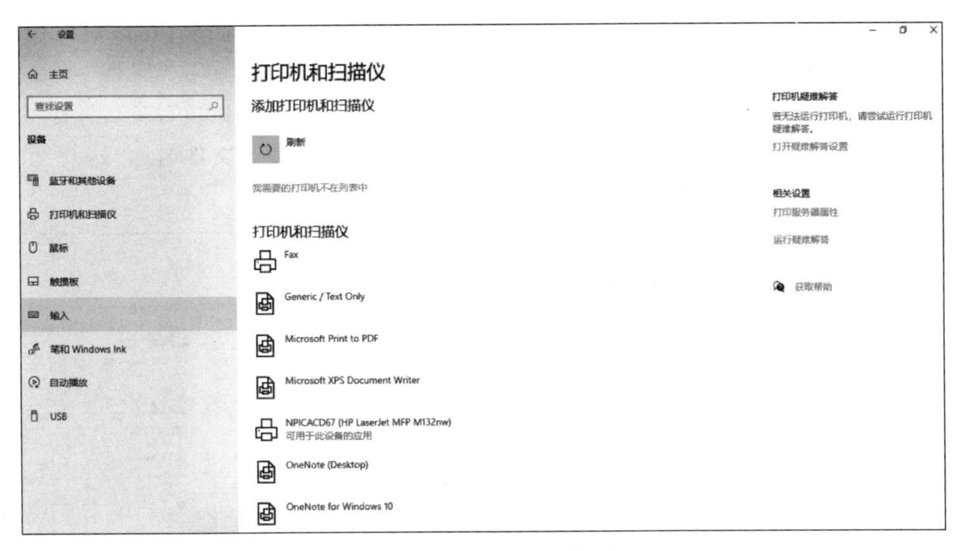

图 1-10 “打印机和扫描仪”窗口

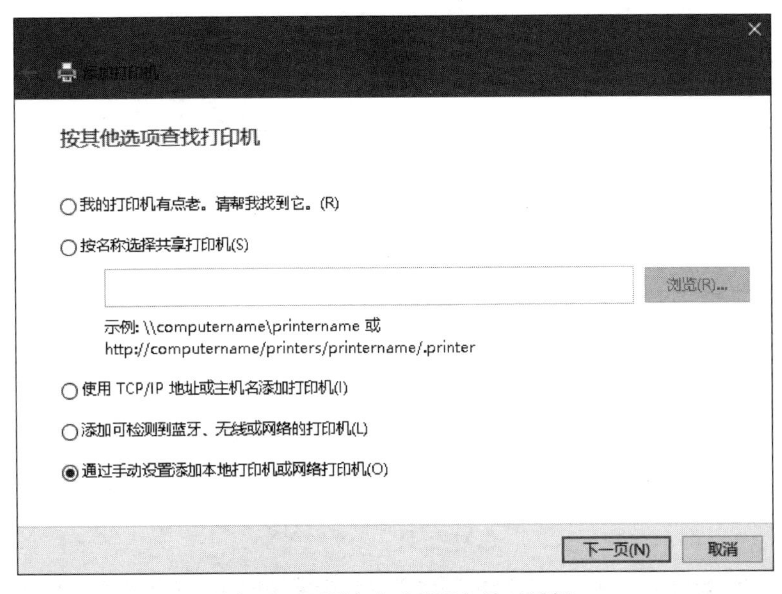

图 1-11 “添加打印机”向导对话框

选择“开始”|“所有程序”|“附件”|“记事本”命令，打开“记事本”应用程序窗口，在“记事本”应用程序窗口中输入“学习和了解计算机网络与信息安全知识显得越来越重要。”的文字。选择“文件”|“另存为”命令，打开“另存为”对话框，在 “文件名:”的输入框中输入“C:\test-2\xxjsj. txt”，单击“保存”按钮。选中文件 C:\test-2\xxjsj. txt，并将其拖放到“打印机”窗口中的“Generic/Text Only”打印机图标上，随后弹出“将打印输出另存为”对话框，在弹出的对话框中选择 C:\test-2 文件夹，输入文件名称“xxdy-1. prn”(扩展名无须区分大小写)，单击“保存”按钮。

第(7)题：选择“开始”|“设置”，选择左侧的“打印机和扫描仪”，打开“打印机和扫描仪”窗口，单击 Generic/Text Only 打印机，单击“管理”按钮，如图 1-12 所示，打开“管理设备”窗口，如图 1-13 所示，单击“打开打印队列”，选择“设置为默认打印机”命令，如图 1-14 所示。

单击“打印首选项”按钮，弹出“Generic/Text Only 打印首选项”对话框，在该对话框的“布局”选项卡中“方向”栏目中选择“横向”，然后单击“确定”按钮。单击“属性”按钮，弹出“Generic/Text Only 属性”对话框，打开“常规”选项卡，单击“打印测试页”按钮，打开“将打印输出另存为”对话框，在弹出的对话框中选择 C:\test-2 文件夹，输入文件名称“xxdy-2. prn”，单击“保存”按钮。

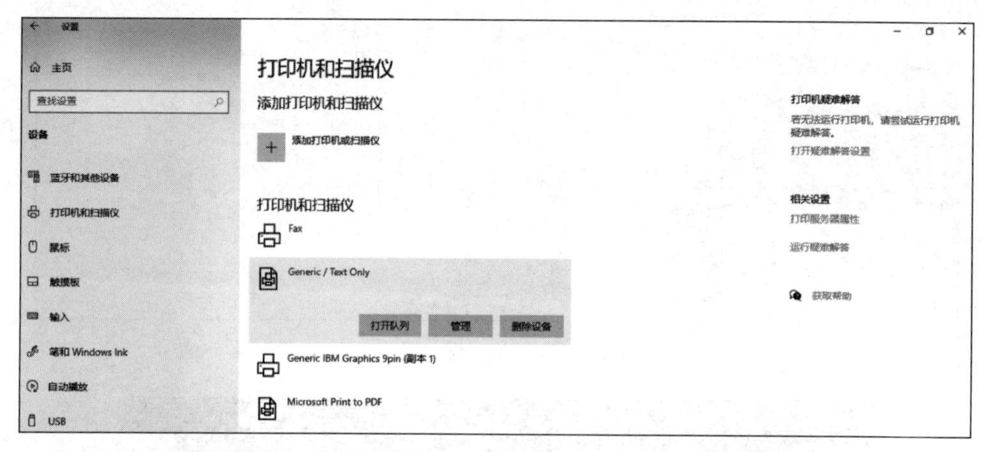

图 1-12 “Generic/Text Only”打印机“管理”按钮

图 1-13 “管理设备”窗口

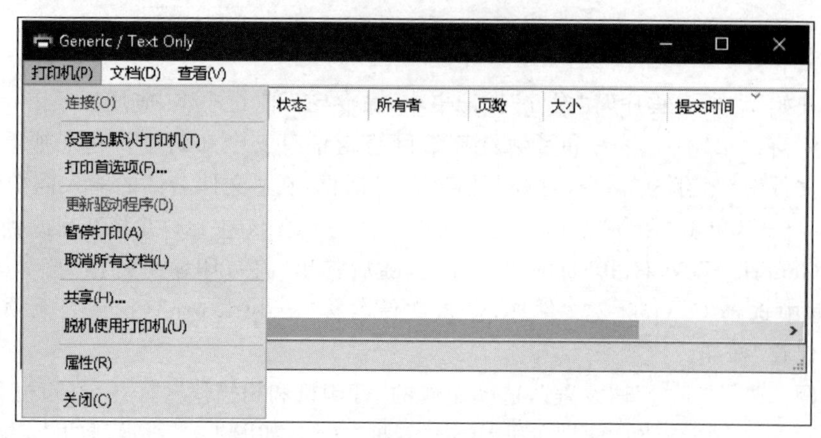

图 1-14 “打印机”设置窗口

1.2.1 文件、文件夹、库的管理及操作

1. 文件和文件夹概述

1）文件、文件夹的命名

Windows 10 的文件名最长可达 254 个字符，并可以有多个点号分隔符“.”，文件名中可以加入空格、标点或汉字（一个汉字相当于两个英文字母或阿拉伯数字）。但文件名中不能使用正斜杠“/”、反斜杠“\”、冒号“:”、星号“*”、问号“?”、引号“"”、小于号“＜”、大于号“＞”、竖号“|”等符号。这些符号在命令行中都有特殊的意义。在命名文件时是不区分英文大小写字母的。

文件可以是一个应用程序或一个文档。应用程序是为用户提供某些功能的可以执行的程序，在 Windows 中，扩展名为 EXE、COM、BAT、PIF、SCR 的文件通常是可执行的程序文件。文档是文件的另一种形式，它是由应用程序创建的文件。文档一般都与某相应的应用程序相关联，双击文档名打开文档时自动打开与其相关联的应用程序。如文本文件.txt、Word 文档文件.docx、Excel 工作簿文件.xlsx、PowerPoint 演示文稿文件.pptx、图画文件.bmp、音频声音文件.wav、视频文件.avi 等都是文档型文件。

文件夹是一组文件的集合。文件夹中可以存放文件或者文件夹（称为子文件夹），其命名与文件命名格式相同。这里的“文件夹”和“子文件夹”与 DOS 中的“目录”与“子目录”概念相同。为避免冲突，同一文件夹里不能有同名的文件或子文件夹，但不同文件夹里的文件名、子文件夹名可以相同。

2）文件夹结构

文件夹结构（在 DOS 中称为目录结构），是 Windows 10 组织文件的形式。其结构采用倒树状结构，最上面的“根”（根文件夹），存放着所有文件和子文件夹。要找到一个文件，必须从根开始，把文件夹一级一级地打开，找到文件的具体存放位置。

3）路径

文件夹名或各级子文件夹名之间用反斜杠分隔后而形成的“长串”称为路径，用以确定文件或子文件夹在磁盘上的确切位置，文件位置由“盘符、路径、文件名”这三个要素唯一确定。

如“C:\test\jsj\ks\czxt.docx”中，“C:”是“盘符”，“\test\jsj\ks\”是“路径”，“czxt.docx”是“文件名”。

4）驱动器、文件和文件夹的常用图标

每个驱动器、文件和文件夹都有不同的图标。一般而言，文档型文件的图标与其相关联的应用程序文件的图标相类似。

2. 文件夹的相关操作

文件夹的操作一般在“库”窗口中进行。

启动“库”，操作方法如下：

选择“开始”|“所有程序”|“Windows 系统”|“文件资源管理器”或者右击“开始”菜单打开快捷菜单，选择“Windows 资源管理器”可打开库窗口。

库是用于管理文档、音乐、图片和其他文件的位置。可以使用与在文件夹中浏览文件相同的方式浏览文件，也可以查看按属性（如日期、类型和作者）排列的文件。

在某些方面，库类似于文件夹。例如，打开库时将看到一个或多个文件。但与文件夹不同的是，库可以收集存储在多个位置中的文件。这是一个细微但重要的差异。库实际上不存储项目。它们监视包含项目的文件夹，并允许用户以不同的方式访问和排列这些项目。例如，如果在硬盘和外部驱动器上的文件夹中有音乐文件，则可以使用音乐库同时访问所有音乐文件。

文件夹窗口的菜单栏主要由"文件""主页""共享"和"查看"组成。窗口地址栏下方的左侧是浏览栏（可通过"查看"菜单中的"布局"组中选择一种，如选择"详细信息"项等），下面窗口是文件或文件夹图标的显示和排列方式。

如果在"此电脑"窗口中，使用"查看"菜单中的"状态栏""浏览器栏""排列图标"子菜单以及其他各命令的操作可以对窗口的显示方式、文件与图标的显示和排列方式进行设置。

选择"查看"|"显示/隐藏"组的复选框，可以选择复选框的选项操作，可以对文件夹窗口的打开形式、文件扩展名的显示与否、具有隐藏属性的文件或文件夹显示与否等进行灵活设置。特别对文件扩展名显示与否的设置将会对以后更改文件名（主要是需要更改扩展名时）的操作产生影响。

3. 文件和文件夹的管理及相关操作

1）新建文件夹

在桌面上"开始"菜单及其某级联子菜单中、磁盘及磁盘的某文件夹内均可以新建子文件夹。

（1）在桌面上新建文件夹。

右击桌面的空白区域，打开桌面的快捷菜单，选择"新建"|"文件夹"命令，并输入文件夹的名称后按 Enter 键（新建文件夹的默认名为"新建文件夹"）。

（2）在"开始"菜单及其某级联子菜单中新建文件夹。

在"开始"菜单及其某级联子菜单中新建文件夹，就是在"开始"菜单及其某级联子菜单中新建级联子菜单。

单击左下角 Windows 键打开 ⊞"开始"菜单，选择"所有程序"，选择新建文件夹所放置的位置，右击打开快捷菜单，选择"打开"命令，打开所选择文件夹的窗口，选择"主页"|"新建文件夹"命令，输入文件夹的名称并按 Enter 键。

（3）在磁盘及磁盘的某文件夹内新建子文件夹。

方法一：打开"此电脑"窗口或右击"开始"菜单，打开"Windows 资源管理器"窗口，在该窗口中选择盘符和路径，选择"主页"|"新建文件夹"命令，输入文件夹名称并按 Enter 键。

方法二：打开"此电脑"窗口或右击"开始"菜单，打开"Windows 资源管理器"窗口，在该窗口中选择盘符和路径，在空白区域内右击打开快捷菜单，选择"新建"|"文件夹"命令，输入文件夹名称并按 Enter 键。

2）文件或文件夹的选取

在 Windows 10 中，无论是打开文档、运行程序、复制或移动文件、删除文件等，用户都要首先选取被操作的对象（文件或文件夹、图标等各种操作对象）。文件或文件夹的选取根据操作需要可以"单个选取""多个连续选取""多个分散选取""全部选取"等，以便提高操作效率。

（1）单个选取：在文件夹窗口的内容显示栏中，单击所要选取的对象。

(2) 多个连续选取：在文件夹窗口的内容显示栏中，单击所要选取的多个连续的对象中的第一个对象，然后按住 Shift 键，再单击所要选取的对象中的最后一个对象。

(3) 多个分散选取：在文件夹窗口的内容显示栏中，单击要选取的第一个对象，然后按住 Ctrl 键，再依次单击要选取的每一个对象。

(4) 全部选取：在文件夹窗口中选择"主页"|"选择"组|"全部选择"或按组合键 Ctrl+A。

必须指出，要取消文件或文件夹的选取，只需在文件夹窗口的内容显示栏空白区域的任意处单击即可，此时没有任何文件或文件夹被选中。

3) 文件或文件夹的改名

方法一：在打开的相应文件夹窗口的内容显示栏中，单击选取欲改名的文件或子文件夹，选择"文件"|"重命名"命令，在该文件或文件夹图标下方或右方的矩形框中输入新的文件或文件夹名称并按 Enter 键。

方法二：在打开的相应文件夹窗口的内容显示栏中，找到并右击需要改名的文件或文件夹，打开相应的快捷菜单，选择"重命名"命令，在该文件或文件夹图标下方或右方的矩形框中输入新的文件或文件夹名称并按 Enter 键。

必须指出，更改文件名，特别是文件的扩展名需要更改时，应显示文件的全名(主名.扩展名)，然后分别修改。

4) 文件、文件夹的复制和移动

文件或文件夹的复制或移动操作是 Windows 10 中非常重要而又常用的操作，可以使用"菜单命令"方法、"快捷菜单"方法、"快捷键"方法、"鼠标拖动"方法等，读者可根据自己的操作习惯灵活选用。

(1) 文件、文件夹的复制。

方法一：在文件夹窗口的内容显示栏中选取所要复制的文件或文件夹，选择"主页"|"组织"|"复制到"命令，选择目录，选择"复制"命令。

方法二：在文件夹窗口的内容显示栏中选取所要复制的文件或文件夹，右击打开快捷菜单，选择"复制"命令，再打开并转到文件或文件夹复制到的目标文件夹窗口，在该目标文件夹窗口的内容显示栏中的任意空白区域右击打开快捷菜单，选择"粘贴"命令。

方法三：选取要复制的文件或文件夹，按 Ctrl+C 组合键，随后转到复制的目标位置，再按 Ctrl+V 组合键。

方法四：先选取要复制的文件或文件夹，用鼠标拖动可将所选取的文件或文件夹复制到不同的磁盘驱动器中的有关文件夹中。注意，先按住 Ctrl 键不放，再拖动所选对象到目标位置总是表示复制，不论是同一磁盘驱动器还是不同的磁盘驱动器。

(2) 文件、文件夹的移动。

与上述"文件、文件夹的复制"操作方法完全类似，只不过将"复制到"命令改为"移动到"命令，将 Ctrl+C 组合键改成 Ctrl+X 组合键，其他操作都与上述方法相同。

必须指出，用鼠标拖动的操作在同一磁盘驱动器中仅表示文件或文件夹的移动，而非复制，在不同的磁盘驱动器中才表示复制。不论是同一磁盘还是不同的磁盘，按住 Ctrl 键不放，再拖动所选对象到目标位置总是表示复制；而按住 Shift 键不放，再拖动所选对象到目标位置总是表示移动。简言之，在文件、文件夹的复制或移动操作中，"拖动"的效果是"同盘移动、异盘复制"；然而，不论是同盘还是异盘，"Ctrl+拖动"的效果总是复制，"Shift+拖动”的效果总是移动。

5）文件或文件夹的删除

为节省空间，应随时删除不需要的文件或文件夹。Windows 10 删除硬盘中的文件和文件夹，并没有真正删除，而是先把删除的对象放入“回收站”（此时并不释放磁盘空间），即逻辑删除（Delete），需要时可以恢复。确实不要了再清空回收站，清空后无法恢复（此时磁盘空间被释放）。使用 Shift+Delete 组合键，删除磁盘中选定的文件或文件夹时，不会放入回收站，而是直接删除（此方法称为物理删除）。

其操作类似于文件、文件夹的复制和移动操作。

(1) 逻辑删除文件或文件夹。

方法一：先在已打开的相应文件夹窗口的内容显示栏中选取所要删除的文件或文件夹，选择“主页”|“删除”|“回收”命令（或按 Delete 键）。

方法二：选取要删除的文件或文件夹，用鼠标拖动可将所选取的文件或文件夹移放到“回收站”中。

注意：逻辑删除的文件或文件夹存放在“回收站”中，在回收站窗口中选择“清空回收站”命令可进行物理删除。在回收站窗口中选择“还原所有项目”或“还原选定的项目”命令，可将还未物理删除的文件或文件夹还原到原来的位置。

(2) 物理删除文件或文件夹。

选取要删除的文件或文件夹，选择“主页”|“删除”|“永久删除”命令或按 Shift+Delete 组合键。做此种删除操作应特别小心和慎重，以免造成损失。

1.2.2 搜索和查找文件、应用程序功能

1. 文件和文件夹的搜索及其相关操作

单击“开始”菜单，在“搜索程序和文件”文本框中输入要查找的文件和文件夹的名字，不知道具体文件和文件夹的名字，可以用通配符“?”或“*”代替，“?”代表任意一个字符，“*”代表任意多个字符。输入要查找的文件和文件夹的名字，在“开始”菜单中会出现搜索的结果，也可单击“查看更多结果”，查看所有搜索结果。在“搜索结果”窗口中，可添加搜索条件，单击右上角的搜索框，在添加搜索筛选器中可以对种类、修改日期、类型、大小、名称等进行设定，满足条件的有关文件名或文件名列表将会显示在窗口下面的文件列表栏目中。

右击“开始”菜单，打开“Windows 资源管理器”窗口，或打开任意文件夹窗口，都可搜索文件和文件夹，在左侧选择盘符或相关的子文件夹，在右上角搜索框中输入文件和文件夹的名字，再添加搜索筛选器。

对搜索的结果（文件、文件夹等）可进行如选取、复制、移动、删除、改名等各种操作。

2. 文件和文件夹的属性查看及修改

文件和文件夹都有属性，在属性对话框中，可对文件或文件夹的类型、打开文件的应用程序名称、包含在文件夹中的文件和子文件夹的数目、文件被修改或访问的最后时间项进行查看或设置。在“计算机”或“我的文档”等窗口中，选择需要操作的文件或子文件夹，然后右击打开快捷菜单，选择“属性”命令，打开该对象的属性对话框。如图 1-15 所示。

属性对话框一般由“常规”“安全”“详细信息”和“以前的版本”选项卡组成，通过“常规”

选项卡中的复选框可以对文件或文件夹的“只读”“隐藏”“存档”(在“高级”里设置)等属性进行设置和修改。还可通过“安全”“详细信息”和“以前的版本”选项卡对文件的摘要信息等进行设置和修改。

图 1-15　某文档的“属性”对话框

3. 多窗口之间的文件内容传递(剪贴板的操作)

剪贴板是内存中用于存储信息的一块动态的临时存储区,可存储文字、图像、图形、声音及活动着的应用程序窗口等。

1) 信息录入剪贴板

(1) 窗口录入剪贴板:打开某一应用程序窗口并选中该窗口,使用 Alt+Print Screen 组合键即可将此时选中的活动窗口图像画面复制到剪贴板。

(2) 桌面录入剪贴板:使用 Print Screen 键即可将当前整个桌面图像画面复制到剪贴板。

(3) 文档内容录入剪贴板:先打开某一个文档文件,选中部分文档内容,使用 Ctrl+C 或 Ctrl+X 组合键,或选择“编辑”|“复制”或“编辑”|“剪切”命令将所选定的文档内容复制或剪切到剪贴板。

2) 信息的传递

(1) 在当前窗口中传递剪贴板中的信息。

确定插入点,使用 Ctrl+V 组合键或者选择“编辑”|“粘贴”命令,将剪贴板中的信息传递到当前窗口的当前光标处。

(2) 在多窗口中传递剪贴板中的信息。

打开需要传递信息的应用程序窗口,确定插入点,使用 Ctrl+V 组合键或者选择“编辑”|“粘贴”命令,将剪贴板中的信息传递到当前窗口的当前光标处。

4. 记事本、写字板、画图、计算器、截图工具等图文编辑程序的操作

Windows 10 为用户提供了几个常见的图文编辑工具:“记事本”“写字板”“画图”“计算器”“截图工具”等。选择“开始”|“所有程序”|“Windows 附件”或“开始”|“所有程序”|“应用”子菜单,然后单击其中相应的名称打开其窗口并使用。

5. 几个多媒体娱乐程序的操作

Windows 10 为用户提供了多个简单而又实用的多媒体播放工具,即 Windows Media Player、“录音机”“音量控制”等。分别选择“开始”|“所有程序”|“Windows 附件”或“开始”|“所有程序”|“应用”子菜单和“控制面板”,然后单击其中相应的多媒体播放工具名称,打开其窗口进行使用或操作。

6. 截图工具的操作

Windows 10 为用户提供了截图工具，读者可选择“开始”|“所有程序”|“应用”子菜单，然后单击截图和草图工具，单击“新建”菜单，可以用鼠标选取要截图的区域，在截图工具中可进一步编辑截取的图像。

1.2.3 控制面板的使用及应用程序的管理

1. Windows 10 的控制面板及其操作

1）控制面板窗口界面的分类和打开

Windows 10 的控制面板窗口界面查看方式分为类别、大图标和小图标，用户可以根据自己的操作习惯在这三类查看方式中切换并选择其中一种视图模式。

选择“开始”|“控制面板”命令，打开分类视图“控制面板”窗口，分类视图中有“系统和安全”“用户账户和家庭安全”“网络和 Internet”“外观和个性化”“硬件和声音”“时钟、语言和区域”“程序”“轻松访问”8 类。在该窗口右上方的“查看方式”中选择“大图标”项或“小图标”项，便可显示所有常见的 44 个项目。三类视图间可随时按前述切换方法进行切换，如图 1-16 所示。

图 1-16 分类视图“控制面板”窗口

2）控制面板的操作

在分类视图“控制面板”窗口中，单击可打开相应的各类窗口和项目，进而进行相关的具体操作。而在打开的“控制面板”窗口中，双击各项目可打开相应的各项目对话框窗口，进而进行相关的具体操作。

关于控制面板中各具体项目的详细操作请读者自行完成。特别是重要而又常用的项目如“任务栏和导航”“设备和打印机”“系统”“文件夹选项”“程序和功能”“声音”“设备管理器”“用户账户”“管理工具”和“网络和共享中心”等项进行详细操作或设置。

2. 磁盘的维护管理及其操作

1）格式化磁盘

用户常常用磁盘存储一些文件，这些磁盘都是经过格式化的。格式化的作用就是在磁盘上划分磁道和扇区、标记有缺陷的磁道、为系统写入引导程序并为其建立根目录和文件分配表。必须指出，格式化磁盘的操作应慎重，不要轻易进行，以免造成巨大损失。

操作步骤：

双击桌面上的“此电脑”图标，打开“此电脑”文件夹窗口，右击需要格式化的磁盘图标（如 A:），打开快捷菜单，选择“格式化”命令，打开“格式化”对话框，对该对话框中的选项进行适当选择，单击“开始”按钮便开始格式化磁盘。

2）设置磁盘卷标

磁盘卷标是用来标识磁盘的，卷标的长度是有限的，对 FAT 和 FAT32 文件系统的磁盘，系统规定卷标名称的长度不得超过 11 个字符。而 NTFS 文件系统的磁盘，卷标名可达 32 个字符。磁盘卷标可以在格式化时进行设置，也可以在其他任何时候加入卷标或修改原有的卷标。

操作步骤：

双击桌面上的“此电脑”图标，打开“此电脑”文件夹窗口，在该窗口中右击需要设置或修改卷标的磁盘图标（如 A:，B:，C:，D:等），打开快捷菜单，选择“属性”命令，打开“属性”对话框，在该对话框“常规”选项卡的卷标名文本输入框中输入卷标的名称，单击“确定”按钮。

3）磁盘驱动器属性操作

双击桌面上的“此电脑”图标，打开“此电脑”文件夹窗口，菜单栏有“文件”“计算机”“查看”3 个标签。在“文件”中有“更改文件夹和搜索选项”等选项；在“计算机”中有“位置”“网络”“系统”等选项；在“查看”中有“窗格”“布局”“当前视图”“显示/隐藏”等选项，如图 1-17 所示。

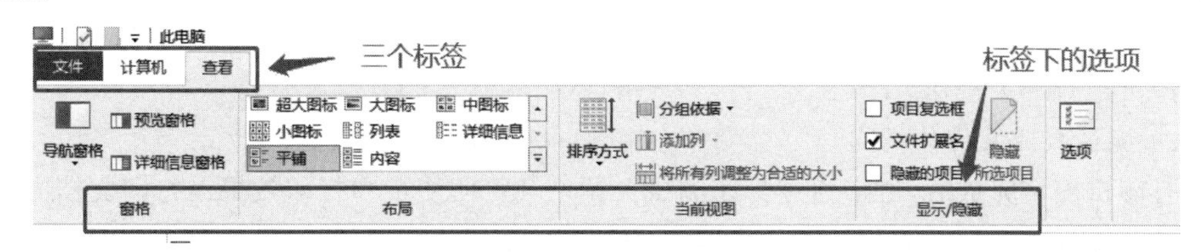

图 1-17 “此电脑”文件夹窗口

4）磁盘清理、磁盘碎片整理、数据备份和还原

选择“开始”|“所有程序”|“Windows 管理工具”，在打开的级联子菜单中单击“磁盘清理”或“碎片整理和优化驱动器”等命令项，可以对磁盘进行清理、磁盘碎片整理等维护操作。

3. 添加或删除程序、添加硬件、系统及设备管理器的操作

1）添加或删除程序

选择“开始”|“控制面板”项，打开“控制面板”窗口，将“控制面板”窗口切换到小图标，在“控制面板”窗口中，双击“程序和功能”图标，打开“程序和功能”窗口，在此窗口中可以为计算机安装新的软件、删除不再需要使用的软件或添加先前未被安装的 Windows 组件等。

2）添加硬件

选择“开始”|“控制面板”命令，打开“控制面板”窗口，将“控制面板”窗口切换到小图标，

在“控制面板”窗口中，双击“设备和打印机”图标，单击“添加设备”，打开“添加设备”对话框，在此对话框中根据提示依次完成各步骤，可以为计算机安装新的硬件设备及相应的驱动程序。

4. 本地安全策略的维护

选择“开始”|“控制面板”项，打开“控制面板”窗口，将“控制面板”窗口切换到小图标，在“控制面板”窗口中，双击“管理工具”图标，选择“本地安全策略”，打开“本地安全策略”窗口，在此窗口中可以对计算机账户策略、本地策略等进行设置。

1.2.4 Windows 10 的打印设置及其操作

1）打印机的安装、设置与删除

（1）打印机的安装：选择“开始”|“控制面板”项，打开“控制面板”窗口，在该窗口中选择“设备和打印机”|“添加打印机”项，打开“添加打印机向导”对话框，根据该向导对话框的提示单击“我需要的打印机不在列表中”，再单击“下一步”按钮，选择“通过手动设置添加本地打印机或网络打印机”，并按照“打印机安装向导”打开“选择打印机端口”窗口，在“使用现有的端口”输入框中选择端口，在各步中对依次出现的相应选项根据具体情况做出适当选择，最后单击“完成”按钮，所要安装的打印机安装完成。

在上述操作“添加打印机向导”对话框的各步操作中，必须注意打印机端口（如 LPT1、LPT2、LPT3、USB、FILE 打印到文件等）、是否打印测试页及是否设为默认打印机等选项的设置和选择。

（2）打印机的设置与删除：打印机的设置主要指根据使用需要对其属性进行重新设置或修改，而打印机的删除则是在“设备和打印机”窗口中删除不需要再使用的打印机图标，本质是取消该打印机的驱动程序对打印机硬件的驱动控制。

打开“设备和打印机”窗口，在该窗口中右击需要重新设置属性或进行删除等其他操作的打印机图标，打开快捷菜单，选择有关操作命令项（如“属性”“删除”“重命名”“打印首选项”等）可进行相关操作。

2）测试页或文件的打印

打印机安装完成后，通常通过打印测试页调试其打印质量和打印效果或打印文档内容。

（1）打印测试页：打开“设备和打印机”窗口，在该窗口中右击打印机图标，打开快捷菜单，选择“打印机属性”项打开该打印机的“属性”对话框，在对话框中单击“常规”标签，并单击“打印测试页”命令按钮，如果端口设置为“FILE（打印到文件）”，则显示“打印到文件”对话框（“打印到文件”对话框可能会有多样形式），在对话框中输入盘符、路径和文件名（扩展名为.prn）后按 Enter 键确认或单击“确定”按钮。被打印的测试页将以磁盘文件的形式（扩展名为.prn）保存到指定的磁盘和文件夹中。如果端口设置为 LPT1、LPT2 或 USB，通过打印机直接打印出测试页的页面内容。

（2）文件的打印：打开需要打印的文件，选择“文件”|“打印”命令，打开“打印”对话框，单击“确定”按钮。如果端口设置为“FILE（打印到文件）”，则打开“打印到文件”对话框，在“打印到文件”对话框中输入盘符、路径和文件名（扩展名为.prn）后按 Enter 键确认，将以磁盘文件的形式（扩展名为.prn）保存到指定的磁盘和文件夹中，否则通过打印机直接打印文档页面的内容。

(8) 将 C 盘 Windows 文件夹中所有第一个字母为 F 且扩展名为 TXT 的文件复制到 C 盘的 Data 文件夹中，并将文件属性改为只读。

(9) 将标准型计算器的窗口复制到写字板，并以 Calc_test. rtf 为名保存到 C:\ 文件夹下。

(10) 在桌面上建立名为"My_test"的文件夹和名为"字体预览"的快捷方式，其中快捷方式的命令文件为 Fontview. exe。

(11) 将整个屏幕画面复制到剪贴板，并利用"画图"程序将其缩小为原尺寸的 30%，再将缩小后的图案以 16 色位图格式保存为 C:\Desktop. bmp 文件。

(12) 删除已经安装的所有打印机，安装打印机 Epson LX-800 和 HP LaserJet 5L，并设置后者为默认打印机且连接在 LPT1。

(13) 利用 Epson LX-800 打印机将打印测试页打印到 C:\Tsetpage. prn 文件中，将 C 盘中的文件大小至多为 2KB 的 License. txt 打印到 C:\Data\Lice. prn 文件中。

第2章 文字信息处理(Word)

目的与要求

(1) 掌握文字处理软件 Word 的基本使用方法。

(2) 掌握 Word 的文字排版设计。

(3) 掌握 Word 段落和表格的设置。

(4) 掌握 Word 常用插入对象的设计与编辑。

(5) 了解 Word 邮件合并功能。

2.1 Word 的排版设计

案例 2-1 中使用的素材位于"第 2 章\素材"文件夹,样张位于"第 2 章\样张"文件夹,对应案例的素材文件为 lt_2_1.docx,对应的结果文件为 yz_2_1.docx。

本案例将创建《信息科学》讲义,进行文字输入、文字编辑、设置讲义的页面大小、美化页面、保存文件和打印等操作。

案例 2-1 启动 Word 2016,打开 lt_2_1.docx 文件,按要求完成以下各小题的操作。

(1) 设置页面的属性为默认的 A4 纸,页边距:上、下、右均为 2 厘米,左 2.5 厘米,装订线位置 0.3 厘米。

(2) 设置制表位:第一个制表位 6 个字符、左对齐;第二个制表位 40 个字符、右对齐、加"……"引导符。

(3) 输入目录内容和格式设置:"第×章"使用宋体、五号字、加粗、首行缩进 2 个字符、左对齐;"×.×"的节使用宋体、五号字、首行缩进 4 个字符、左对齐。

(4) 正文内容从下一页开始。

(5) 文字内容的查找和替换:将正文部分的"信息科学"文字格式替换为:仿宋、粗斜体、五号字、蓝色。

(6) 将正文部分内容的格式设为:宋体、五号字、首行缩进 2 个字符、两端对齐、单倍行距。

(7) 对"香农理论有关的缺陷内容"加上项目符号,同时加文本框,文本框格式:渐变线-预设渐变-顶部聚光灯-个性色 1。阴影:"外部-偏移-左下";阴影颜色:紫色。

(8) 将"参考文献"内容转换为表格,并设置表格格式:网格表 4-着色 5;文字格式:楷体、五号字。

操作步骤(操作步骤提示按以下格式进行):

选择"文件"|"打开"命令,打开 lt_2_1.docx 文件。

第(1)题：选择“页面布局”|“纸张大小”|“A4”命令，设置纸张大小。选择“页面布局”|“页边距”|“自定义边距”命令，打开“页面设置”对话框，如图 2-1 所示。在对话框中按图 2-2 所示的项目和数值设置，并单击“确定”按钮。

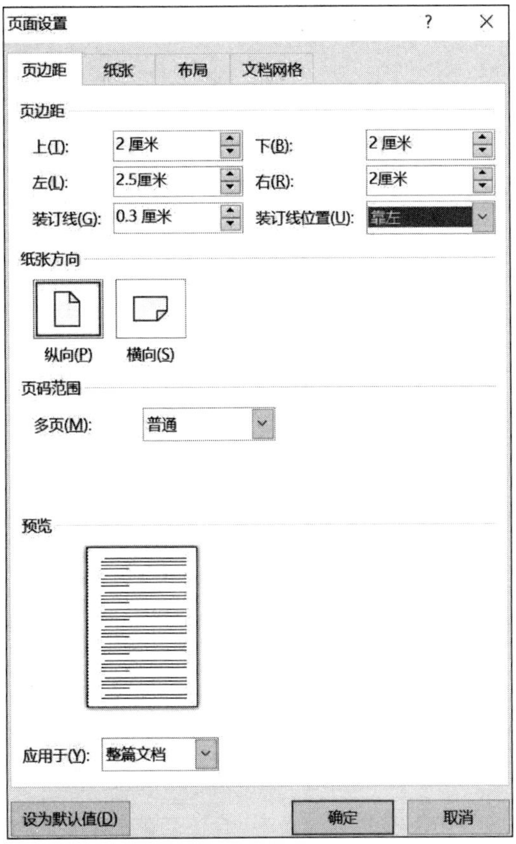

图 2-1 “页面设置”对话框

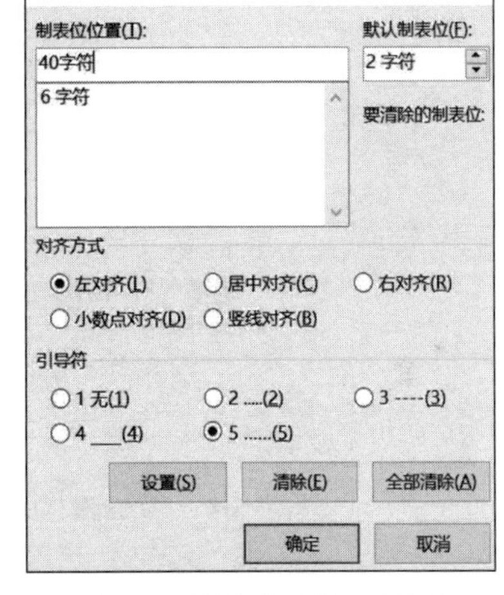

图 2-2 “制表位”设置对话框

第(2)题：单击“开始”菜单，单击“段落”组右下角的按钮，在弹出的“段落”对话框中，单击“制表位”按钮，打开“制表位”对话框，如图 2-2 所示，在对话框中新建两个制表位：6 个字符、左对齐，40 个字符、右对齐、“……”引导符(第五个)。

第(3)题：输入文字“第一章”，按 Tab 键，输入文字“信息科学与信息技术”，按 Tab 键，输入页码后按 Enter 键。重复上述步骤，可将所有的目录内容按预先设置好的制表位位置排列，如图 2-3 目录内容输入窗口所示。选中文本，单击“开始”菜单，分别单击“段落”组和“字体”组右下角的按钮，在弹出的“段落”和“字体”对话框中，设置段落格式：首行缩进 2 个字符(或 4 个字符)、左对齐，设置文字的格式。

第(4)题：将光标移到目录内容的最后一行尾部，选择菜单“布局”|“页面设置”|“分隔符”命令，打开“分隔符”对话框，在下拉菜单中选中“分节符”类型中的“下一页”选项。

第(5)题：选择“开始”|“替换”命令，打开“查找和替换”对话框，如图 2-4 所示，按图 2-4 所示的设置项目进行(文字格式设置时选择“格式”|“字体”命令，打开“字体”对话框，在对话框中设置文字格式，并单击“确定”按钮)，在“查找和替换”对话框中的“查找内容”项中输入文字“信息科学”，在“替换为”项中设置文字格式：仿宋体、粗斜体、五号字、蓝色文字。单击

目录

第一章　信息科学与信息技术概述 ………… **1**
1.1 信息 ………… 1
1.2 信息科学 ………… 5
1.3 信息技术 ………… 6
1.4 信息高速公路 ………… 7
第二章　信息技术的核心 ………… **9**
2.1 微电子技术 ………… 9
2.2 计算机技术 ………… 10
2.3 光电子技术 ………… 11
2.4 通信技术 ………… 12
第三章　信息的采集、检索与加工 ………… **12**
3.1 信息的采集 ………… 12
3.2 信息的检索 ………… 13
3.3 信息的加工 ………… 14
3.4 计算机信息加工 ………… 15
3.5 信息系统 ………… 17
第四章　信息技术应用热点 ………… **17**
4.1 电子信箱 ………… 18
4.2 可视图文 ………… 18
4.3 电视会议 ………… 19
4.4 电子出版和电子书 ………… 20
4.5 数字图书馆 ………… 21
第五章　信息技术的应用和社会信息化 ………… **23**
5.1 信息化社会发展的大趋势 ………… 23
5.2 社会信息化与信息化社会 ………… 24
5.3 中国的信息化建设 ………… 24
5.4 信息画建设的“金字工程” ………… 25
5.5 电子商务 ………… 26
5.6 电子政务 ………… 27
5.7 教育信息化 ………… 27
5.8 其他领域的信息化 ………… 28
第六章　信息安全 ………… **20**
6.1 计算机安全的常见威胁 ………… 30
6.2 计算机病毒 ………… 31
6.3 黑客 ………… 32
6.4 计算机犯罪 ………… 33
6.5 计算机信息系统安全保护规范化与法制化 ………… 35
第七章　习题 ………… **38**

图 2-3　目录输入窗口

图 2-4　“查找和替换”对话框

“全部替换”按钮自动进行替换，搜索范围：全部。最后单击“取消”按钮。

第(6)题：选中所有的正文内容，单击“开始”菜单，分别单击“段落”组和“字体”组右下角的按钮，在弹出的“段落”和“字体”对话框中，设置段落格式：首行缩进 2 个字符、两端对齐、单倍行距。设置文字的格式：宋体、五号字。

第(7)题：直接选中相应段落，执行“插入”|“文本”|“文本框”|“绘制横排文本框”命令，使用鼠标在原文字处画一个文本框，并选择“开始”|“粘贴”命令，将剪贴板中的文字复制到文本框内，对文档中“香农等人的信息概念”存在的三点缺陷分别执行换行(按 Enter 键)另起一个段落，然后再插入项目符号。选中文本框中的文字，选择“开始”|“项目符号”命令，在对话框中选择项目符号。选中文本框，打开“绘图工具”|“形状格式”选项卡，单击“形状样式”组右下角的按钮，在右侧的“设置形状格式”对话框中设置文本框的线条格式和阴影。

第(8)题：选中“参考文献”的全部内容，调整相应分隔符，通过“文字转换为表格”命令，自动转换。打开“将文字转换成表格”对话框，在对话框中设置表格的列数为 1、行数为 7。选中表格中的第 1 行，选择“表格工具”|“布局”|“拆分单元格”，打开“拆分单元格”对话框，在对话框中设置列数为 4，并单击“确定”按钮(重复上述步骤可拆分以下几行的单元格)。选中第 1 行，选择“表格工具”|“布局”|“在上方插入”命令，插入空行，按样张编辑文字的排列位置。将光标点放在表格内，选择“表格工具”|“表设计”|命令，在“表格样式”中按照要求选择相应的样式。选中表格内的所有文字，单击“开始”选项卡，利用“字体”组里的按钮设置文字格式。

选择“文件”|“保存”命令，保存修改结果。

Word 2016 主界面如图 2-5 所示。

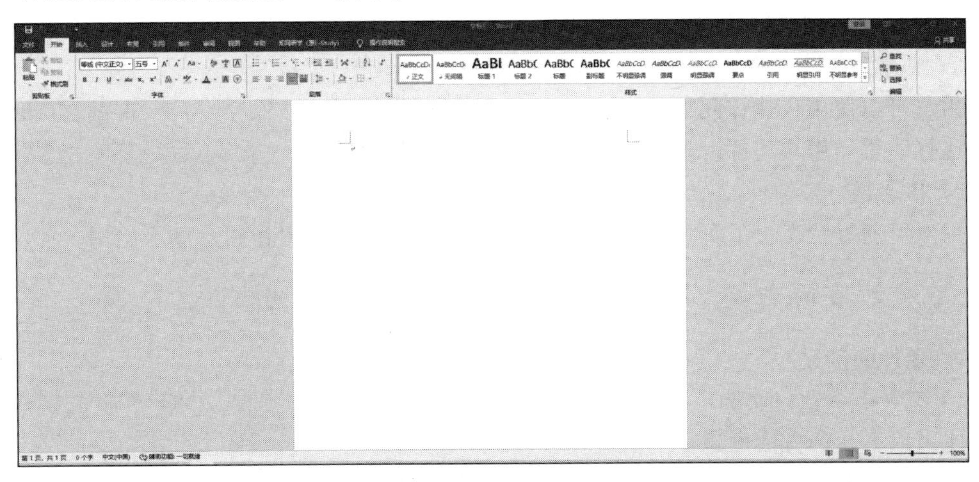

图 2-5　Word 2016 主界面

1) 选项卡

(1) “文件”选项卡

实现文件的新建、打开、信息、保存、打印、共享、导出和关闭等功能。

(2) “开始”选项卡

实现文字的字体、段落、样式及文字的编辑等功能。

(3)“插入”选项卡

实现插入页面、表格、插图、加载项、媒体、页眉和页脚、批注、文本和符号等功能。

(4)“设计”选项卡

实现文本的主题、文档格式、页面背景的设置等功能。

(5)“布局”选项卡

实现页面设置、稿纸、段落和排列的设置等功能。

(6)“引用”选项卡

实现目录、脚注、信息检索、题注和索引等功能。

(7)“邮件”选项卡

实现邮件的创建、开始邮件合并、编写和插入域、预览结果和完成等功能。

(8)“审阅”选项卡

实现校对、辅助功能、语言、中文简繁转换、批注、修订、比较、保护和墨迹等功能。

(9)“视图”选项卡

实现文档视图的切换、显示、缩放、窗口和宏等功能。

(10)“加载项”选项卡

通过添加自定义命令和特定功能,安装用于扩展 Microsoft Word 功能的附加程序。

此外,Word 2016 还会根据用户选择对象的不同,来动态地显示出相应的选项卡。例如,如果插入一张图片,则会显出一组“图片工具”选项卡。

2)功能区

功能区是菜单和工具栏的主要显示区域,几乎涵盖了所有的操作命令、命令按钮和对话框。它将选项卡中的控件细化为不同的组,例如,在“开始”选项卡中细分为“剪贴板”“字体”“段落”“样式”“编辑”等组。

3)快速访问工具栏

用户可以使用快速访问工具栏实现常用的功能,例如,新建、保存、撤销、重做、打印预览和快速打印等。用户还可以根据需要自定义快速访问工具栏。

4)状态栏

用户可通过状态栏了解页面总数和当前页面,切换页面视图和调整显示比例。

2.1.1 文档的新建、修改和保存

1. 文件的创建

1)建立一个空白文档

使用以下几种方法可建立空白文档。

(1)首先选择“文件”|“新建”命令,选择“空白文档”即可。

(2)按快捷键 Ctrl+N。

(3)系统默认的快速访问工具栏中不包括“新建”命令,可以单击快速工具栏右下角的按钮,打开“自定义快速访问工具栏”,单击“新建”命令,将其设为“选中”状态,就可以把“新建”命令添加到快速访问工具栏中,方便今后使用。

2)使用模板创建相关文档

选择“文件”|“新建”命令,在相应的模板列表中,可以选择系统提供的各种常用模板,或

者搜索联机模板，建立新文档。

2. 文件的修改

修改文件的方法有如下两种。

(1) 选择“文件”|“打开”命令，对已有文档进行修改。

(2) 按快捷键 Ctrl+O，在弹出的对话框中选择要打开的文件名，单击“打开”按钮，打开该文件，再进行修改。

3. 保存文件

保存文件的方法有以下两种。

(1) 选择“文件”|“保存”命令，或者单击快速访问工具栏中的“保存”按钮。如果创建新文件时打开“另存为”对话框，则可以输入文件名、选择保存类型后，单击“保存”按钮，系统默认文件类型为.docx。已保存过的文件则以原文件名保存修改的操作结果。

(2) 选择“文件”|“另存为”命令，如果是新创建文件则操作同上，否则以新文件名保存操作结果。

2.1.2 样式的定义和模板的使用

1. 样式

样式是文档中标题、正文和引用等不同文本和对象格式的集合，旨在方便用户对文档样式的设置，提高排版效率。Word 2016 为不同类型的文档提供了多种内置的样式集供用户选择使用。用户也可以根据需要修改文档中的样式集。

1) 预览样式

单击“开始”菜单中的“样式”组的快速样式列表框，可以预览某种样式，如图 2-6 所示。

2) 创建样式

单击图 2-6 中的“创建样式”，打开“根据格式设置创建新样式”对话框，在对话框中对样式进行设置，设置完成后单击“确定”按钮。单击“样式”组右下角的按钮，在弹出的“样式”窗格中，将鼠标放置到所创建的样式选项上时，将显示该项所对应的字体、段落和样式的具体设置情况，如图 2-7 所示。

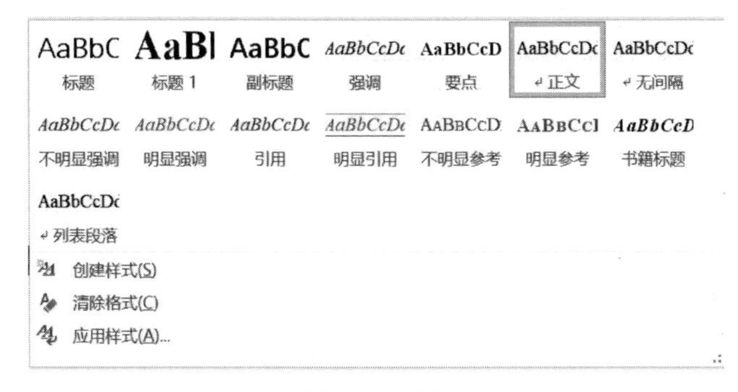

图 2-6 样式

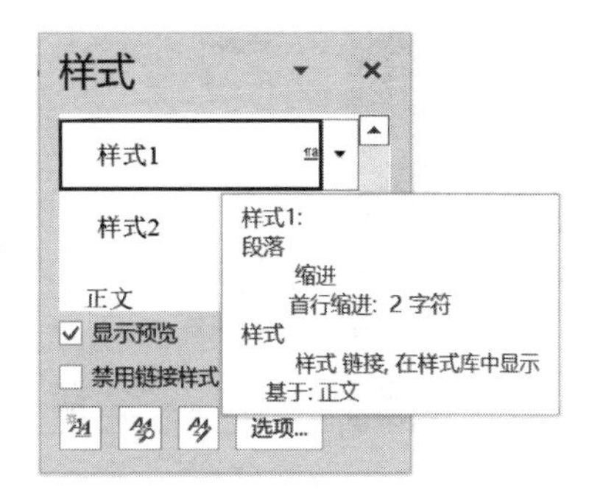

图 2-7 新建样式

3) 修改样式

选中图 2-6 中的某个样式右击，单击“修改”选项。在弹出的“修改样式”对话框中，对所选样式进行修改，设置完成后单击“确定”按钮，如图 2-8 所示。

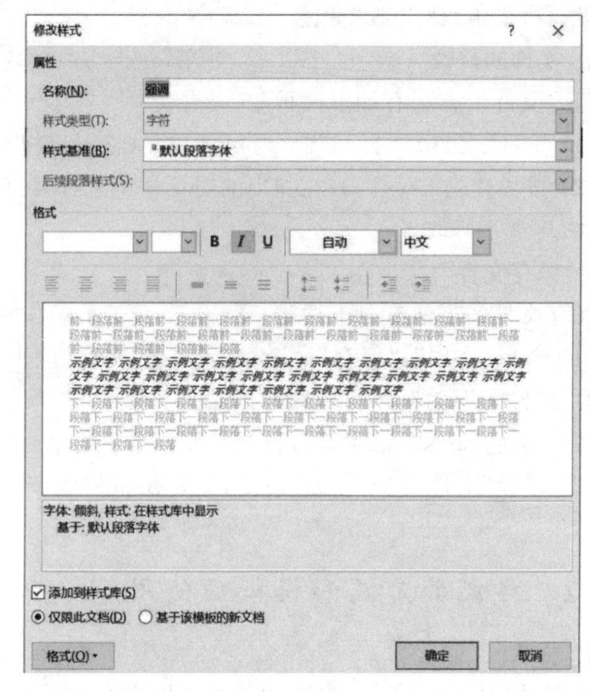

图 2-8 修改样式

2. 模板

Word 2016 的模板是该软件中内置的，包含固定格式设置和版式设置的模板文件。用户使用模板，可以快速、方便地创建某种特定的文档。单击“文件”选项，选择“新建”选项，可以选择相应的模板，也可以在搜索框中搜索联机模板，如图 2-9 所示。

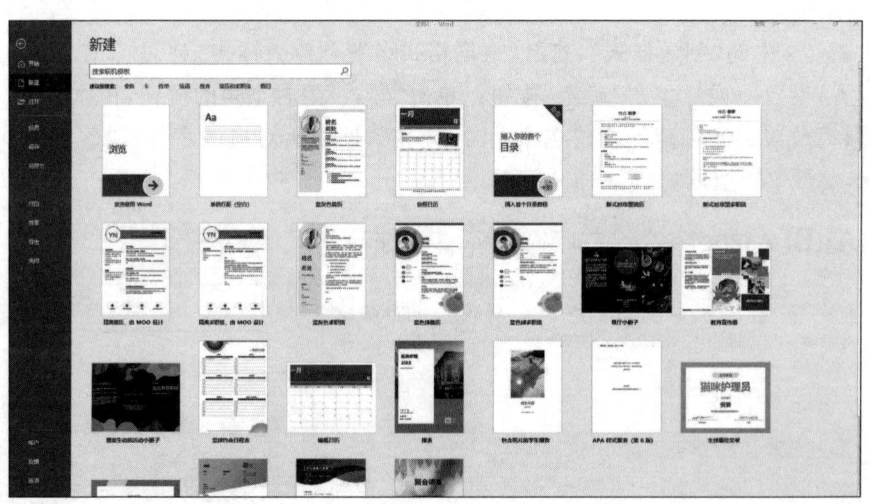

图 2-9 模板

2.1.3 字符、段落和页面的设置

1. 字符

字符的设置，主要是指字体、颜色及字符间距等的设置。操作方法为：选中相应的文

本，单击“开始”菜单，单击“字体”组右下角的按钮，在弹出的“字体”对话框中，进行文字的格式设置。其中，“字体”选项卡中可以设置字符的字体、字形和字号，也可以对字符的颜色、下画线的线型进行设置；“高级”选项卡中可以设置字符的间距及其他选项。

2. 段落

段落的格式有：对齐方式、缩进、间距和行距的设置。操作的方法为：选中相应的文本，单击“开始”菜单，单击“段落”组右下角的按钮，在弹出的“段落”对话框中，进行段落的格式设置。打开“缩进和间距”选项卡，可以设置段落的对齐方式、缩进、间距和行距。

3. 制表位

制表位可使文本内容垂直对齐，例如书的目录等。操作方法为：单击文档右侧的“标尺”按钮，出现标尺，然后双击标尺。或者单击“开始”菜单，单击“段落”组右下角的按钮，在弹出的“段落”对话框中，选择“制表位”命令，打开制表位对话框，在对话框中新建制表位，同时对每个制表位进行对齐方式和前导符号的设置。

4. 边框和底纹

边框和底纹是修饰的又一个特性，可对段落、文字、图片等对象加上边框和填充色。操作步骤如下：

(1) 选中对象，单击“设计”菜单，在“页面背景”组中，选择“页面边框”弹出“边框和底纹”对话框，打开“边框”选项卡，在“应用于”项中选择对象(如段落、文字)，分别对“设置”“样式”“颜色”和“宽度”各项进行设置。

(2) 打开“底纹”选项卡，在“应用于”项中选择对象(如段落、文字)，分别对“填充”“样式”“颜色”各项进行设置。

5. 项目符号和编号

单击“开始”菜单，在“段落”组中，单击“项目符号”和“编号”按钮，进行文本设置。

6. 首字下沉

选中文本，单击“插入”菜单，在“文本”组中，单击“首字下沉”按钮，进行文本的设置。

7. 分隔符

选中文本，单击“布局”菜单，在“页面设置”组中，单击“分隔符”按钮，单击下拉菜单，插入分节符或者分页符。

8. 文本分栏

选中文本，单击“布局”菜单，在“页面设置”组中，单击“栏”按钮，进行文本分栏的设置。

9. 艺术字

选中文本，选择“插入”|“文本”|“艺术字”命令，选择一种艺术字样式。工具栏中会动态地出现“艺术字工具”选项卡，在“格式”组中，“艺术字样式”组和“排列”组中有相关的命令可对艺术字的样式、文本填充、文本轮廓、文本效果、位置等进行设置。

10. 水印

选中文本，选择“设计”|“页面背景”|“水印”命令，系统会弹出水印窗格，用户可以选择机密或等级的水印模式。也可以单击“自定义水印”选项，设置“无水印”“图片水印”“文字水印”选项。

11. 页边距

选中文本，选择“布局 ”|“页边距”命令，在下拉菜单中设置“常规”“窄”等选项。也可以

单击“自定义页边距”选项，弹出“页面设置”对话框，对文本的“页边距”“纸张”“布局”等选项进行设置。

2.1.4 Word中表格的编辑

表格是文本的一种特殊对象，Word 2016具有创建表格和编辑表格的功能，利用它可以轻松地制作各种表格。

1. 创建表格

创建表格通常先创建一个表格框架，然后输入文字、调整表格，再根据需要对表格进行格式化。创建表格有以下几种方法。

(1) 选择“插入”|“表格”命令，在“插入表格”对话框中输入行数与列数。

(2) 单击“开始”菜单，在“段落”组中，单击“边框 ⊞▾”右侧的倒三角按钮，选择“绘制表格”命令，拖动鼠标可以画出各种不同的表格。

2. 表格的编辑

表格的编辑有行或者列的插入、单元格的插入、行或列的删除、单元格的删除、行和列的移动、单元格的移动或表格的移动、行或列的复制、单元的复制、表格的复制、单元格的合并、单元格的拆分、表格的拆分、表格的合并、文字转换为表格、表格转换为文字、表格内容的排序等操作。有关表格的操作，均通过选择“表格工具”命令进行。

3. 表格的格式化

表格的格式化包括单元格数据的格式化、单元格和表格的对齐、编码框和底纹等的设置。表格格式化可选择自动套用表格格式，也可以自定义格式。

1) 自动套用表格格式

把光标移入表格，系统会动态打开“表格工具”选项卡，选择“表设计”，在“表格样式”组中选择一种样式，单击选中即可，如图2-10所示。

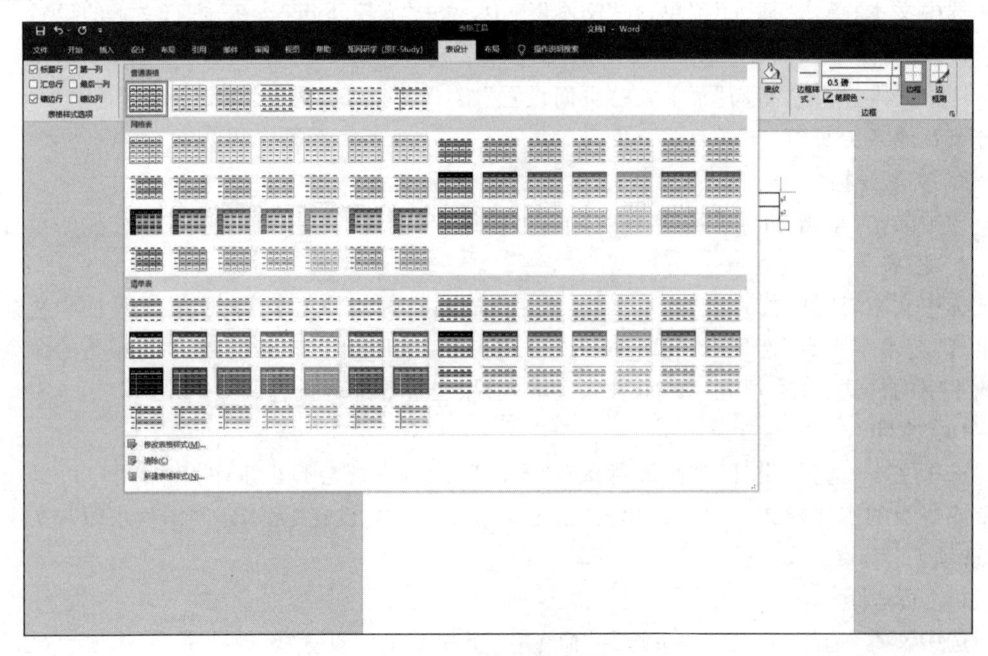

图2-10 “表格样式”组

2）自定义表格格式

选择“表格工具”|“布局”命令，单击“单元格大小”组右下角的按钮，在弹出的“表格属性”对话框中进行设置，如图 2-11 所示。在对话框中对表格、行、列或单元格的属性进行设置。

图 2-11 “表格属性”对话框

4. 表格转换为文本

选中需要转换为文本的表格。选择“表格工具”|“布局”命令，然后在“数据”组中单击“转换成文本”，在弹出的对话框(见图 2-12)中，选中“段落标记”“制表符”“逗号”或“其他字符”单选按钮，将所选择的表格转换成文本。格式设置完毕后，单击“确定”按钮。

5. 文本转换为表格

选中需要转换为表格的文本。选择“插入”|“表格”命令，然后单击下拉列表中的“转换为文本”。在弹出的“将文字转换成表格”对话框中按如图 2-13 所示进行设置。

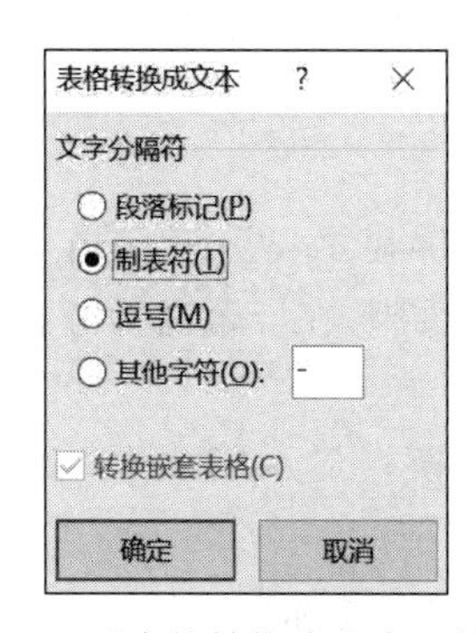

图 2-12 “表格转换成文本”对话框

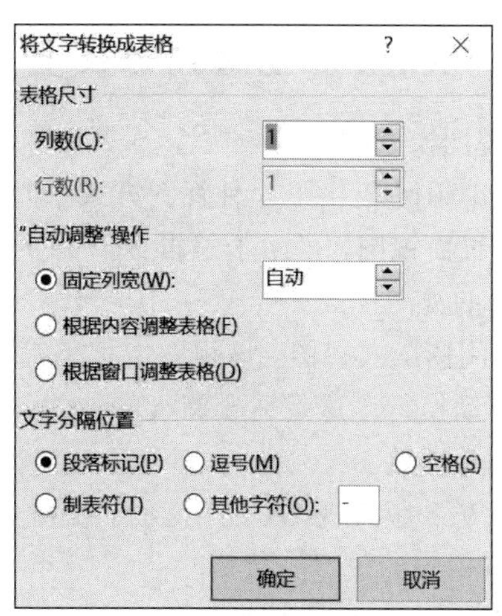

图 2-13 “将文字转换成表格”对话框

2.1.5 查找与替换、制表位设置

1. 文字内容的替换

文字内容的替换，是指将文档中的某些文字内容替换为另外的文字。操作步骤如下：单击“开始”菜单，在“编辑”组中选择“替换”命令，打开“查找和替换”对话框，在“查找内容”项中输入查找内容，在“替换为”项中输入准备替换的内容。单击“全部替换”按钮，完成替换操作。

2. 纯格式的替换

纯格式的替换是指将文本内容中的某文字格式替换为另一种格式。操作步骤如下：选择“开始”|“替换”命令，打开“查找和替换”对话框。单击“更多”按钮，扩展对话框。将光标定位于“查找内容”和“替换为”项中，单击“格式”按钮，进行格式设置，单击“全部替换”按钮，完成替换操作。

3. 特殊字符的替换

特殊字符的替换是指将文档中数字字符、字母字符、回车符等字符替换为另外的文字字符。操作步骤如下：选择“开始”|“替换”命令，打开“查找和替换”对话框。单击“更多”按钮，扩展对话框。将光标定位于“查找内容”项中，单击“特殊格式”按钮，选择某一符号，如回车符、制表符、任意字母、任意字符、任意数字等。将光标定位于“替换为”项中，输入所需替换内容或者进行格式设置(单击“格式”按钮或者单击“特殊格式”按钮)。输入完成后单击“全部替换”按钮，完成替换操作。

4. 通配符的替换

在 Word 2016 中，系统提供通配符“?”和“ * ”，方便用户进行模糊查找和替换。其中“?”代表单个字符。例如：“s?t”可以找到“sit”和“set”。“ * ”则代表任意多个字符串。例如：“s * d”可以找到“sad”和“started”。操作步骤如下：选择“开始”|“替换”命令，打开“查找和替换”对话框。单击“更多”按钮，扩展对话框。选中“搜索选项”的“使用通配符”的复选框即可。这时，系统的“区分大小写”和“全字匹配”的复选框将不可用(灰显)，这表示这些选项已自动开启，用户是无法关闭这些选项的。

2.1.6 Word 其他格式的设置

1. 视图模式的控制

Word 2016 提供了 5 种视图方式，即页面视图、阅读视图、Web 版式视图、大纲和草稿。

(1) 页面视图：可用于编辑页眉和页脚、调整页边距和处理分栏及图形对象。页面视图是主要的视图形式。

(2) 阅读版式视图：该视图中把整篇 Word 文档分屏显示，Word 文档中的文本为了适应屏幕自动换行。这是适合阅读的方式，不显示页眉和页脚，在屏幕的顶部显示了文档当前的屏数和总屏数。

(3) Web 版式视图：可看到背景和为适应窗口而换行显示的文本，且图形位置与在 Web 浏览器中的位置一致。

(4) 大纲：显示文档的结构，在大纲视图下可以通过拖动标题来移动、复制和重新组织文本。显示文件内容的等级，共有标题级和文本级两种，可分为 1～9 级和正文文本级。在

大纲视图中不显示页边距、页眉和页脚、图片及背景。

(5) 草稿：查看草稿形式的文档，以便快速编辑文档。在此视图中，不会显示某些文档元素(例如页眉和页脚)。

2. 控制视图的切换方法

有以下两种切换方法。

(1) 单击“视图”菜单，在“视图”组中，可单击不同的按钮，以便切换到各个视图。

(2) 单击窗口右下角的视图按钮，确定文档编辑的显示方式。

3. 窗口重要元素的组成

(1) 标尺：水平标尺和垂直标尺，用来查看工作区中的文字、表格、图片等对象的大小和位置。水平标尺用来设置制表位、段落的缩进和页边距。垂直标尺在页面视图和打印预览时才能出现，单击“视图”菜单，在“显示”组中，选择“标尺”命令可“显示”或“隐藏”标尺。

(2) 段落标记：按 Enter 键产生的符号称为段落标记，段落标记记录了本段落的格式。

4. 文档的输入

(1) 插入与改写：按快捷键 Insert，设置字符的插入或改写状态。

(2) 特殊符号的输入：用“拼音输入法”的软键盘输入特殊符号“★☆№§◎◇※”，或单击“插入”菜单，在“符号”组中，选择“符号”|“其他符号”命令，插入特殊符号。

(3) 时间和日期的输入：直接输入日期。或者单击“插入”菜单，选择“文本”组中的“日期和时间”命令。

5. 文档内容的复制、移动

1) 文档内容的复制

选择被复制的内容、选择“开始”|“复制”命令或按快捷键 Ctrl+C，确定插入点，选择“开始”|“粘贴”命令或按快捷键 Ctrl+V。

2) 文档的内容移动

选择被移动的内容、选择“开始”|“剪切”命令或按快捷键 Ctrl+X，确定插入点，选择“开始”|“粘贴”命令或按快捷键 Ctrl+V。

3) 格式的复制

选定带格式的内容，单击“开始”|“格式刷”，拖动鼠标指针到准备复制格式的内容上；双击“格式刷”可重复复制已有的格式。

2.1.7 综合练习

1. 打开 xt1 文件，按图 2-14 所示的样张，编辑要求如下：

(1) 将全文除标题外的“信息系统”，替换成红色、楷体、带着重号。

(2) 设置标题格式：隶书，小初；阴影：外部偏移右下，紫色文字；并加蓝色双线、阴影边框线；居中对齐。

(3) 设置第一段格式：首行缩进 2 个字符，行间距为固定值：18 磅，首字下沉 2 行。

(4) 按样张将第二段文字中的“信息系统功能”设置为二号字，并重新排列：“息”和“统”字减小 10 磅。“功”和“能”两字设置为红色的带圈文字。

(5) 按样张加上蓝色项目符号(项目符号字符—符号—字体：Wingdings—第十一行第十三列)，并加红色边框和 25%紫色图案，茶色、背景 2 填充底纹。

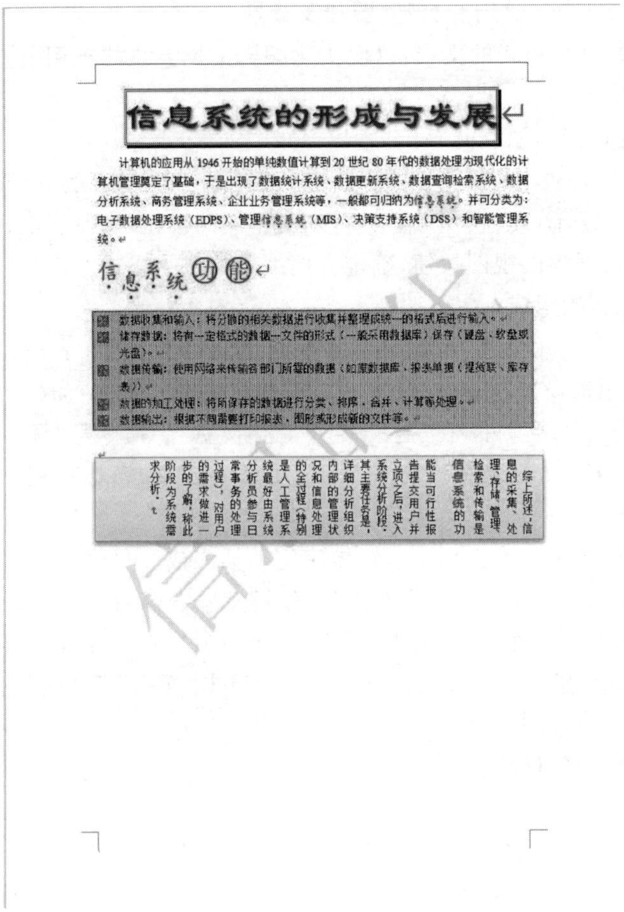

信息系统的形成与发展

计算机的应用从1946开始的单纯数值计算到20世纪80年代的数据处理为现代化的计算机管理奠定了基础，于是出现了数据统计系统、数据更新系统、数据查询检索系统、数据分析系统、商务管理系统、企业业务管理系统等，一般都可归纳为信息系统。并可分类为：电子数据处理系统（EDPS）、管理信息系统（MIS）、决策支持系统（DSS）和智能管理系统。

信息系统功能

- 数据收集和输入：将分散的相关数据进行收集并整理成统一的格式后进行输入。
- 储存数据：将有一定格式的数据一文件的形式（一般采用数据库）保存（硬盘、软盘或光盘）。
- 数据传输：使用网络来传输各部门所需的数据（如原数据库，报表单据（提货联、库存表））。
- 数据的加工处理：将所保存的数据进行分类、排序、合并、计算等处理。
- 数据输出：根据不同需要打印报表，图形或形成新的文件等。

综上所述，信息的采集、处理、存储、管理、检索和传输是信息系统的功能当可行性报告提交用户并立项之后，进入系统分析阶段。其主要任务是，详细分析组织内部的管理状况和信息处理的全过程（特别是人工管理系统最好由系统分析员参与日常事务的处理过程），对用户的需求做进一步的了解，称此阶段为系统需求分析。

图 2-14　xt_1 样张

(6) 设置最后一段样式：文字竖排、并加上文本框，选择“细微效果—橄榄色—强调文字颜色 3”的形状样式，对边框使用“外部偏移：下”阴影，阴影颜色为紫色，段首缩进 2 字符。

(7) 按样张插入水印，文字为“信息时代”，颜色为橙色。

操作提示：

第(1)题：选择“开始”|“替换”命令，打开“查找和替换”对话框，在对话框“查找内容”项中输入文字“信息系统”，选中“替换为”项，选择“格式”|“字体”命令，在“字体”对话框中设置文字格式：红色、楷体、带着重号。

第(2)题：选中一行文字，选择“开始”|“字体”命令，在下拉列表中设置字体格式：隶书，小初；阴影：外部偏移右下，紫色。选择“页面布局”|“页面边框”命令，在弹出的“边框和底纹”对话框中，设置阴影，应用于“文字”对象、紫色。

第(3)题：将光标定位在第一段，单击“开始”菜单，单击“段落”右下角的按钮，打开“段落”对话框，在对话框中设置：首行缩进 2 个字符，行间距为固定值：18 磅。选择“插入”|“首字下沉”命令。

第(4)题：选中文字“信息系统功能”，单击“开始”菜单，单击“字体”组右下角的按钮，打开“字体”对话框，打开“字体”选项卡，设置文字：二号字；着重号：. 。选中文字“息”和“统”，打开“字体”对话框，打开“高级”选项卡，在“位置”下拉列表中设置字符，替换已做了的

着重号：减小 10 磅。选中文字“功”，选择“开始”|“字体”|“带圈字符”命令，选择样式“增大圈号”，设置带圈的文字，用同样的方法设置文字“能”。

第(5)题：选中多个段落，选择“开始”|“项目符号”命令，为文字添加项目符号，右击这些段落，在弹出的下拉菜单中选择“项目符号库”，单击相应的符号按钮，选择所需要的项目符号。选中相应的段落，单击“开始”菜单，在“段落”组中，单击“下框线”右侧的倒三角，单击“边框和底纹”按钮，打开“边框和底纹”对话框，在对话框中设置红色边框和相应的底纹填充。

第(6)题：选中最后一段文字，选择“插入”|“文本框”|“绘制竖排文本框”命令，参照样张调整文本框大小。打开“绘图工具”|“形状格式”选项卡，单击“形状样式”组右下角的按钮，在弹出的对话框中，选择相应的形状样式，打开“形状效果”|“阴影”选项卡，在“外部”下拉菜单中设置阴影样式，在“阴影选项”下拉菜单中设置相应的颜色。

第(7)题：打开“设计”选项卡，单击“页面背景”组，单击“水印”命令，在弹出的下拉菜单中，单击“自定义水印”按钮，按要求输入水印文字内容，设置颜色。

选择“文件”|“保存”命令，保存修改结果。

2. 打开 xt2 文件，按照图 2-15 所示的样张，编辑要求如下：

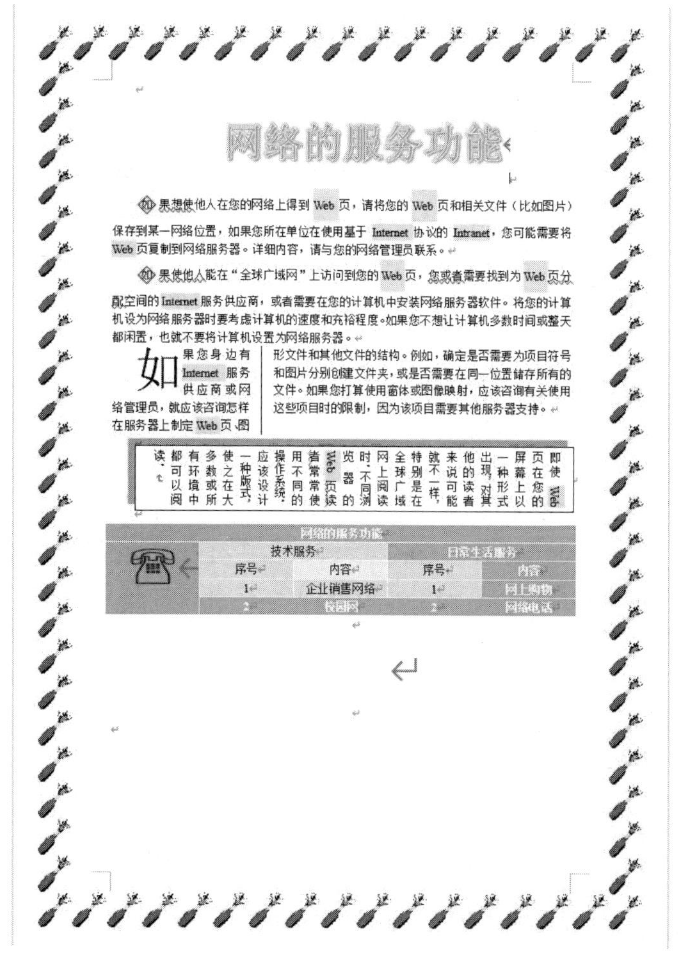

网络的服务功能

如果想使他人在您的网络上得到 Web 页，请将您的 Web 页和相关文件（比如图片）保存到某一网络位置，如果您所在单位在使用基于 Internet 协议的 Intranet，您可能需要将 Web 页复制到网络服务器。详细内容，请与您的网络管理员联系。

如果使他人能在“全球广域网”上访问到您的 Web 页，您或者需要找到为 Web 页分配空间的 Internet 服务供应商，或者需要在您的计算机中安装网络服务器软件。将您的计算机设为网络服务器时要考虑计算机的速度和充裕程度。如果您不想让计算机多数时间或整天都闲置，也就不要将计算机设置为网络服务器。

如果您身边有 Internet 服务供应商或网络管理员，就应该咨询怎样在服务器上制定 Web 页、图形文件和其他文件的结构。例如，确定是否需要为项目符号和图片分别创建文件夹，或是否需要在同一位置储存所有的文件。如果您打算使用窗体或图像映射，应该咨询有关使用这些项目时的限制，因为该项目需要其他服务器支持。

即使 Web 页在您的屏幕上以一种形式出现，对其他的读者来说可能就不一样，特别是在全球广域网上阅读时，不同浏览器的 Web 页读者常常使用不同的操作系统，应该设计一种版式，使之在大多数或所有环境中都可以阅读。

网络的服务功能				
	技术服务		日常生活服务	
	序号	内容	序号	内容
	1	企业销售网络	1	网上购物
	2	校园网	2	网络电话

图 2-15　xt_2 样张

(1) 设置标题文字水平居中，采用的格式：艺术字(第三行第三列)，艺术字设置为发光：5 磅，红色，主题色 2。

(2) 设置全文的英文字母格式：蓝色文字，突出显示。

(3) 设置所有段落格式：两端对齐、单倍行间距、首行缩进 2 个汉字。

(4) 按照样张，设置第三段落偏左分栏显示，加入分隔线，首字下沉 3 行。

(5) 设置最后一段段落的格式：竖排、文本框的大小：高 2 厘米、宽 14 厘米、黑色外部向下偏移阴影。

(6) 设置第一、第二段的首字格式：红色、中文带圈字符、增大圈号、菱形。

(7) 按照样张，插入表格，表格格式为：网格表 5 、深色、着色-3，进行相应单元格的合并，并输入文字和插入符号，设置符号的格式：红色、初号，所有内容在单元格中居中对齐。

(8) 设置页面边框为艺术型，如样张所示。

操作提示：

第(1)题：选中标题，将其水平居中，选择“插入”|“文本”|“艺术字”命令，设置艺术字样式为：第三行第三列；“艺术字样式”|“发光”|“发光变体”：5 磅，红色，主题色 2。

第(2)题：选择“开始”|“替换”命令，打开“查找和替换”对话框，在对话框“查找内容”项中，选择“特殊格式”|“任意字母”命令，选中“替换为”项，选择“格式”|“字体”命令，在“字体”对话框中设置文字格式：蓝色。再次选择“格式”命令，选择“突出显示”项。

第(3)题：略。

第(4)题：选择第三段落，选择“布局”|“页面设置”|“栏”|“更多栏”，设置“偏左”和“分隔线”。选择“插入”|“文本”|“首字下沉”，添加首字下沉效果，下沉 3 行。

第(5)题：选中最后一段文字，插入竖排文本框。选中文本框，打开“绘图工具”|“格式”选项卡，单击“形状样式”组右下角的按钮，在弹出的“设置形状格式”对话框中，单击“阴影”选项，在“预设”中设置阴影样式，在“颜色”中设置相应的颜色。

第(6)题：略。

第(7)题：将光标移到最后，选择“插入”|“表格”命令，打开“插入表格”对话框，并设置为 5 行、5 列。选中第一行，选择“表格工具”|“布局”|“合并单元格”命令(“合并”组中)，将第一行的 5 个单元格合并为 1 个单元格，并在该单元格中输入文字。选中第一列下面的 4 个单元格，右击，选择“合并单元格”命令，将该列的 4 个单元格合并为 1 个单元格。选择“插入”|“符号”命令，打开“符号”对话框，在对话框中选择符号，选中符号并设置符号的格式。使用同样的方法将样张表格中的其他单元格进行合并，并按照样张输入文字。设置表格格式为：网格表 5 深色 着色-3。

第(8)题：选择“开始”|“段落”|“边框”命令，单击右下角的按钮，在下拉列表中选择“边框和底纹”，设置页面边框为“艺术型”，如样张所示。

选择“文件”|“保存”命令，保存修改结果。

2.2 Word 的插入对象

案例 2-2 中使用的素材位于“第 2 章\素材”文件夹，样张位于“第 2 章\样张”文件夹，对应案例的素材文件为 lt_2_2. docx，对应的结果文件为 yz_2_2. docx。

本案例在 Word 文档中插入编辑图片、图形，以及其他对象（例如艺术字、公式等），需要掌握对这些对象的格式设置，实现图文混排；掌握设置页眉、页脚等操作技能。

扫码观看

案例 2-2 打开素材 lt_2_2. docx 文件，按照图 2-16 所示 Word 图文混排样张，完成以下操作：

上海市计算机一级等级考试

庐山[1]位于江西省九江市，紧临鄱阳湖和长江，"一山飞峙大江边，跃上葱茏四百旋"，庐山海拔 1474 米，山体面积 280 平方千米，以雄、奇、险、秀闻名。1982 年国务院批准庐山为国家重点风景名胜区，1996 年冬联合国批准庐山为"世界文化景观"，列入《世界遗产名录》。

横看成岭侧成峰，远近高低各不同。

不识庐山真面目，只缘身在此山中。

庐山最高峰为大汉阳峰、五老峰、香炉峰等，山间经常云雾弥漫，所以人们常说"不识庐山真面目"。春季漫山桃花、杜鹃盛开，夏季气温凉爽，秋季天高云淡，寒冬银装素裹。

旅游景点最有名的可能要算"仙人洞"了，是绝壁上的一个天然石洞，传说为吕洞宾"修仙"处，洞内有吕洞宾石像，一棵劲松挺立在洞外的"蟾蜍石"上，石壁上有"纵览云飞"四个摩崖大字，毛泽东同志的诗句"暮色苍茫看劲松，乱云飞渡仍从容。天生一个仙人洞，无限风光在险峰"就是描写仙人洞的。

苏子曰："不识庐山真面目，只缘身在此山中。"的确如此！

曾经登过泰山，领略过泰山的雄伟壮丽，感受过"一览众山小"的意境；曾经爬过崂山，看见过崂山的海天相连的美景，想象着崂山道士的迂腐和可爱。但是，自从庐山之行后，我不得不感叹造物主的神奇，因为，庐山真的很美！

曾经听过这么一句话："沟壑纵横，云雾缭纱，绿树掩映，曲径通幽是庐山"。但是，当我看见庐山时，我还是惊叹于造物主的神奇，顿时哑然。看着雾薄薄的，淡淡地从山底飘向山间即而缠绕于山体，直到飘然于顶空。那种感觉如神仙般的飘然欲仙，不知身在何处。

庐山的雾很快会从山中升起，然后很快会散去。当雾扑面将你笼罩的时候，夹杂着泥土的清香和绿树的清新，让人精神为之一震。雾如精灵般缠绕在树林之间，回荡于天、地之间。野花零零散散地生长在山中。黄的，红的或紫的或紫得将近蓝的，将青山装扮的分外妖娆。青山，绿水，白雾构成一幅美丽的画卷。如此美丽的景色吸引着古往今来的众多文人墨客。他们笔下的庐山是灵气、华贵的众多化身。无论是陶渊明、李白或者是岳飞、王安石都曾经对庐山做过极高的赞赏。

登上庐山的顶峰，站在顶峰，看着夕阳西下，晚霞映照着整个天空，绚丽得如七彩裙，摆舞在庐山之巅。而庐山此刻却犹如一位待字闺中的少女，用洁白的面纱掩藏起自己绝色的面容，雾罩着山，山笼着雾，雾与山融为一体。树在雾中摇曳，犹如仙女的长袖，舞动着优美的舞姿。山中飘荡着朵朵"白云"，这些云在晚霞的照射下，发出五色的光芒，如祥云一般，真乃人间仙境……

去庐山，可以感受着千百年来中华的沧桑，可以追寻着先人们的足迹，可以欣赏庐山那独特的山、水、石、雾，心情也瞬间开朗，人的灵魂得到一次净化，庐山是难得的避暑之处。

[1] 庐山简介

第1页，共1页

图 2-16　Word 图文混排样张

(1) 将文件的标题"雾里看山-识破庐山真面目"改为艺术字，该艺术字式样在"艺术字"库第三行第四列，按照样张，适当调整大小进行摆放，并设置"外部-右下偏移"的阴影样式，设置为"弯曲-三角：正"的文本效果。

(2) 插入图片"庐山. jpg"，高 5 厘米，宽 6 厘米，紧密型环绕，图片样式为"金属椭圆"。

(3) 按 Word 图文混排样张，选中正文中第一个"庐山"词语，在文档中添加一个脚注"庐山简介"。

(4) 按 Word 图文混排样张，设置页眉和页脚，页眉为"上海市计算机一级等级考试"，水平居中，页脚为"第 1 页，共 1 页"，右对齐，其中页眉字体格式为四号字、华文行楷。

(5) 以原文件名 yz_2_2. docx 保存。

操作步骤：

打开 lt_2_2. docx 文件。

第(1)题：选中标题文字，选择"插入"|"文本"|"艺术字"命令，选择第二行第四列的样式；选中艺术字，打开"绘图工具"|"形状格式"选项卡，在"排列"组中，选择"环绕文字"|"紧密型环绕"；在"绘图工具-形状格式"组中，选择"形状样式"|"形状效果"|"阴影"|"外部"|"偏移：右下"。选择"艺术字样式"文本效果"转换"|"弯曲"|"三角：正"。

第(2)题：选择"插入"|"图片"命令，打开"图片"对话框，选择 "庐山.jpg" 图片文件，单击"插入"按钮。选中插入的图片，打开"图片工具"|"图片格式"选项卡，单击"大小"组，设置图片的形状、高度和宽度；在"排列"组中设置"环绕文字"为"紧密型环绕"；在"图片样式"组中选择"金属椭圆"样式。

第(3)题：打开"插入"选项卡，在"符号"组中，选择"公式"命令，打开"公式工具"选项卡。按样张进行公式的输入和编辑。

第(4)题：单击"插入"|"页眉和页脚"命令，单击"页眉"，在下拉列表中按样张选择页眉样式，输入页眉："上海计算机一级等级考试"。将字体格式设置为四号字、华文行楷；选择"插入"|"页码"|"页面底端"命令，在"X/Y"选项组中选择"加粗显示的数字 3"，按样张输入"第 1 页""共 1 页"，右对齐。

第(5)题：选择"文件"|"保存"命令，按 yz_2_2.docx 文件名保存 Word 文档。

2.2.1 图片、形状、SmartArt 的插入和编辑

1. 图片

1) 图片的插入

选择"插入"|"图片"命令，在下拉列表中单击相应的选项，进行图片插入操作。

2) 图片的编辑

所插入的图片可以进行缩放、颜色和样式的设置，也可以与文字进行混排。图片编辑操作步骤如下：选中插入的图片对象，选择"图片工具"|"图片格式"命令，如图 2-17 所示。对"调整""图片样式""排列""大小"等项进行设置。其中，在"排列"组中的"位置"命令可以设置图片与文本的环绕方式和位置。环绕方式有"嵌入型""四周型""上下型"等类型。在"图片样式"中可以设置图片边框、图片效果和图片版式。也可以在"调整"中设置图片的艺术效果。

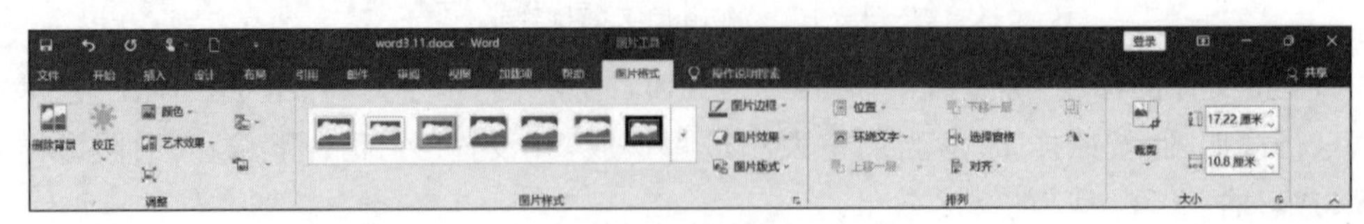

图 2-17　图片格式

2. 形状

1) 形状的插入

选择"插入"|"插图"|"形状"命令，插入线条、基本形状等图形。

2) 形状的编辑

选中插入的形状后，工具栏中会动态地显示"绘图工具"|"形状格式"选项卡。打开该选项卡，可通过"形状样式""艺术字样式""文本"和"排列"等选项组中相应功能选项的设置，对所绘制的图形对象进行编辑和格式处理。

3）其他操作

如果需要在图形上进行添加文字、编辑顶点等操作，可以在图形上右击，在快捷菜单中单击“添加文字”等命令实现。

3. SmartArt

1）插入

选择“插入”|“插图”|SmartArt 命令，选择相应的 SmartArt 图形。

2）编辑

选中插入的 SmartArt 图形后，工具栏中会动态地显示“SmartArt 工具”|“SmartArt 设计”选项卡。打开该选项卡，可通过“版式”“SmartArt 样式”等选项组中的相应功能，对所绘制的对象进行更改颜色等功能的编辑和处理，如图 2-18 所示。

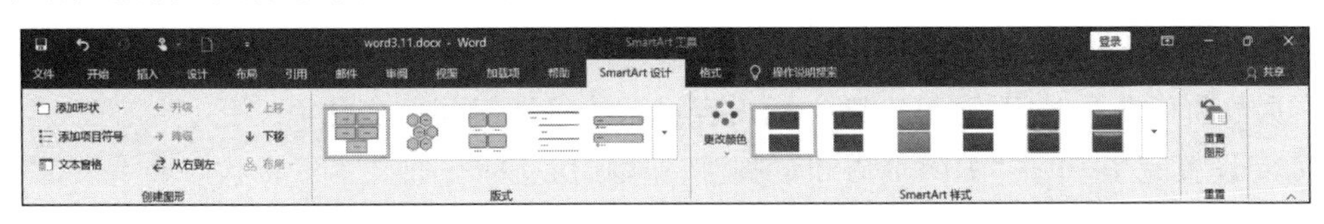

图 2-18　SmartArt 工具

3）其他操作

如果需要在 SmartArt 图形上进行添加文字的操作，在左侧的水平图片列表中输入文本；也可以在 SmartArt 图形节点上右击，在快捷菜单中单击“编辑文字”即可。

2.2.2　文本框、符号等其他对象的插入编辑

1. 文本框

选择“插入”|“文本”|“文本框”命令，在打开的对话框中选择内置的文本框模板，或者选择“绘制横排文本框”以及“绘制竖排文本框”命令。

2. 符号

选择“插入”|“符号”命令，在打开的“符号”对话框中选择需要的符号。

3. 公式

操作步骤如下：

（1）将光标移至所需位置。选择“插入”|“符号”|“公式”命令，单击“公式工具”|“公式”命令，如图 2-19 所示。

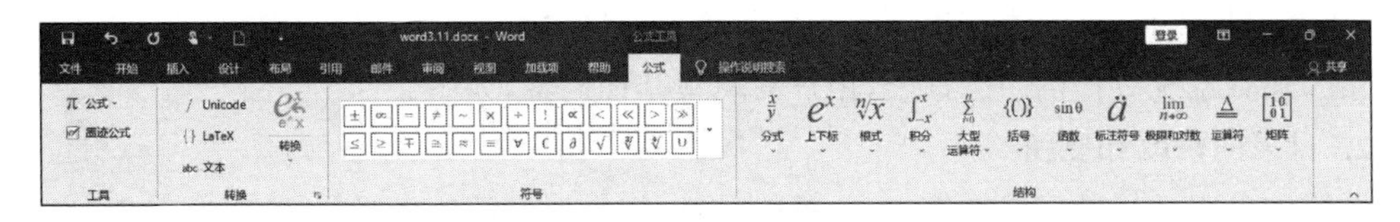

图 2-19　公式

（2）输入相应公式。也可以单击选择“插入”|“工具”|“墨迹公式”命令，使用数学输入控件输入公式。

4. 日期和时间

选择“插入”|“文本”|“日期和时间”命令，选择一种日期时间格式。

5. 对象

选择“插入”|“文本”|“对象”命令，在打开的“对象”窗口中选择相应的对象类型。

2.2.3 页眉、页脚和页码的设置及打印预览

1. 页眉、页脚和页码的设置

页眉、页脚的设置，可以在文档每页的顶部和底部打印固定的内容，包括在页眉、页脚中设置按页变化的页码、页数，设置奇数页和偶数页、首页和其余页不同的页眉页脚内容等。操作方法如下：

(1) 打开“插入”选项卡，在“页眉和页脚”组中，选择相应的命令按钮，开始对页眉、页脚和页码进行编辑。

(2) 工具栏会显示“页眉和页脚工具”动态选项卡，单击“页眉和页脚”，进行设置。其中页码、页数和日期及时间等，可以随文档内容或系统日期时间的变化而变化。

(3) 设置完毕，单击“关闭页眉和页脚”按钮，则切换回普通文本编辑状态。

2. 打印预览

打印预览的目的是查看文档打印出来的效果。操作步骤如下：

(1) 打开 Word 2016 文档窗口，选择“文件”|“打印”命令。

(2) 在打开的“打印”窗口右侧预览区域可以查看 Word 2016 文档打印预览效果，纸张方向、页边距等设置都可以通过预览区域查看效果。并且还可以通过调整预览区下面的滑块改变预览视图的大小。

(3) 单击“打印预览”窗口中的“打印”工具按钮可直接打印。在打开的“打印”窗口右侧预览区域可以查看 Word 2016 文档打印预览效果，用户所做的纸张方向、页边距等设置都可以通过预览区域查看效果。并且用户还可以通过调整预览区下面的滑块来改变预览视图的大小。

2.2.4 文档目录的创建、修改和更新设置

1. 目录的创建

打开文档，在“引用”选项卡的“目录”组，单击“目录”按钮，在下拉列表中选择“手动目录”“自动目录 1”“自动目录 2”等内置目录样式。其中，选择“自动目录 1”或者“自动目录 2”后，可以单击插入目录，右击可以显示相应的菜单，对所插入的目录进行编辑。如果选择“手动目录”，那么系统只提供一个框架，用户需填写其他内容，如图 2-20 所示。

2. 目录的修改和更新

系统的自定义目录仅仅提供 1～3 级的目录，如果用户需要多级目录，需要单击“自定义目录”，在弹出的“目录”窗口中，对相应的参数进行设置。单击“选项”按钮，在弹出的“目录选项”窗口中对目录中的标题样式进行设置。单击“修改”按钮，在弹出的“样式”窗口中对目录样式进行设置。如图 2-21 所示。如果文档的标题发生变化，在“引用”选项卡的“目录”组，单击“更新目录”按钮，可以自动更新目录。

图 2-20　目录的创建

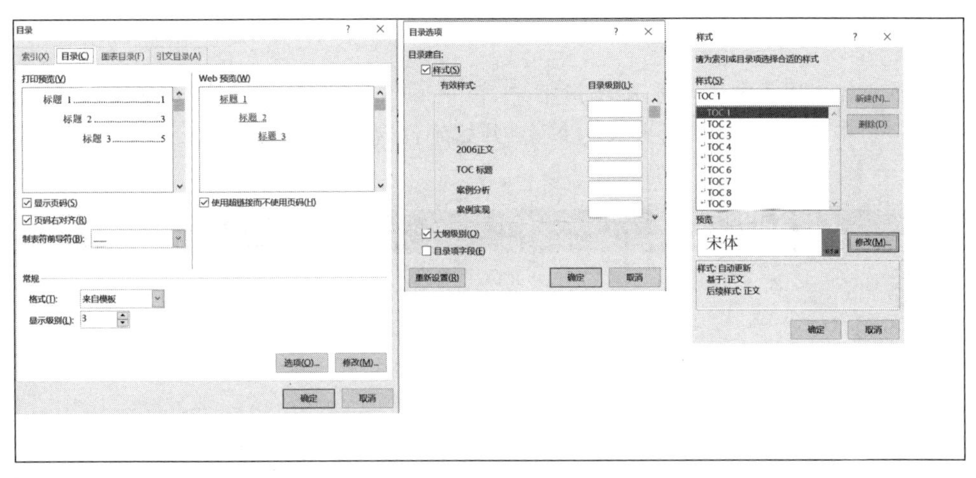

图 2-21　目录的修改

2.2.5　脚注、尾注以及题注的使用和编辑

1. 脚注、尾注

(1) 脚注是指用户在需要标注的内容所对应的页面的最下面进行标注，即脚注存在于该页，常用于文档某处的内容注释。而尾注是指用户将注释的内容放在该文档的最后，即尾注在文档的最后可以查看，常用来列出文中引文出处。

(2) 插入脚注和尾注：打开文档，打开“引用”选项卡，选择“脚注”组，根据需要单击“插入脚注”或者“插入尾注”。将光标定位到需要插入尾注或者脚注的地方，输入相应的内容即可。如果需要设置脚注、尾注格式，那么可以单击脚注组右下角，在弹出的“脚注和尾注”窗口中，设置格式，完成后单击“应用”按钮即可，如图 2-22 所示。

2. 题注

Word 2016 可以自动为当前文档中的图片、表格等对象进行编号，便于后续的查找和阅读。选中相应的对象，打开“引用”选项卡，选择“题注”组，根据需要单击“插入题注”按钮。

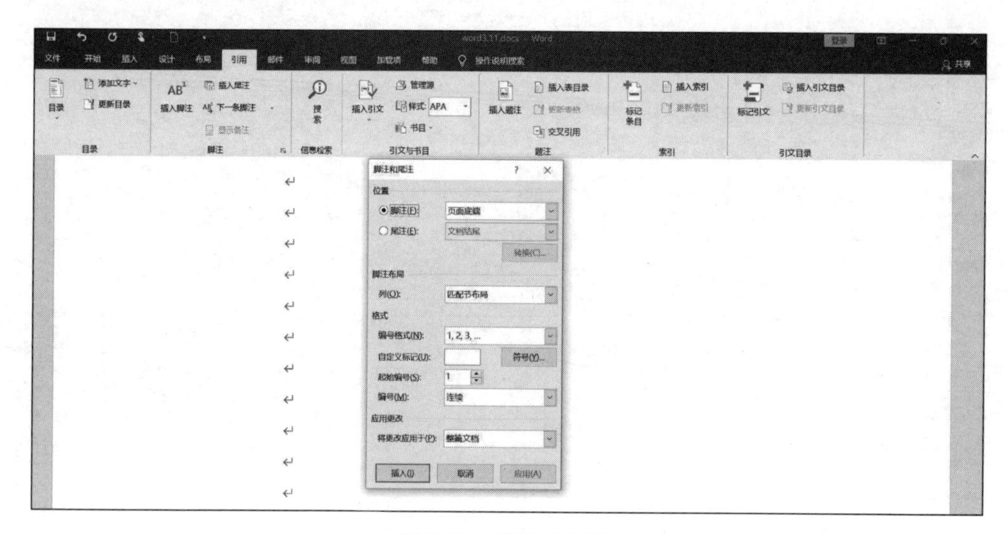

图 2-22　脚注和尾注

2.2.6　邮件合并功能

(1) 邮件合并功能常用来制作多份请柬、邀请函等公文,如图 2-23 所示。单击工具栏“邮件”选项卡中的“开始邮件合并”组,单击“开始邮件合并”选项,在下拉列表中选择相应的选项。

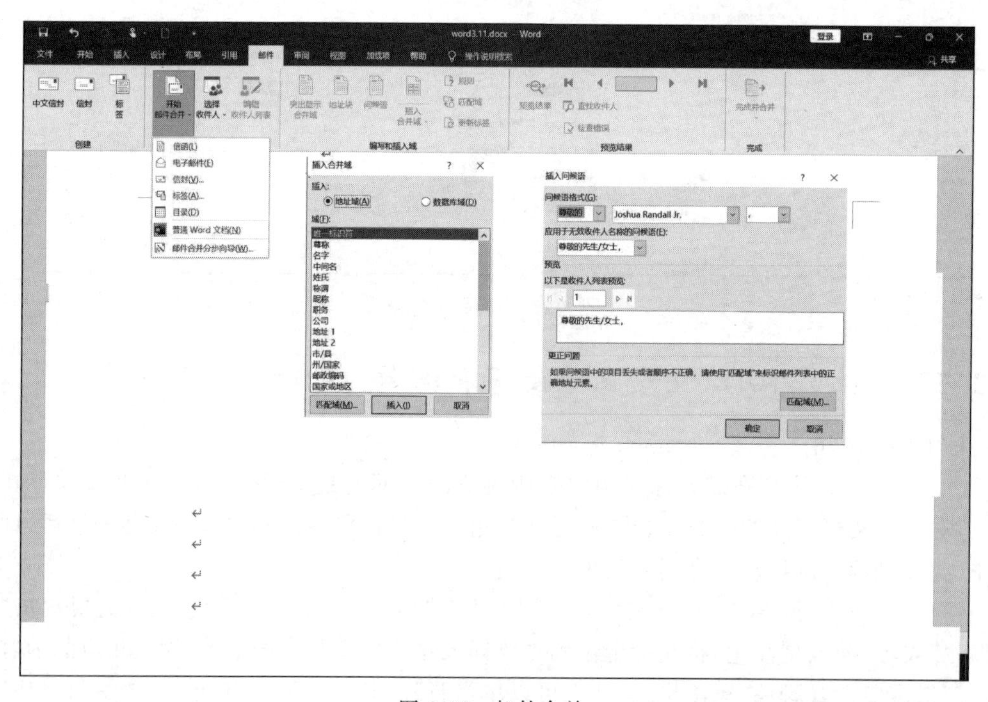

图 2-23　邮件合并

(2) 单击“选择收件人”选项,在下拉列表中选择“使用现有列表”,在弹出的“选取数据源”对话框中选择相应的文件,单击“打开”按钮,设置相应内容。

(3) 将光标定位于插入数据源的位置,单击工具栏“邮件”选项卡中的“编写和插入合并域"组,单击"插入合并域",在弹出的对话框中设置相应的选项。

(4) 单击"预览信函"中的按钮即可浏览合并效果,单击"下一步:完成合并"按钮就可以进行打印。打印可以全部打印也可以指定打印,根据实际情况在"合并到打印机"选项中进行设置。

2.2.7 综合练习

1. 打开 xt3.docx 文件,如图 2-24 所示,完成后文件名为 xt3_样张.docx,操作要求如下:

海底世界探秘

温暖的天气、优质的海水、多姿多彩的珊瑚、各种热带鱼和其他海底植物，使三亚成为海南潜水活动的最佳之处。潜水观光活动有两种选择：乘潜水船和直接潜水。

乘潜水船包括观光潜艇：位于三亚市大东海的"航旅一号"观光潜艇可以让游客通过闭路电视看到海底景致。整个水下行程 50 分钟左右。

半潜式海底游船：位于三亚市亚龙湾。可下潜 1.7 米，游客通过座位旁的玻璃钢窗口可观海底珊瑚和热带鱼群。整个海底观光行程约 1 小时。

直接潜水可以浮潜：向每个客人提供一套潜水镜、呼吸管、脚蹼和救生衣，由浮潜导游讲解有关知识和注意事项后，和浮潜导游一起下水观光，主要活动在 1~3 米的深水区。

水肺潜水：游客穿戴专门的潜水衣和潜水设备，由教练培训约半小时，携带压缩空气瓶，在潜水教练带领下潜入海底。下潜深度 4~15 米不等。

夜潜：和白天潜水所不同的是配备有声音的手电筒，在夜间的海底潜水更神秘、更刺激。

〖海底漫步：配戴供气的防压头罩，由教练陪同顺着游船直通海底的水梯走到 4~5 米深的海底珊瑚[i]周围。整个行程约 20~30 分钟。〗

$$y=\int_0^5 \frac{x^2}{(1-x)^5}\sqrt[3]{(x+6)\sin x}\,dx$$

[i] 海底世界

图 2-24 xt3 样张

(1) 将标题"海底世界探秘"设为艺术字,样式为:渐变填充,水绿色,主题色 5,映像;并设置其渐变为:变体—线性向下,水平居中。

(2) 插入图片"旅游.bmp",设置图片格式为"映像棱台,白色",图片高 3.5 厘米,宽 4 厘米,文字环绕为"四周型",图片水平与页边距为 10 厘米,垂直与页边距为 5 厘米。

(3) 在最后一段的开始和结尾处插入相应符号。

(4) 在文件中添加一个数学公式,居中对齐。

(5) 选中最后一行"海底珊瑚",添加尾注:海底世界。

操作步骤:

第(1)题:选中标题文字,样式为:渐变填充,水绿色,主题色 5,映像;并设置其渐变为:变体—线性向下,水平居中。

第(2)题:选择"插入"|"图片"命令,打开"插入图片"对话框,选择"旅游.bmp"文件,单击"插入"按钮;选中图片,选择"图片工具"|"图片格式"命令,在"图片样式"组中,选择"映像棱台,白色";在"大小"组中,设置高 3.5 厘米,宽 4 厘米;选择"图片工具"|"图片格式"|"排列"|"位置"命令,在"文字环绕"选项卡中,设置"环绕方式"为"四周型"。

第(3)题:将光标移至最后一段的开头,选择"插入"|"符号"命令,打开"符号"对话框,选择"〖"符号插入。重复上述方法在最后一段的结尾处插入"〗"符号。字符代码为 3016 和 3017。

第(4)题：将光标移至文档的最后，选择“插入”|“符号”|“插入公式”命令，按样张输入公式。

第(5)题：选中“海底珊瑚”，添加尾注：海底世界。

选择“文件”|“保存”命令，保存文件。

扫码观看

2. 打开 xt4.docx 文件，如图 2-25 所示，完成后文件名为 xt4_样张.docx，操作要求如下：

日期：2022-3-21

三亚藤海湾

藤海湾位于东经 109°，北纬 18°，　距三亚市市区 30 多公里的林旺境内，是新千年中国日出全球电视直播现场之一。中央电视台选择三亚藤海湾与泰山的日出一同作为跨入新千年的第一缕阳光，向全世界进行现场直播。

为这次活动专门修建的有：海榆东线公路入口到海湾现场的 10 公里乡村公路，建在沙滩上的"水钟滴漏台"，可容纳近 2000 人的 3 个各 50 米长的"看台"，瞭望台，以及 4 个移动公厕、10 公里长移动通信光缆、机房、办公室等配套工程。

2000 年 1 月 1 日凌晨 4 时以后，人们从四面八方向这里聚集。5 时 30 分，数公里长的海滩上聚集了近万人。6 时 30 分，东方泛白，山峦初现。

6 时 51 分，远处的云霭变作红霞，火一般壮观。月牙形的海滩上，几名天真可爱的儿童拎着水桶，从大海中取来海水，倒入岸边古老的计时器——铜壶滴漏，这种"水钟"是我们的先人在 1000 年以前发明的。

公元 2000 年 1 月 1 日早晨 7 时 16 分，在三亚藤海湾，离海平面一段距离的天边，新千年的第一轮太阳冲破云雾，喷薄而出。

7 时 17 分，红日慢慢变大变圆，像小孩子的笑脸。7 时 18 分，随着越来越快的升腾，一轮红日终于冲破层层云雾，射出万丈光芒。

场上音乐响起，人们迎着太阳，欢快起舞。太阳出来了！大地苏醒了！

中央电视台现场主持人敬一丹说，三亚是我国的南大门，也是开放改革的前沿地带。选择三亚作为迎接新千年第一轮日出的直播地点，是时代精神的象征。

第1页 共1页

图 2-25　xt4 样张

(1) 将标题“三亚藤海湾”改为艺术字，样式为第一行第三列；文本转换方式为“拱形”，上下环绕，水平居中。

(2) 插入 SmartArt 中的“分段循环”图形，设为“彩色-个性色”，样式为“卡通”效果。按照样张输入文字。

(3) 设置页眉和页脚，其中日期和页码数字可按实际自动更新，第 * 页和共 * 页之间空一格，页脚为右对齐，页眉为居中对齐。

(4) 文件保存为 xt_4 样张.docx。

操作步骤：

第(1)题：略。

第(2)题：选择“插入”|“插图”|SmartArt命令，选择“分段循环”图形。选择“SmartArt工具”|“SmartArt设计”|“更改”的“彩色”图形，设置“三维”-“卡通”效果。然后按照样张输入文字。

第(3)题：选择“插入”|“页眉”或者“页脚”命令，出现“页眉和页脚工具”|“设计”选项卡，按样张输入内容。其中，日期使用“日期和时间”按钮，页码和页数使用“页码”按钮，按样张设置。

第(4)题：选择“文件”|“保存”命令，保存文件。

习　　题

1. 打开xt5.docx文件，按下列要求和样张编辑，如图2-26“Word综合练习样张1”所示，编辑结果保存为xt5_样张.docx。

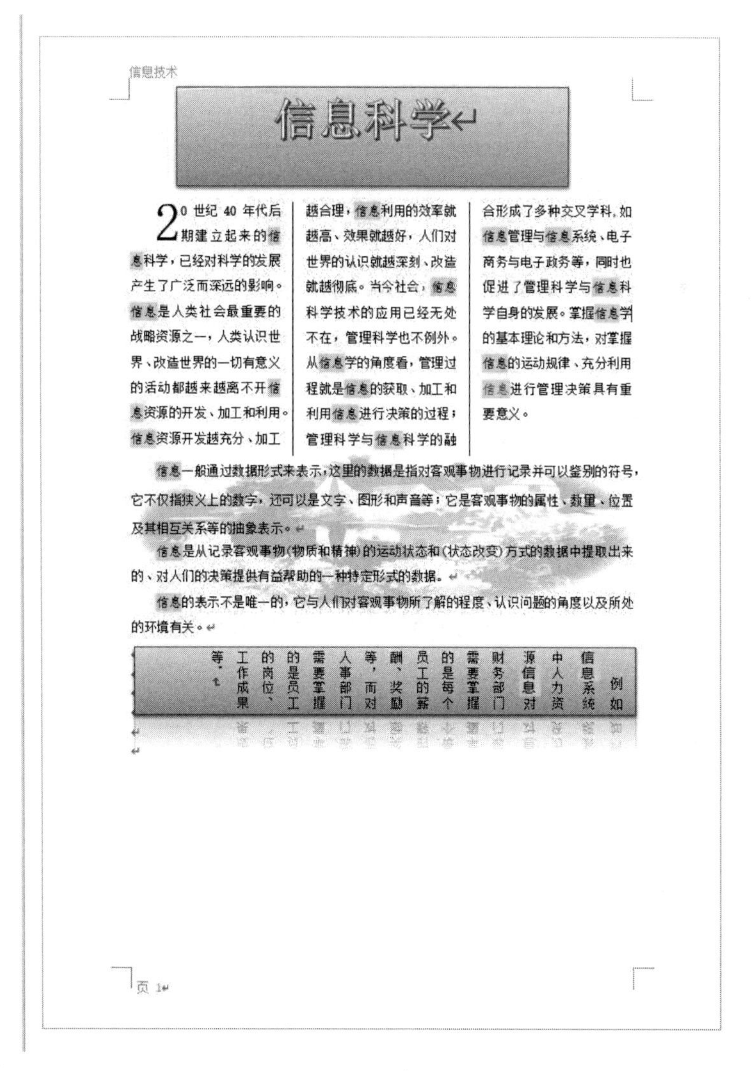

信息技术

信息科学

20世纪40年代后期建立起来的信息科学，已经对科学的发展产生了广泛而深远的影响。信息是人类社会最重要的战略资源之一，人类认识世界、改造世界的一切有意义的活动都越来越离不开信息资源的开发、加工和利用。信息资源开发越充分、加工越合理，信息利用的效率就越高、效果就越好，人们对世界的认识就越深刻、改造就越彻底。当今社会，信息科学技术的应用已经无处不在，管理科学也不例外。从信息学的角度看，管理过程就是信息的获取、加工和利用信息进行决策的过程；管理科学与信息科学的融合形成了多种交叉学科，如信息管理与信息系统、电子商务与电子政务等，同时也促进了管理科学与信息科学自身的发展。掌握信息学的基本理论和方法，对掌握信息的运动规律、充分利用信息进行管理决策具有重要意义。

信息一般通过数据形式来表示，这里的数据是指对客观事物进行记录并可以鉴别的符号，它不仅指狭义上的数字，还可以是文字、图形和声音等；它是客观事物的属性、数量、位置及其相互关系等的抽象表示。

信息是从记录客观事物（物质和精神）的运动状态和（状态改变）方式的数据中提取出来的、对人们的决策提供有益帮助的一种特定形式的数据。

信息的表示不是唯一的，它与人们对客观事物所了解的程度、认识问题的角度以及所处的环境有关。

例如信息系统中人力资源信息对财务部门需要掌握的是每个员工的薪酬、奖励等，而对人事部门需要掌握的是员工的岗位、工作成果等。

页 1

图2-26　Word综合练习样张1

（1）将标题设置为艺术字：第三行第四列，形状样式为：细微效果-蓝色，强调颜色 1，上下环绕，水平居中。

（2）设置全文的段落格式：首行缩进 2 个汉字、1.5 倍行距、两端对齐。

（3）设置文中“信息”文字的格式：楷体、蓝色、突出显示。

（4）合并第一、第二段落。将合并后的段落前空一行并等分三栏、首字下沉 2 行。

（5）将最后一段按样张分成两段，按样张将最后一段文字竖排，形状样式：细微效果-紫色，强调颜色 4，映像为：半映像-接触。

（6）插入图片“建筑”，图片格式：衬于文字下方，图片颜色为：冲蚀，图片样式为：柔化边缘椭圆，按样张与文字混排。

（7）按样张插入页眉和页脚。

2. 打开 xt5.docx 文件，按下列要求和样张编辑，如图 2-27“Word 综合练习样张 2”所示，编辑结果保存为 xt6_样张.docx。

信息科学

20 世纪 40 年代后期建立起来的信息科学，已经对科学的发展产生了广泛而深远的影响。信息是人类社会最重要的战略资源之一，人类认识世界、改造世界的一切有意义的活动都越来越离不开信息资源的开发、加工和利用。信息资源开发越充分、加工越合理，信息利用的效率就越高、效果就越好，人们对世界的认识就越深刻、改造就越彻底。当今社会，信息科学技术的应用已经无处不在，管理科学也不例外。从信息学的角度看，管理过程就是信息的获取、加工和利用信息进行决策的过程；管理科学与信息科学的融合形成了多种交叉学科，如信息管理与信息系统、电子商务与电子政务等，同时也促进了管理科学与信息科学自身的发展。掌握信息学的基本理论和方法，对掌握信息的运动规律、充分利用信息进行管理决策具有重要意义。

信息一般通过数据形式来表示，这里的数据是指对客观事物进行记录并可以鉴别的符号，它不仅指狭义上的数字，还可以是文字、图形和声音等；它是客观事物的属性、数量、位置及其相互关系等的抽象表示。信息是从记录客观事物（物质和精神）的运动状态和（状态改变）方式的数据中提取出来的、对人们的决策提供有益帮助的一种特定形式的数据。

励薪员是掌门财信力绕信关环所度题认的所观们它唯示息
等酬工每握需务息资中息例境处以的识程了事对与一不的信
而奖的个的要部对源人系如有的及角问度解物客人的是表

- 香农理论中的不确定性纯粹是波形形式上的不确定性。
- 香农理论只考虑了概率不确定性，对其他形式的不确定性如模糊不确定性等无法解释。
- 香农[1]的信息概念也只是从功能上表述的，没有从根本上回答“信息是什么”的问题。

$$s=\int_0^{\frac{\pi}{2}}\sqrt{2(\sin^2 t-\frac{1}{2})^2+\frac{1}{2}\mathrm{d}(\sin^2 t-\frac{1}{2})}$$

1 信息论的创始人

图 2-27　Word 综合练习样张 2

(1) 标题文字格式：紫色、华文彩云、初号、5%蓝色图案底纹、蓝色双线边框线，文字水平居中，首行缩进2字符。

(2) 设置文中除标题以外的"信息科学"的文字格式：绿色、隶书；并合并第一、第二段落。

(3) 合并第三、第四段落，并将合并后的段落首字下沉2行，下沉的文字格式：隶书、红色、蓝色双细边框线、茶色背景2填充底纹，并将该段落分成偏右两栏。

(4) 插入"旅游.bmp"图片，艺术效果为：画图刷，并按样张与文字混排，适当调整大小。

(5) 对"信息的表示不是……"段落竖排，加上文本框，形状样式为：彩色填充-水绿色，强调颜色5，形状效果为：三维旋转-角度-透视：左。

(6) 在文件的末尾插入"香农理论.docx"文件，并按样张加上项目符号。

(7) 按样张插入公式。

(8) 按样张对第一个"香农"文字，插入脚注：信息论的创始人。

第3章 电子表格处理(Excel)

目的与要求

(1) 掌握电子表格的建立、编辑和保存。

(2) 掌握数据的基本运算。

(3) 掌握数据的格式化。

(4) 掌握列表的操作。

(5) 掌握图表的建立和编辑。

3.1 Excel的基本功能

案例3-1中使用的素材位于"第3章\素材"文件夹,样张位于"第3章\样张"文件夹,本案例的结果文件:yz_3_1.xlsx,使用的素材:lt_3_1.xlsx(每章配套素材包括两个文件夹,一个放原始素材,一个放样张文件)。

本案例对电子表格中单元格的数据进行编辑、计算和格式化的操作。编辑操作要注意单元格有属性;计算中可以应用公式、函数、单元格引用和区域名称;数据格式化可以选择自动套用格式、自定义格式和条件格式。

扫码观看

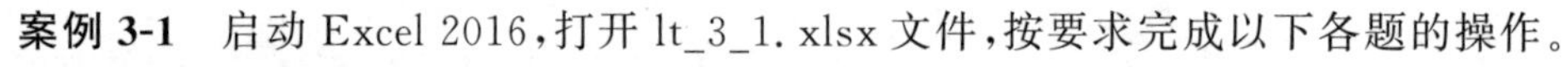

案例3-1 启动Excel 2016,打开lt_3_1.xlsx文件,按要求完成以下各题的操作。

(1) 添加工号,从001开始,前置0要保留。

(2) 计算所有教职工的津贴(津贴=基本工资×职贴率)和实发工资(实发工资=基本工资+奖金+津贴-Sheet2工作表中的公积金),均保留两位小数。

(3) 将职称为教授的基本工资区域定义为名称JSGZ,并计算其平均值,计算结果存放在I23单元格中,保留两位小数。

(4) 将批注移至C21单元格,并把批注的内容修改为"院士、博导",显示批注。

(5) 取消D列数据的隐藏,隐藏第12行的数据。

(6) 对基本工资为3700元以下的工号填充"橙色,个性色6,淡色60%",对实发工资为5500元以上的数据用"深红色"、粗体字表示。

(7) 将标题设置为黑体、粗体、20磅、红色、在A1:J1跨列居中,对A1、C1、E1、H1和J1单元格填充"水绿色,个性色5,淡色60%"颜色,"平均值"和"职贴率"两行填充"白色,背景1,深色15%"颜色,并添加"6.25%灰色"图案。为数据表外框添加蓝色最粗实线,内框添加蓝色双线。

(8) 对区域名称为"工资"的数据设置货币符号(人民币)、粗斜体、保留两位小数,并设置最合适的列宽。

（9）以原文件名保存操作结果，如图 3-1 所示。

教职工工资统计表								
工号	部门	姓名	性别	职称	基本工资	奖金	津贴	实发工资
001	经济法系	胡友华	男	教授	¥5,130.80	¥290.00	769.62	5933.88
002	经济法系	刘丽华	女	讲师	¥3,900.50	¥220.00	585.08	4510.55
003	法律系	王一平	男	副教授	¥4,597.60	¥300.00	689.64	5357.36
004	国际法系	金益民	女	教授	¥5,230.80	¥290.00	784.62	6043.88
005	国际法系	吴新	男	助教	¥2,487.60	¥160.00	373.14	2896.36
006	经贸系	李若男	女	讲师	¥3,725.00	¥130.00	558.75	4227.50
007	国际法系	洪文彪	男	副教授	¥4,760.00	¥200.00	714.00	5436.00
008	国际法系	赵群英	男	副教授	¥4,560.00	¥150.00	684.00	5166.00
009	法律系	徐国雄	男	教授	¥5,130.00	¥280.00	769.50	5923.00
011	法律系	张芳芳	女	讲师	¥3,864.00	¥240.00	579.60	4490.40
012	经济法系	杨道明	男	讲师	¥3,725.00	¥230.00	558.75	4327.50
013	经贸系	黄冬磊	女	助教	¥2,655.00	¥140.00	398.25	3060.50
014	经贸系	张箐	女	副教授	¥4,760.00	¥170.00	714.00	5406.00
015	经济法系	徐倩	女	助教	¥2,605.00	¥60.00	390.75	2925.50
016	法律系	傅华全	男	讲师	¥3,810.00	¥230.00	571.50	4421.00
017	国际法系	金山	男	院士、博导 师	¥3,725.00	¥200.00	558.75	4297.50
018	法律系	朱明为	女	教	¥2,655.00	¥130.00	398.25	3050.50
019	经贸系	祝国栋	男	教授	¥5,530.80	¥350.00	829.62	6433.88
平均值								
职贴率	15.0%						5255.60	

图 3-1　lt_3_1 样张

操作步骤：

第(1)题：选择“文件”|“打开”命令，打开 lt_3_1. xlsx 文件。选中 A3 单元格，输入'001，确认后拖动填充柄至 A21 单元格，或双击填充柄。

第(2)题：选中 I3 单元格，输入公式：=G3× B23，拖动填充柄至 I21 单元格。选中 J3 单元格，输入公式：=G3+H3+I3-Sheet2!B2，拖动填充柄至 J21 单元格。

第(3)题：分别选中教授基本工资的单元格，在编辑栏的名称框中输入 JSGZ。选中 I23 单元格，输入公式：=Average(JSGZ)。

第(4)题：选中 C11 单元格，按 Ctrl+C 组合键，选中 C21 单元格，选择“开始”|“粘贴”|“选择性粘贴”命令，在对话框中选择“批注”单选项。右击 C21 单元格，在快捷菜单中选择“显示/隐藏批注”命令。将批注内容修改为“院士、博导”，并移到适当位置。右击 C11 单元格，在快捷菜单中选择“删除批注”命令。

第(5)题：选中 C、E 列，选择“开始”|“格式”|“可见性”|“隐藏和取消隐藏”|“取消隐藏列”命令。选中第 12 行，选择“开始”|“格式”|“可见性”|“隐藏和取消隐藏”|“隐藏行”命令。

第(6)题：选中 A3:A21 区域，选择“开始”|“条件格式”|“新建规则”命令，打开“新建格式规则”对话框，在“选择规则类型”中选择“使用公式确定要设置格式的单元格”选项，输入公式“=G3<3700”，单击“格式”按钮，设置单元格的填充色为“橙色，个性色 6，淡色 60%”，如图 3-2 所示，单击“确定”按钮。

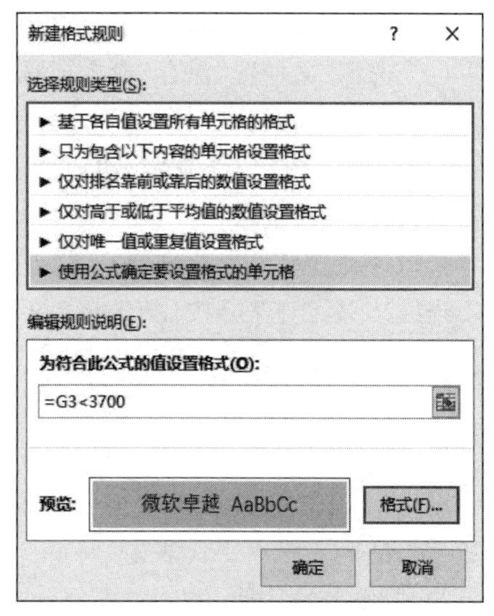

图 3-2　“新建格式规则”对话框

选中 J3:J21 区域，选择“开始”|“条件格式”|“新建规则”命令，打开“新建格式规则”对话框，在

“选择规则类型”中选择“只为包含以下内容的单元格设置格式”选项，满足条件为>5500，单击“格式”按钮，单元格的字体设置为粗体字、“深红色”，单击“确定”按钮。

第(7)题：选中 A1:J1 区域，单击“开始”菜单，单击“对齐方式”组右下角的按钮，打开“设置单元格格式”对话框，在“字体”选项卡中设置文字的格式为“黑体、加粗、20 磅、红色字”；在“对齐”选项卡中，水平对齐选择“跨列居中”选项，单击“确定”按钮。按住 Ctrl 键的同时单击，分别选中 A1、C1、E1、H1 和 J1 单元格，单击“开始”|“填充颜色”按钮，选择“水绿色，个性色 5，淡色 60%”。选中 A22:J23 区域，单击“开始”菜单，单击“字体”组右下角的按钮，打开“设置单元格格式”对话框，在“填充”选项卡中背景色选择“白色，背景 1，深色 15%”，图案样式选择“6.25%灰色”。选中 A1:J23 区域，单击“开始”|“边框”按钮，选择“其他边框”，打开“设置单元格格式”对话框，在“边框”选项卡中设置内、外框线的样式和颜色。

第(8)题：在编辑栏的名称框中选择“工资”，选择“开始”|“单元格样式”|“货币”，添加货币符号。单击“开始”|“加粗”按钮 ***B*** 和“倾斜”按钮 *I*。选择“开始”|“格式”|“单元格大小”|“自动调整列宽”。

第(9)题：选择“文件”|“保存”命令，将操作结果以原文件名保存。

3.1.1 工作簿、工作表的管理

1. 创建和编辑工作簿

1) 创建新文件

(1) 启动 Excel 2016，选择打开空白工作簿，默认文件名为“工作簿 1”。选择“文件”|“新建”命令也能打开空白工作簿。

(2) 选择单元格或区域，输入数据。

(3) 选择“文件”|“保存”命令或选择“文件”|“另存为”命令，保存文件。

2) 编辑电子表格

(1) 选择“文件”|“打开”命令，打开已建好的电子表格文件。

(2) 按要求计算、编辑电子表格中的数据或对电子表格格式化。

(3) 选择“文件”|“保存”命令或选择“文件”|“另存为”命令，保存操作结果。

2. 工作表的操作

一个 Excel 文件(工作簿)可以由若干个工作表组成。

1) 工作表的选取

选取一张工作表：单击表标签。选取连续多张工作表：按住 Shift 键单击表标签。选取不连续多张工作表：按住 Ctrl 键单击表标签。若工作簿含有多张工作表，可使用工作表选取按钮前后翻页。

2) 工作表的插入

单击“开始”菜单，在“单元格”组中，选择“插入”|“插入工作表”命令或者按 Shift+F11 组合键，在选中的工作表前增加了一张新工作表。或单击工作表标签栏右侧的“新工作表”按钮，插入一张新工作表。

3) 工作表的移动

选中要移动的工作表标签，拖动至需要的位置。

4）工作表的复制

选中要复制的工作表标签，按住 Ctrl 键，拖动至需要的位置。复制的工作表标签名在原表标签名后加(2)，表示同名的第二张表。例如复制 Sheet1 工作表，它的副本表标签名为 Sheet1(2)。

若要复制或移动到另一个工作簿中去，单击“开始”菜单，在“单元格”组中，选择“格式”|“组织工作表”|“移动或复制工作表”命令，打开“移动或复制工作表”对话框，选中“建立副本”复选框表示复制，不选表示移动。

5）工作表的重命名

双击工作表标签，输入新表标签名。或右击工作表标签，在快捷菜单中选择“重命名”命令。

6）工作表的删除

选中要删除的工作表标签，单击“开始”菜单，在“单元格”组中，选择“删除”|“删除工作表”命令。或右击工作表标签，在快捷菜单中选择“删除”命令。注意，被删除的工作表不能恢复。

3.1.2 单元格数据的输入和编辑

1）单元格、区域的选取

(1) 单元格的选取：单击所需选取的单元格。单元格的快速定位：按功能键 F5。

(2) 区域的选取：单击左上角的单元格拖动至右下角的单元格，或者单击区域四个角的任何一个单元格，按住 Shift 键，再单击区域对角的单元格。

(3) 不相邻单元格或区域的选取：单击第一个单元格或区域，按住 Ctrl 键，分别选取所需选取的单元格或区域。

(4) 行和列的选取：单击行号选取一行，单击列标选取一列。

(5) 取消选取区域：单击选区外的任意一个单元格即可取消区域的选取。

2）数据的输入

(1) 输入文本：选取单元格，输入字符，按 Enter 键。

字符型的数字的输入方法：在数字前面加上半角的单引号，单元格左上角有个绿色小三角。例如输入 012，正确的方法是：选中单元格，输入'012，按 Enter 键确认。

(2) 输入数值：数值只可以是下列字符：0～9、＋、－、( )、/、$、%、E、e，其他数字与非数字的组合将被视作文本，在默认情况下，所有的数值在单元格中均右对齐。

若输入分数，在分数前要输入 0 和空格，例如分数三分之一，正确的输入方法是：“0 1/3”。

若输入的数值长度超出单元格的宽度，采用科学记数法。例如输入 12345678910，确认后，在单元格中显示的数据为 1.23E＋10。

(3) 输入日期和时间。日期格式：年-月-日或年/月/日；输入系统当前日期按快捷键 Ctrl＋；(分号)。时间格式：时：分；输入系统当前时间按快捷键 Ctrl＋Shift＋；(分号)。

(4) 自动填充输入系列数据：单元格或区域右下角有一个小方块称为填充柄，它可以自动填充数据，例如星期、月份、季度、甲乙丙……单击填充柄右下角的快捷菜单按钮，打开快捷菜单，选择填充的方式。

3）批注

（1）插入批注。

选中单元格，打开“审阅”选项卡，在“批注”组中选择“新建批注”。或右击在打开的快捷菜单中选择“插入批注”命令。

（2）编辑批注。

修改批注中的内容：打开“审阅”选项卡，在“批注”组中选择“显示/隐藏批注”，显示批注，修改内容。

设置批注格式：右击批注边框，在打开的快捷菜单中选择“设置批注格式”命令，打开设置批注格式对话框，在对话框中完成对文字、框线和填充颜色的设置。

（3）删除批注。

选中单元格，打开“审阅”选项卡，在“批注”组中选择“删除”。或右击在弹出的快捷菜单中选择“删除批注”命令。

4）数据的编辑

单元格有属性，其属性包括内容、批注和格式。

（1）修改单元格内容。

双击单元格，在单元格中直接输入新内容。或单击单元格，输入内容，新内容取代原有的内容。

（2）插入单元格、行或列。

插入单元格：选中单元格，单击“开始”菜单，在“单元格”组中选择“插入”|“插入单元格”。

插入行：选中行，单击“开始”菜单，在“单元格”组中选择“插入”|“插入工作表行”，插入的行在该行的上面。

插入列：选中列，单击“开始”菜单，在“单元格”组中选择“插入”|“插入工作表列”，插入的列在该列的左边。

（3）移动单元格或区域的内容。

同一工作表：选中要移动的单元格或区域，拖动至目标单元格。

不同工作表：选中要移动的单元格或区域，单击“开始”菜单，在“剪贴板”组中选择“剪切”或按快捷键 Ctrl＋X；再选择目标单元格，选择“开始”|“粘贴”或按快捷键 Ctrl＋V。此操作方法也可用于同一工作表中单元格或区域的移动。

（4）复制单元格或区域的内容。

同一工作表：选中要复制的单元格或区域，按住 Ctrl 键，拖动至目标单元格。

不同工作表：选中要复制的单元格或区域，单击“开始”|“复制”或按快捷键 Ctrl＋C；再选择目标单元格，单击“开始”|“粘贴”或按快捷键 Ctrl＋V。此操作方法也可用于同一工作表中单元格或区域的复制。

（5）复制单元格或区域的属性。

选中要复制的单元格或区域，单击“开始”|“复制”或按快捷键 Ctrl＋C；再选择目标单元格，选择“开始”|“粘贴”|“选择性粘贴”命令。

5）清除单元格

清除单元格的内容：选中单元格，按 Delete 键。

清除单元格的属性：选中单元格，单击“开始”菜单，在“编辑”组中选择“清除”选项 中要清除的单元格属性。

6）删除单元格

若要连同单元格一起删除，选中要删除的单元格，单击“开始”菜单，在“单元格”组中选择“删除”|“删除单元格”命令。

7）恢复

若操作有误，单击“快速访问工具栏”上的“撤销”按钮，撤销操作。

3.1.3 公式与函数、单元格的引用

公式是电子表格的核心。

1. 公式

1）创建公式

格式：以等号开始，由常数、单元格引用、函数和运算符等组成。

（1）运算符及优先级。

公式中运算符的优先级与数学中运算符的优先级相同。

（2）输入公式。

单击要输入公式的单元格，键入“=”；输入公式内容；按 Enter 键锁定。计算的结果显示在单元格中，公式显示在编辑栏中，因此，公式的编辑可直接在编辑栏中进行。

若希望在单元格中显示公式而不是计算结果，打开“公式”选项卡，在“公式审核”组中选择“显示公式”。

（3）单元格引用。

相对引用：随单元格位置变化而自动变化的引用，用相对地址名 A1 表示。

绝对引用：随单元格位置变化不变的引用，用绝对地址名 A1 表示。

混合引用：随单元格位置变化行变列不变的引用，用混合地址名 $A1 表示；随单元格位置变化列变行不变的引用，用混合地址名 A$1 表示。

不同类型的引用可以通过键盘直接输入或使用功能键 F4 切换，其次序为：相对引用(A1)→绝对引用(A1)→混合引用(A$1)→混合引用($A1)循环切换。

注意：在公式中若变量是绝对引用，将其移动或复制到其他单元格，其值不变；若变量是相对引用，移动到其他单元格其值不变；复制到其他单元格，其值就会随单元格位置的变化而变化。据此，在运算中，同一种运算只需输一次公式，其余的通过填充柄复制。

（4）工作表引用。

参与运算的其他工作表上的数据用工作表引用来表示，工作表引用又称为三维引用。工作表引用格式：<工作表名>!<单元格引用>。例如 Sheet1 表中 C4 的数据与 Sheet2 表中 C2 的数据相加，结果放在 Sheet1 表中的 B2 单元格中。操作如下：

选中 Sheet1 表中 B2 单元格，输入“= Sheet1!C4+ Sheet2!C2”，按 Enter 键锁定。

2）用名称和标志简化公式

在运算中工作表的区域通常用单元格引用来表示，当工作表的数据较多时就显得不方便，为此，系统提供用区域名称代替单元格引用来参与运算，简化公式。

（1）创建区域名称的方法。

编辑栏名称框中命名：选中区域，在编辑栏“名称”框中输入名字。

自定义区域名称或以工作表首行、首列作为区域名称：打开“公式”选项卡，在“定义的名称”组中选择“定义名称”，打开“新建名称”对话框，如图 3-3 所示。在文本框中输入区域名称，单击“确定”按钮。此命令还可用来编辑区域名称，即修改区域的名称和引用位置。

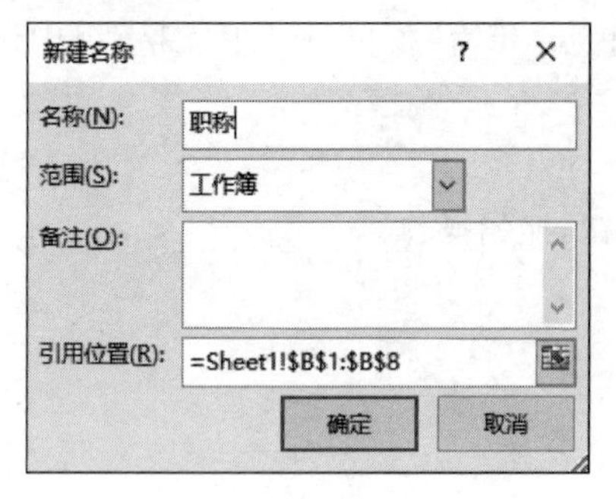

图 3-3 “新建名称”对话框

(2) 名称的应用。

参与公式运算：将名称直接输入公式“=函数(名称)”或选择“公式”，在“定义的名称”组中选择“用于公式”|“粘贴名称”命令将名称粘贴到公式中。

对名称区域的数据格式化：在编辑栏“名称”框中选中需格式化的区域名称，单击“开始”菜单，在“单元格”组中，选择“格式”|“设置单元格格式”。

3) 字符运算

格式：<字符串 1> & <字符串 2> & <字符串 3> &……

说明：字符串可以用单元格引用表示，若要添加空格或插入其他字符，空格和字符必须用半角的双引号括起来。

2. 函数

Excel 函数类别分为财务函数、日期与时间函数、数学与三角函数、统计函数、查找与引用函数、数据库函数、文本函数、逻辑函数、信息函数、工程函数、多维数据集函数、兼容性函数和 Web 函数等。

1) 函数格式及使用说明

函数格式：函数名(参数 1，参数 2，……)

说明：

(1) 函数的参数可以是数值、文本、逻辑值和函数的返回值，也可以是单元格引用或区域名称，参数一定要放在圆括号里。

(2) 参数是区域，可用冒号连接区域首尾单元格引用，例如 B3:D5。若对此区域已定义了名称，也可直接使用名称作为参数，参与运算，例如：=MIN(工龄)。

(3) 当参数多于一个时，必须用逗号把它们隔开，参数最多可达 30 个。例如：=SUM(B3:D5,E2:F4,G6)。

(4) 函数可以嵌套，不能交叉，函数括号要对应。

2) 输入函数

可以采取直接键盘输入、选择“公式”|“插入函数”命令、单击编辑栏上的“插入函数”按钮 fx 三种操作，后两种操作都会打开“插入函数”对话框，在“选择类别”框中选择函数类别，在“选择函数”框中选择函数。列表框下面给出了函数的格式和功能。

3) 常用函数举例

常用函数有 SUM、AVERAGE、COUNTIF、MAX、MIN、RANK、IF、AND、OR、NOT 等。下面给出几个例子。

(1) 求 C3:C5 和 E3:E5 区域的平均值，其公式为：= AVERAGE(C3:C5,E3:E5)。

(2) 求名称为“工资”区域的最大值，其公式为：= MAX(工资)。求 A1:A5 区域的最小值，其公式为：=MIN(A1:A5)。

(3) 显示当前系统日期和时间，其公式为：=NOW()。

(4) 评价学生成绩等级，总分大于或等于 90 分的为优秀，大于或等于 60 分的为合格，其余为不合格。其公式为：= IF（总分>=90，"优秀"，IF（总分>=60，"合格"，"不合格"））。

(5) 数学、语文、外语三门课考试成绩，其中一门为 90 分以上(包括 90 分)的评价为单项优秀，其余的为一般。其公式为：= IF(OR(数学>=90，语文>=90，外语>=90)，"单项优秀"，"一般")。

(6) 数学、语文、外语三门课考试成绩均在 85 分及以上的评价为优良，其余的为一般。其公式为：= IF(AND (数学>=85，语文>=85，外语>=85)，"优良"，"一般")。

(7) 统计考试成绩 90 分及以上的学生人数：=COUNTIF(C2:C27，">=90")。

(8) 计算补贴，职称为"高级"的基本工资×25%，职称为"中级"的基本工资×15%，其余的基本工资×10%：=IF（职称="高级"，基本工资 * 25%，IF（职称="中级"，基本工资 * 15%，基本工资 * 10%））。

(9) 根据 C2 栏学生的总分，对 C2 到 C27 单元格中全体学生的总分进行排名，顺序为升序：=RANK(C2，C2：C27，1)(RANK 函数的第三个参数为 1，表示升序；为 0，表示降序)。

3. 自动计算

1) 行和列数据的自动求和

选择邻近行或列的单元格，双击"公式"|"自动求和"("函数库"组中)。

2) 数据的自动计算

选中需计算的数据区域，在状态栏中系统已给出计算结果，系统默认为平均值、计数和求和，右击计算结果显示区，在快捷菜单中选择其他函数。

3.1.4 工作表、单元格的格式化

工作表格式化是指对数据的表示方法、字体、对齐方式、边框、颜色、行高、列宽等进行设置。Excel 2016 在"开始"菜单的"样式"组和"单元格"组中，提供了对单元格的格式化操作。

1. 快速选择表格格式

(1) 选中需设置格式的区域。

(2) 单击"开始"菜单，在"样式"组，选择"套用表格格式"，弹出如图 3-4 所示的下拉列表，在列表中选择合适的格式。

2. 自动套用单元格样式

(1) 选中需设置格式的区域。

(2) 单击"开始"菜单，在"样式"组，选择"单元格样式"，弹出如图 3-5 所示的下拉列表，在列表中选择合适的样式。

3. 自定义格式

(1) 选中需设置格式的区域。

(2) 单击"开始"菜单，在"单元格"组，选择"格式"|"设置单元格格式"，打开"设置单元格格式"对话框。单击"开始"菜单中"字体""对齐方式"和"数字"组右下角的按钮也能打开

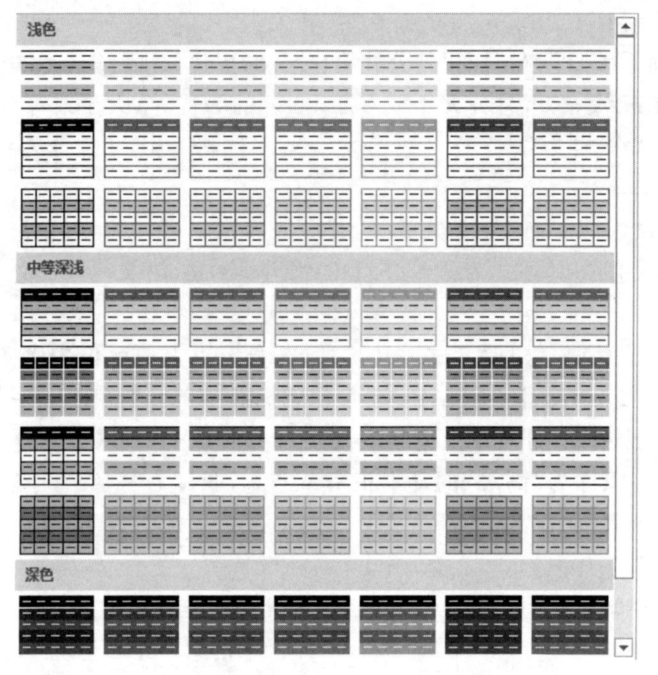

图 3-4　套用表格格式

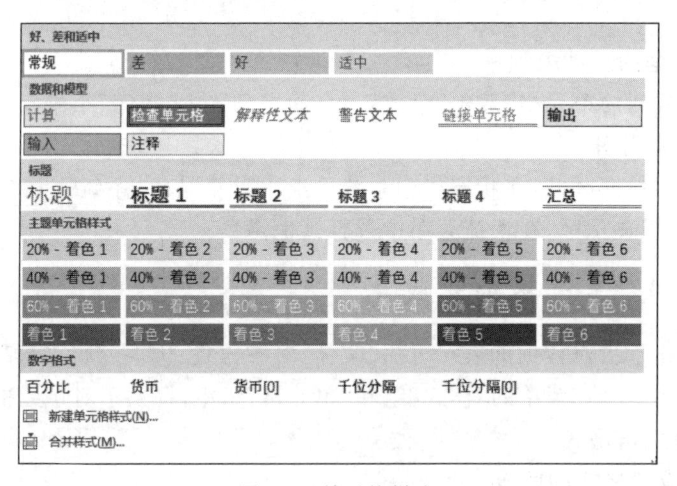

图 3-5　单元格样式

“设置单元格格式”对话框。

1）数字格式化

(1) 在“设置单元格格式”对话框的“数字”选项卡中，在左边列表框中选择数字格式的类型，在右边列表框中选择数字格式的样式。

(2) 在“开始”菜单中选择“数字”组中的“货币样式”“百分比”“千分位”等选项。

2）字符格式化

(1) 在“设置单元格格式”对话框的“字体”选项卡中设置数据的字体、字形、字号、颜色等。

(2) 在“开始”菜单中选择“字体”组的“字体”“字形”“字号”“加粗”“倾斜”“颜色”等

选项。

3）对齐方式

（1）在“设置单元格格式”对话框的“对齐”选项卡中设置数据对齐方式。

（2）在“开始”菜单中单击“对齐方式”组中的“左对齐”“居中”“右对齐”和“合并后居中”等选项。标题的对齐方式有“合并居中”和“跨列居中”，请注意两者的区别。

4）边框

（1）在“设置单元格格式”对话框的“边框”选项卡中设置框线的颜色、线型，添加内外框线。

（2）在“开始”菜单中单击“字体”组“边框”按钮⊞˙。

5）色彩与图案

（1）打开“设置单元格格式”对话框中的“填充”选项卡，填充单元格的颜色和图案。

（2）在“开始”菜单中单击“字体”组中的“填充颜色”按钮，此操作只能填充颜色，不能设置图案。

4. 条件格式

为了突出显示所要检查的动态数据或突出显示公式的结果，可以使用条件格式标记单元格。

（1）选中要设置条件格式的区域。

（2）单击“开始”菜单，在“样式”组选择“条件格式”|“新建规则”命令，打开“新建格式规则”对话框。

（3）在“选择规则类型”框中选择条件格式类型，在“编辑规则说明”框中设置条件，条件可以是单元格数值或公式。单击“格式”按钮，打开“设置单元格格式”对话框，在该对话框中设置数据的字体、颜色、边框、背景色或图案。

若要添加条件格式可选择“开始”|“条件格式”|“管理规则”命令，打开“条件格式规则管理器”对话框，如图3-6所示。在该对话框中可以新建、编辑和删除规则。

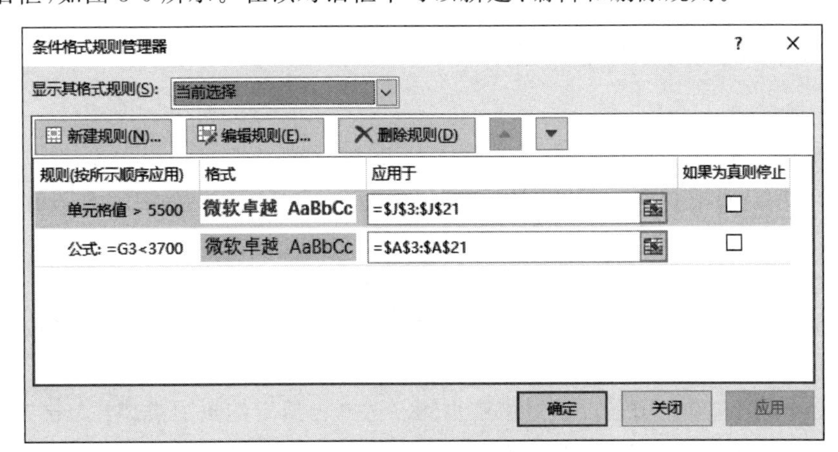

图3-6 “条件格式规则管理器”对话框

条件格式一旦设定，在被删除前对单元格一直起作用。更改或删除条件格式在“条件格式规则管理器”对话框中完成。

5. 调整单元格的列宽、行高

Excel 2016 默认的列宽、行高由通用格式样式中设置的字形大小来决定。若单元格中输入字符太长就要被截，数字太长会出现“#######”。为了能够完全显示单元格中的数据就需要调整单元格的列宽和行高。

1）列宽、行高

(1) 将光标移到两个列标之间，当光标指针变成双箭头时，拖动鼠标调整单元格的列宽。

(2) 单击“开始”菜单，在“单元格”组中选择“格式”|“单元格大小”中的“列宽”“自动调整列宽”和“默认列宽”选项。

调整单元格行高的操作方法同列宽。

2）行或列的隐藏和取消隐藏

选中需隐藏的列，单击“开始”菜单，在“单元格”组中选择“格式”|“可见性”|“隐藏和取消隐藏”|“隐藏列”，可将工作表中暂不使用的数据隐藏起来，需恢复时选择“取消隐藏列”。

行的隐藏和取消隐藏的操作同列。

3）自动调整行高

单击“开始”菜单，在“单元格”组中选择“格式”|“设置单元格格式”，在弹出的对话框的“对齐”选项卡中选择“两端对齐”“自动换行”。

6. 格式的复制和删除

1）复制格式

(1) 单击“开始”菜单，在“剪贴板”组中选择“格式刷”。

(2) 选择“开始”|“复制”和“开始”|“粘贴”|“选择性粘贴”，在弹出的对话框中选择需复制的格式选项。

2）删除格式

单击“开始”菜单，在“编辑”组中选择“清除”|“清除格式”。

3.1.5 页面设置和打印预览

1. 页面设置

1）工作表页面设置

在工作表中选择需打印输出的区域，打开“页面布局”选项卡，单击“页面设置”组右下角的按钮，打开“页面设置”对话框。

“页面”选项卡用来设置打印方向、纸张大小、打印质量等参数。

“页边距”选项卡用来调整页边距，“垂直居中”和“水平居中”复选框用来确定工作表在页面居中的位置。

“页眉和页脚”选项卡用来设置页眉和页脚。选择已给定的页眉类型：单击“页眉”下拉列表框；自定义：单击“自定义页眉”按钮。对页眉内容格式化：单击“自定义页眉”对话框中的 A 按钮。页脚的操作同页眉。

“工作表”选项卡：在“打印区域”文本框中输入要打印的单元格区域。若希望在每一页中都能打印对应的行或列标题，单击“打印标题”区域中的“顶端标题行”或“左端标题列”，选择或输入工作表中作为标题的行号、列标。选择“网格线”选项，在工作表中打印出水平和垂直的单元格网线。若要打印行号、列标，单击“行号列标”选项。若要打印批注，选择“工作表末尾”则在工作表末尾打印批注；选择“如同工作表中的显示”则在工作表中出现批注的地方打印批注。

2）图表页面设置

选中需打印的图表，打开“页面布局”选项卡，单击“页面设置”组右下角的按钮，打开“页面设置”对话框，前面三个选项卡的设置基本相同，第四个选项卡为“图表”选项卡。在此选项卡中设置图表的打印质量。

2. 打印

1）打印预览

在打印前通过打印预览可提高打印的效率及质量。在“页面设置”对话框中单击“打印预览”按钮，或单击“快速访问工具栏”中的“打印预览和打印”按钮。

2）打印

选择“文件”|“打印”命令，或在“页面设置”对话框中单击“打印”按钮。

3.1.6 综合练习

1. 打开“新华电器厂季度产值表.xlsx”文件，按下列要求对工作表进行编辑，编辑结果以原文件名保存在磁盘上，样张参见图3-7。

新华电器厂第一、二季度产值

万元

车间	一车间	二车间	三车间	四车间	平均值
一月份	3005	1050	2456	2345	2214.00
二月份	2345	2198	2010	2200	2188.25
三月份	2300	1100	2189	1300	1722.25
四月份	3134	2156	2308	1987	2396.25
五月份	3017	1974	2019	3120	2532.50
六月份	3085		3010	2245	2558.00
合计值	16886.00	先进车间	13992.00	13197.00	
任务完成情况	超额完成	未完成	完成	完成	3005.00

新华电器厂第一、二季度产值

车间	一月份	二月份	三月份	四月份	五月份	六月份	合计值	任务完成情况
一车间	3005	2345	2300	3134	3017	3085	16886.00	超额完成
二车间	1050	2198	1100	2156	1974	1892	10370.00	未完成
三车间	2456	2010	2189	2308	2019	3010	13992.00	完成
四车间	2345	2200	1300	1987	3120	2245	13197.00	完成
平均值	2214.00	2188.25	1722.25	2396.25	2532.50	2558.00		3005.00

图3-7 练习题1样张

（1）将二车间2月份的数据改为2198。

（2）计算合计值、平均值（保留两位小数）和任务完成情况（合计值大于等于15000的为超额完成；介于13000（含）与15000之间的为完成；小于13000的为未完成），水平居中，垂直居中。

（3）将C3:F5区域定义为名称“第一季度”，并计算其最大值，计算结果存放在G10单元格中。

（4）将标题按样张分为两行，主标题设置为黑体、18磅、加粗、白色，对B1:G1做合并居中；“万元”右对齐。单元格列宽设置为10。按样张标题行填充“紫色，个性色4，淡色40%”；B4:B11区域填充“白色，背景1，深色25%”，文字为12磅，粗体字，B11单元格内容设置为自动换行。

(5) 数据表外框线为“红色,个性色 2,淡色 60%”,最粗实线,内框线为“红色,个性色 2,淡色 60%”,最细实线,其他格式如样张。

(6) 对批注填充:渐变-预设颜色为“碧海青天”,框线为 4.5 磅双实线,紫罗兰色,显示批注。

(7) 在 C4:F9 区域,对小于 1500 的数据用橙色、加粗并浅蓝色填充表示。

(8) 复制 B3:G11 数据表数据,并在 B14 单元格进行行列转换,标题合并居中,隐藏批注。数据表外框线为蓝色粗实线,内框线为蓝色双线。

操作提示:

第(1)题:选中 D4 单元格,输入 2198,按 Enter 键确认。

第(2)题:选中 C9 单元格,双击“开始”|“求和”按钮Σ,拖动填充柄至 F9 单元格。选中 G3 单元格,输入公式:=Average(C3:F3),拖动填充柄至 G8 单元格。单击“开始”|“增加小数位数”按钮,保留两位小数。选中 C10 单元格,输入公式:=IF(C9>=15000,“超额完成”,IF(C9>=13000,“完成”,“未完成”)),拖动填充柄至 F10 单元格,选中数据水平居中,垂直居中。

第(3)题:选中 C3:F5 区域,在编辑栏的名称框中输入“第一季度”;选中 G10 单元格,输入公式:=Max(第一季度)。

第(4)题:选中第 2 行,选择“开始”|“插入”|“插入工作表行”命令,插入一行。选中 B1 单元格,在编辑栏中剪切“万元”两字,将其复制到 G2 单元格,右对齐。选中 B1:G1 区域,选择“开始”|“格式”|“设置单元格格式”,在弹出的对话框的“字体”选项卡中选择“黑体、18 磅、加粗”;在“对齐”选项卡中水平对齐选择“跨列居中”。选中 B1:G1 区域,选择“开始”|“格式”|“单元格大小”|“列宽”,将列宽设置为 10。选中 B1:G3 区域,单击“开始”|“字体颜色”按钮,将文字设置为白色。单击“开始”|“填充颜色”按钮,将区域填充为“紫色,个性色 4,淡色 40%”。选中 B4:B11 区域,将其填充为“白色,背景 1,深色 25%”,文字大小设置为 12 磅、粗体字。在 B11 单元格内自动换行。

第(5)题:选中 C4:F9 区域,单击“开始”|“居中”按钮。选中 B1:G11 区域,选择“开始”|“格式”|“设置单元格格式”,在弹出的对话框的“边框”选项卡中设置外框线为红色,个性色 2,淡色 60%,最粗实线;内框线为红色,个性色 2,淡色 60%,最细实线。选中 B11 单元格,单击“开始”|“自动换行”按钮。

第(6)题:右击 C3 单元格,在打开的快捷菜单中选择“显示/隐藏批注”命令,右击文本框边框,在打开的快捷菜单中选择“设置批注格式”命令,在弹出的对话框的“颜色与线条”选项卡中填充颜色选择“填充效果”|“预设”|“碧海青天”选项;线条选择 4.5 磅双实线,颜色为紫罗兰色。

第(7)题:选中 C4:F9 区域,选择“开始”|“条件格式”|“新建规则”,在弹出的对话框中对小于 1500 的数据字体设置:橙色、加粗;填充颜色:浅蓝色。

第(8)题:选中 B3:G11 区域,单击“开始”|“复制”命令,选中 A14 单元格,选择“开始”|“粘贴”|“选择性粘贴”命令,在弹出的对话框中选中“转置”多选项。将标题复制粘贴到 B13 单元格,选中 B13:J13 区域,单击“开始”|“合并后居中”按钮。右击 B15 单元格,在打开的快捷菜单中选择“隐藏批注”命令。选中 B13:J19 区域,选择“开始”|“格式”|“设置单元格

格式”，在弹出的对话框的“边框”选项卡中设置数据表外框线为蓝色粗实线，内框线为蓝色双线。

选择“文件”|“另存为”命令，在对话框中输入“新华电器厂季度产值表. xlsx”文件名，将编辑结果保存在 C 盘上。

2. 打开“计算机应用考试成绩表. xlsx”文件，按下列要求对工作表进行编辑，编辑结果以原文件名保存在磁盘上。样张参见图 3-8 和图 3-9。

(1) 在 sheet1 中添加学号从 01001 到最后，前置 0 要保留。取消 C 列的隐藏。

(2) 在标题下插入一行，在 G2 单元格输入当前的日期，调整合适列宽，右对齐。

(3) 计算总分(期中成绩占 30%，期末成绩占 70%，四舍五入取整数)、班级平均分(不包括隐藏项)及评价(总分大于等于 90 分的为“优秀”，小于 60 分的为“不合格”，其余的为“合格”)。

(4) 计算女同学的平均分(即对名称为女的区域求平均值)。计算结果存放在 G17 单元格。

(5) 对成绩大于等于 90 分的数据用蓝色、加粗字体表示。

(6) 对“杨丹妍”单元格插入批注“班长、课代表”。隐藏“百分比”行。

(7) 标题设置为幼圆、粗体、20 磅、深蓝色、在 A1:G1 跨列居中，其余数据居中对齐。数据表外框线为“水绿色，个性色 5，深色 50%”粗实线，内框线为“水绿色，个性色 5，深色 50%”细实线。A1、C1、E1 和 G1 单元格填充橙色底纹，“班级平均分”行填充“白色，背景色 1，深色 25%”底纹。A17 单元格内容设置自动换行。其他格式如图 3-8 所示的练习题 2 样张 1。

计算机应用考试成绩表						
						2022/3/17
学号	姓名	性别	期中	期末	总分	评价
01001	王锋	男	87	**98**	**95**	优秀
01002	李卫东	男	80	68	72	合格
01003	焦中明	女	84	78	80	合格
01004	齐晓鹏	男	75	75	75	合格
01005	王永隆	男	**96**	88	**90**	优秀
01007	杨丹妍	女	85	88	87	合格
01008	王晶	女	72	57	62	合格
01009	陶春光	男	64	80	75	合格
01010	张秀	男	82	**92**	89	合格
01011	刘炳光	男	54	78	71	合格
01012	姜殿琴	女	**91**	81	84	合格
01013	车延波	男	76	50	58	不合格
班级平均分			73.8	77.8	73.1	81.9

图 3-8　练习题 2 样张 1

(8) 计算 Sheet2 工作表中的数据，要求输入一次公式，拖动两次完成所有数据的计算。并对数据添加人民币符号，保留两位小数，设置最合适的列宽，外框为红色双线。其他格式如图 3-9 所示的练习题 2 样张 2。

操作提示：

第(1)题：选中 A3 单元格，输入'01001，拖动填充柄至 A15 单元格。选中 B、D 列，选择“开始”|“格式”|“可见性”|“隐藏和取消隐藏”|“取消隐藏列”命令。

第(2)题：选中第 2 行，选择“开始”|“插入”|“插入工作表行”；选中 G2 单元格，按 Ctrl+；输入当前日期。

计算机折旧率计算表					
折旧率	一年	二年	三年	四年	五年
计算机原价	30%	40%	50%	60%	70%
5042	¥1,512.60	¥2,016.80	¥2,521.00	¥3,025.20	¥3,529.40
6501	¥1,950.30	¥2,600.40	¥3,250.50	¥3,900.60	¥4,550.70
7457	¥2,237.10	¥2,982.80	¥3,728.50	¥4,474.20	¥5,219.90
8714	¥2,614.20	¥3,485.60	¥4,357.00	¥5,228.40	¥6,099.80
9308	¥2,792.40	¥3,723.20	¥4,654.00	¥5,584.80	¥6,515.60
11055	¥3,316.50	¥4,422.00	¥5,527.50	¥6,633.00	¥7,738.50
13070	¥3,921.00	¥5,228.00	¥6,535.00	¥7,842.00	¥9,149.00
15066	¥4,519.80	¥6,026.40	¥7,533.00	¥9,039.60	¥10,546.20
18108	¥5,432.40	¥7,243.20	¥9,054.00	¥10,864.80	¥12,675.60
20193	¥6,057.90	¥8,077.20	¥10,096.50	¥12,115.80	¥14,135.10
25309	¥7,592.70	¥10,123.60	¥12,654.50	¥15,185.40	¥17,716.30

图 3-9　练习题 2 样张 2

第(3)题：选中 F4 单元格，输入公式：=D4 * D18+E4 * E18，拖动填充柄至 F16 单元格。选中有小数的单元格，单击“开始”|“减少小数位数”按钮，四舍五入取整。选中 D17 单元格，输入公式：=Average(D4:D8,D10:D16)，拖动填充柄至 F17 单元格。选中 G4 单元格，输入公式：=IF(F4>=90,“优秀”,IF(F4<60,“不合格”,“合格”))，拖动填充柄至 G16 单元格。

第(4)题：选中 G17 单元格，输入公式：=Average(女)。

第(5)题：选中 D4:F16 区域，选择“开始”|“条件格式”|“新建规则”，在弹出的对话框的“选择规则类型”中选择“只为包含以下内容的单元格设置格式”选项，将大于等于 90 分的数据设置为蓝色、加粗字体。

第(6)题：选中 B10 单元格，选择“审阅”|“新建批注”，输入文字“班长、团支部书记”。右击 B10 单元格，在打开的快捷菜单中选择“隐藏批注”命令。选中第 18 行，选择“开始”|“格式”|“可见性”|“隐藏和取消隐藏”|“隐藏行”命令。

第(7)题：根据题目要求选中单元格或区域，选择“开始”|“格式”|“设置单元格格式”，完成对标题和表格格式的操作。

第(8)题：单击 Sheet2 工作表，选中 B4 单元格，输入公式：= $A4 * B$3，分别拖动填充柄至 B14 和 F14 单元格。选中 B4:F14 区域，选择“开始”|“单元格样式”|“货币”，对数据添加人民币符号、保留两位小数的样式。外框设置红色双线。其他格式参照图 3-9 所示的练习题 2 样张 2 所示。

选择“文件”|“另存为”命令，在对话框中输入“计算机应用考试成绩表.xlsx”文件名，将编辑结果保存在 C 盘上。

3.2　Excel 的数据管理

案例 3-2 对电子表格中的数据进行分析管理并对数字图表化，其中使用的素材 lt_3_2.xlsx 位于“第 3 章\素材”文件夹，样张 yz_3_2.xlsx 位于“第 3 章\样张”文件夹。

对电子表格的数据管理主要包括排序、筛选、分类汇总和创建数据透视表。对数据图表化操作的关键是正确选取转化为图表的数据和图表类型。

案例 3-2　案例要求如下：

(1) 取消 Sheet1 工作表中 F 列的隐藏，复制 Sheet1 工作表，对复制的工作表重命名为

“分类汇总”。

(2) 对 Sheet1 工作表筛选出所有高级职称的记录，保留“平均值”和“职贴率”行，以职称为主要关键字按笔画升序排列，基本工资为次关键字按降序排列。

(3) 将标题修改为“高级职称教师薪资统计表”，添加样式为“填充-红色，着色 2，轮廓-着色 2”的艺术字，文字格式为黑体、28 磅，居中排列，设置行高为 42。

(4) 按样张创建如图 3-10 左图所示的数据透视表，放在 A28 单元格。

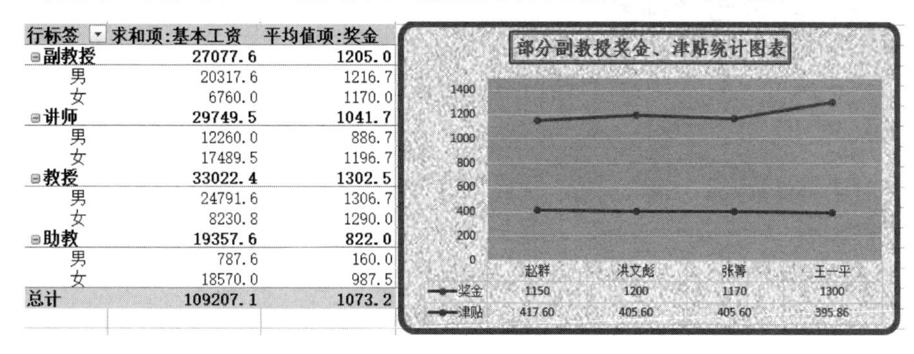

行标签	求和项:基本工资	平均值项:奖金
⊟副教授	27077.6	1205.0
男	20317.6	1216.7
女	6760.0	1170.0
⊟讲师	29749.5	1041.7
男	12260.0	886.7
女	17489.5	1196.7
⊟教授	33022.4	1302.5
男	24791.6	1306.7
女	8230.8	1290.0
⊟助教	19357.6	822.0
男	787.6	160.0
女	18570.0	987.5
总计	109207.1	1073.2

图 3-10　数据透视表和图表样张

(5) 按样张创建如图 3-10 右图所示的图表，放在 F28:L41，使用图表布局 5。输入标题“部分副教授奖金、津贴统计图表”，将标题设置为仿宋、14 磅、加粗、红色字体，添加蓝色、3 磅、由粗到细的边框线。图表区为蓝色圆角 4.5 磅边框线，填充纹理为“新闻纸”。

(6) 按样张创建如图 3-11 所示的分类汇总表，对“分类汇总”工作表按性别建立统计人数的分类汇总表。将标题修改为“教职工分类汇总表”，并设置格式为楷体、蓝色、20 磅、粗体字。

	A	B	C	D	E	F	G	H	I	J
1	教职工分类汇总表									
2	工号	部门	姓名	性别	职称	工龄	基本工资	奖金	津贴	实发工资
3	0034	经济法系	胡友华	男	教授	29	8130.80	1290	487.85	9937.65
4	1001	法律系	王一平	男	副教授	30	6597.60	1300	395.86	8323.46
5	3001	国际法系	洪文彪	男	副教授	20	6760.00	1200	405.60	8385.60
6	3022	国际法系	赵群	男	副教授	15	6960.00	1150	417.60	8542.60
7	1034	国际法系	吴新	男	助教	16	787.60	160	47.26	1010.86
8	4002	法律系	徐国雄	男	教授	28	8130.00	1280	487.80	9925.80
9	7002	法律系	傅华全	男	讲师	23	5810.00	1230	348.60	7411.60
10	7004	国际法系	金山	男	讲师	20	5725.00	1200	343.50	7288.50
11	7020	法律系	祝国栋	男	教授	35	8530.80	1350	511.85	10427.65
12	4020	经济法系	杨道明	男	讲师	23	725.00	230	43.50	1021.50
13			**男 计数**	10						
14	0043	经济法系	刘丽华	女	讲师	22	5900.50	1220	354.03	7496.53
15	1007	国际法系	金明明	女	教授	29	8230.80	1290	493.85	10043.65
16	2307	经贸系	李若男	女	讲师	13	5725.00	1130	343.50	7211.50
17	4009	经济法系	黄华	女	助教	12	4655.00	1120	279.30	6066.30
18	4010	法律系	张芳芳	女	讲师	24	5864.00	1240	351.84	7479.84
19	5001	经贸系	黄冬磊	女	助教	14	4655.00	1140	279.30	6088.30
20	5006	经贸系	张箐	女	副教授	17	6760.00	1170	405.60	8352.60
21	5010	经济法系	徐倩	女	助教	6	4605.00	860	276.30	5747.30
22	7008	法律系	朱明为	女	助教	13	4655.00	830	279.30	5777.30
23			**女 计数**	9						
24			**总计数**	19						
25	平均值									
26	职贴率	6.0%								

图 3-11　分类汇总样张

(7) 对 Sheet3 工作表中的图表按样张图 3-12 编辑，选择图表样式 5。图表标题为“第一季度一车间产值图表”，将标题格式设置为宋体、16 磅、加粗、深蓝色字体。将二月的扇区边框设置为红色、4 磅实线，无填充格式，其他样式参照样张。图表区为橙色、4 磅圆角边框线，填充纹理为“信纸”。

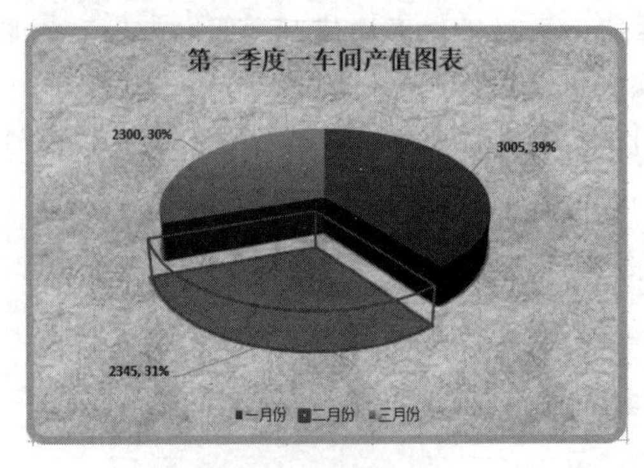

图 3-12　图表样张

(8) 对 Sheet1 设置页眉“高级职称教师薪资统计表”，格式为楷体、14 磅、粗斜体，居右排列。设置页脚为当前日期和时间，居中排列。

操作步骤：

第(1)题：选择“文件”|“打开”命令，打开 Excel_案例 2.xls。取消 Sheet1 工作表中 F 列的隐藏。按 Ctrl 键拖动 Sheet1 工作表，双击 Sheet1(2)工作表，输入“分类汇总”。

第(2)题：单击 Sheet1 工作表，选中列表中任一单元格，选择“开始”|“排序和筛选”|“筛选”命令，在字段名的右侧出现下拉列表按钮。单击“职称”右侧的按钮，在下拉列表中选择“文本筛选”|“自定义筛选”选项，打开“自定义自动筛选方式”对话框，按图 3-13 所示设置筛选条件，单击“确定”按钮。

图 3-13　“自定义自动筛选方式”对话框

选中列表中任一单元格，选择“开始”|“排序和筛选”|“自定义排序”命令，打开如图 3-14 所示的“排序”对话框，职称选择升序；单击“选项”按钮，在“排序选项”对话框中选中“笔画排序”单选项。单击“添加条件”按钮，基本工资选择降序。

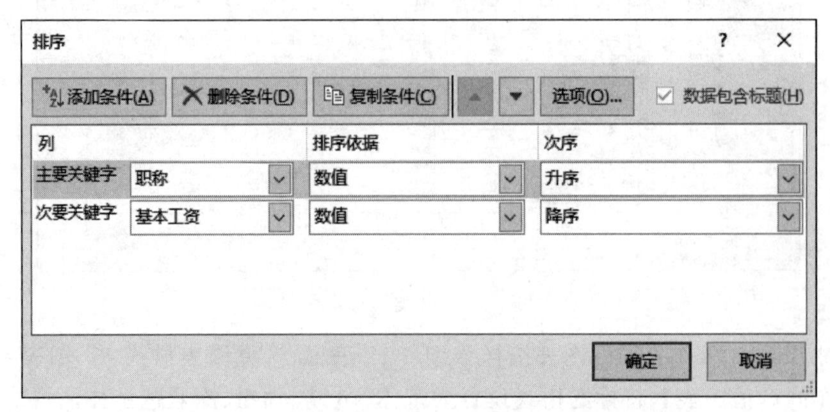

图 3-14　“排序”对话框

第(3)题：选中 A1 单元格，删除标题，选择“插入”|“艺术字”命令，在弹出的选项中选择第 1 行第 3 列的选项“红色，着色 2，轮廓-着色 2”，输入文字“高级职称教师薪资统计表”，单击“开始”菜单，利用“字体”组中的按钮将文字设置为“黑体、28 磅”。选中第 1 行，选择“开始”|“格式”|“单元格大小”|“行高”，在对话框中将行高设为 42。将标题移至上方，居中排列。

第(4)题：选中 A2:J21 单元格，选择“插入”|“数据透视表”命令，打开“创建数据透视表”对话框，选中“现有工作表”单选项，单击 A27 单元格，单击“确定”按钮。在“数据透视表字段列表”中将“职称”和“性别”字段拖动到行标签区；将“基本工资”和“奖金”字段拖动到数值区，单击“奖金”右侧的按钮，打开“值字段设置”对话框，“计算类型”选择“平均值”选项。透视表数据保留一位小数。

第(5)题：选中创建图表的数据，选择“插入”|“折线图”|“带数据标记的折线图”，创建折线图表。单击“图表工具”|“图表布局”|“快速布局”|“布局 5”，输入图表标题，选中文字，利用“开始”菜单中“字体”组的按钮完成对文字的格式化。右击标题，在打开的快捷菜单中选择“设置图表标题格式”命令，在对话框中按要求完成标题框线的设置。将图表拖动到 D27:J41 区域。

选中纵坐标，右击打开快捷菜单，选中“设置坐标轴格式”，在右侧“设置坐标轴格式”中设置边界的最大值为 1500，单位的主要值为 200。如图 3-15 所示。

图 3-15　设置纵坐标轴格式

双击绘图区域，打开“设置绘图区格式”对话框，在对话框中设置填充为纯色，颜色为“白色，背景 1，深色 25%”。

双击图表区域，打开“设置图表区格式”对话框，在对话框中分别对图表加上蓝色、4.5 磅、圆角实线。填充纹理选择“新闻纸”。

第(6)题：单击“分类汇总”工作表，取消列表中的隐藏行。选中“性别”列中的任一单元格，单击“数据”|“升序”或“降序”。选中 A2:J21 区域，选择“数据”|“分类汇总”命令，打开“分类汇总”对话框，“分类字段”选择性别，“汇总方式”选择计数，“选定汇总项”选择性别，单击“确定”按钮。选中 A1 单元格，在编辑栏里将标题修改为“教职工分类汇总表”，利用“开始”菜单的“字体”组中的按钮将标题设置为“楷体、蓝色、20 磅、粗体字”。

注意：在对列表分类汇总前，必须对分类汇总的关键字进行排序。由于平均值和职贴率不参与，在对数据分类汇总前要选择数据范围。

第(7)题：单击 Sheet3 工作表，选中图表，单击“图表工具”|“设计”|“切换行/列”命令，分别选中二、三车间的数据系列，按 Delete 键将其删除。单击“图表工具”|“设计”|“更改图表类型”命令，打开“更改图表类型”对话框，选择“三维饼图”，单击“图表工具”|“设计”命令，在“图标样式”组中选择“样式 5”。输入标题“第一季度一车间产值图表”；利用“开始”菜单的“字体”组中的按钮将标题设置为“宋体、16 磅、加粗、深蓝色”。

选中二月份数据系列，向下拖动，双击此区域，在对话框中，将框线设置为红色、4 磅实线；填充颜色为无。选中图例，选择“图表工具”|“图表布局”|“快速布局”|“布局 3”命令。选中数据标签，在图表右上方有“＋”，单击“＋”选择“数据标签”|“更多选项”命令，在页面右侧出现“设置数据标签格式”对话框，选中“值”“百分比”“显示引导线”多选项。利用“开始”菜单的“字体”组中的按钮将数据标签的颜色设置为“深蓝，文字 2，淡色 40%”，大小为 12 磅、加粗。

双击图表区域，打开“设置图表区格式”对话框，在对话框中填充效果选择“信纸”；对图表加上橙色、5 磅、圆角的实线。

第(8)题：打开“页面布局”选项卡，单击“页面设置”组右下角的按钮，打开“页面设置”对话框，在“页眉/页脚”选项卡中按要求设置页眉和页脚。

选择“文件”|“另存为”命令，在对话框中输入“例 3-2.xlsx”文件名，单击“确定”按钮，保存电子表格。

3.2.1 数据排序、筛选和条件格式

1. 数据排序

排序就是按照指定的列的数据顺序重新对行的位置进行调整。通常把指定的字段名称为关键字。

1) 单关键字排序

选中要排序的列中的任一单元格，打开“数据”选项卡，选择“排序和筛选”组中的“升序”按钮或“降序”按钮。

2) 多关键字排序

打开“数据”选项卡，在“排序和筛选”组中选择“排序”命令。打开“排序”对话框，在对话框中对主关键字和次关键字进行“升序”或“降序”的排列。例如：对列表中的“职称”字段按升序排列，相同职称的“工龄”按降序排列。操作如下：

选中列表中任一单元格。单击“数据”|“排序”命令，打开“排序”对话框，主要关键字选择

"职称",排序方式选择升序；次要关键字选择"工龄",排序方式选择降序。单击"确定"按钮。

注意,对整个列表排序只需选中列表中任一单元格,若列表中有部分数据不参与排序,应注意区域的选取,不能选择一行或一列。

对汉字的排序有按拼音排序和按笔画排序两种,系统默认按拼音排序,若要按笔画排序,单击"排序"对话框中的"选项"按钮,打开"排序选项"对话框,选中"笔画排序"单选项。

3）取消排序

排序更改了数据原来排列的位置,若要恢复列表原来的排列顺序,单击"快速访问工具栏"中的"撤销"按钮。

2. 数据筛选

1）自动筛选

(1）选中列表中任一单元格。

(2）打开"数据"选项卡,在"排序和筛选"组中选择"筛选"命令,列表字段名右侧出现一个下拉按钮。

(3）单击下拉按钮,选择"文本/数字筛选"|"自定义筛选",打开"自定义自动筛选方式"对话框,设置过滤条件,按条件筛选。

2）取消筛选箭头

选中列表中任一单元格,单击"数据"|"筛选",取消筛选结果,列表恢复原样。

3. 条件格式

为了突出显示所要检查的动态数据或突出显示公式的结果,可以使用条件格式标记单元格。

(1）选中要设置条件格式的区域。

(2）单击"开始"菜单,在"样式"组,选择"条件格式"|"新建规则",打开"新建格式规则"对话框。

(3）在"选择规则类型"框中选择条件格式类型,在"编辑规则说明"框中设置条件,条件可以是单元格数值或公式。单击"格式"按钮,打开"设置单元格格式"对话框,在对话框中设置数据的字体、颜色、边框、背景色或图案。

若要添加条件格式可选择"开始"|"条件格式"|"管理规则",打开"条件格式规则管理器"对话框,如图3-16所示。在对话框中可以新建、编辑和删除规则。

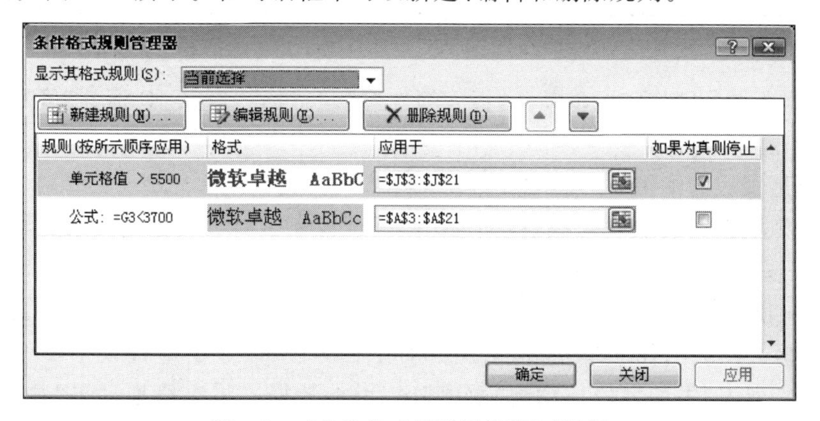

图3-16 "条件格式规则管理器"对话框

条件格式一旦设定，在被删除前对单元格一直起作用。更改或删除条件格式在“条件格式规则管理器”对话框中完成。

3.2.2 数据透视表和分类汇总

1. 数据透视表

1）数据透视表的建立

创建数据透视表的操作步骤如下：

（1）选中参与数据透视表的列表区域。

（2）单击“插入”菜单，在“表格”组中选择“数据透视表”命令，打开“创建数据透视表”对话框，在对话框中首先选择表或区域，若在创建透视表前已选定了所需数据的列表区域，系统会自动输入数据区域。也可以选择使用外部数据源。其次是选择放置数据透视表的位置，选择“新建工作表”选项，透视表建立在新建工作表上，选择“现有工作表”选项，同时指定透视表存放的起始单元格位置，透视表建立在同一工作表上。单击“确定”按钮。

（3）在选定的放置数据透视表的位置上显示如图 3-17 所示的空白数据透视表，右侧显示如图 3-18 所示的“数据透视表字段列表”。

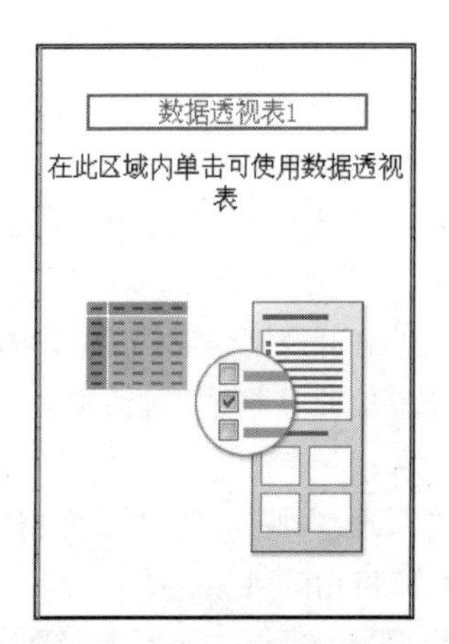

图 3-17　空白的数据透视表

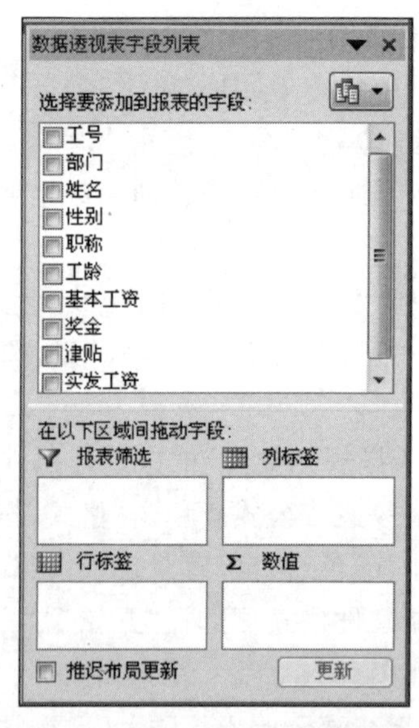

图 3-18　数据透视表字段列表

（4）根据要求分别将字段拖动到“报表筛选”区、“行标签”区、“列标签”区和“数值”区，数据透视表创建完毕。

2）数据透视表的编辑

数据透视表建好后，在功能区自动激活“数据透视表工具”，数据透视表工具中包含“选项”和“设计”选项卡，用以编辑和格式设计数据透视表。

（1）增加和删除数据。

选中数据透视表的任一单元格，系统自动在右侧显示“数据透视表字段列表”，将“数据透视表字段列表”中的字段拖动到“数值”区，增加数据。将字段拖动出“数值”区，删除数据。

(2) 拖动字段改变透视表的结构。

在“数据透视表字段列表”中改变行标签区、列标签区和报表筛选区中的字段即可改变数据透视表的结构，例如通过交换行标签区和列标签区中的字段改变透视表的行列结构。

(3) 隐藏和显示数据。

单击数据透视表中“行标签”“列标签”和“报表筛选”右侧的按钮，在下拉列表中选择需隐藏的数据。

(4) 改变数据汇总方式。

建立数据透视表时，系统默认求和方式，根据需要还可以改变为其他汇总方式，例如，平均值、最大值、最小值等。双击或单击“数值”区字段右侧的按钮，在下拉列表中选择“值字段设置”选项，打开“值字段设置”对话框，在对话框中更改汇总方式。

(5) 更新数据透视表。

列表中的数据发生了变化，通过刷新操作即可更新透视表中的数据。单击“数据透视表工具”|“选项”|“刷新”或选择快捷菜单中的“刷新”命令。数据透视表中的汇总数据会随列表数据的改变而更新。

3) 数据透视表的格式化和图表化

(1) 格式化。

自动套用格式：选择“数据透视表工具”|“设计”|“数据透视表样式”命令。

自定义：选择“开始”|“格式”|“设置单元格格式”命令或选择快捷菜单中的“设置单元格格式”命令。

(2) 图表化。

操作同工作表的图表(参见 3.2.3 数据图表制作与格式化)。

4) 删除数据透视表

选中数据透视表，选择“开始”|“清除”|“全部清除”命令。

2. 分类汇总

1) 分类汇总表的建立

对列表的数据分类汇总前，必须对分类汇总的关键字进行排序。例如统计不同职称的人数，操作步骤如下：

(1) 选中“职称”列中的任一单元格，单击“数据”|“升序”或“降序”命令。

(2) 打开“数据”选项卡，在“分级显示”组中选择“分类汇总”，打开如图 3-19 所示的“分类汇总”对话框。

“分类字段”选择经过排序的字段，在此选择“职称”。“汇总方式”求和、计数、平均值，……，在此选择“计数”。“选定汇总项”汇总数据存放的位置，在此选择“职称”。

(3) 单击“确定”按钮，分类汇总表建立完毕。

2) 分类汇总表的多级显示

分类汇总表共分三级显示：第一级最高级，显示总的汇总结果，第二级显示总的汇总结果与分类汇总结果，第三级显示汇总结果和全部数据。

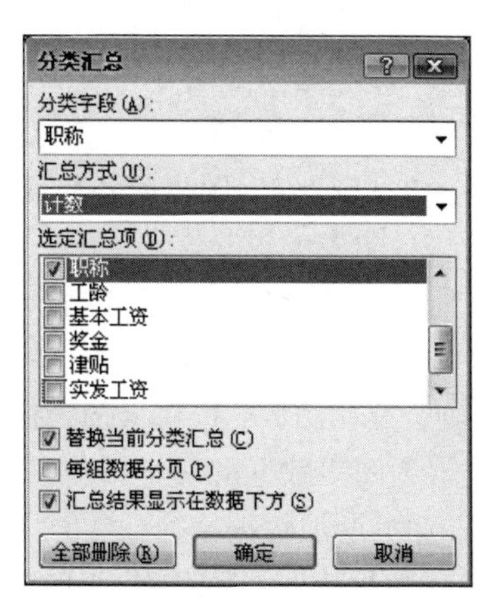

图 3-19 “分类汇总”对话框

分级显示的操作通过汇总表左侧的表明分级范围的分级线、控制数据显示层次的分级按钮和显示明细数据的“+”按钮或隐藏明细数据的“-”按钮。

若要删除分类汇总表的分级显示，打开“数据”选项卡，在“分级显示”组中选择“取消组合”|“清除分级显示”命令。

3）嵌套分类汇总表

在已建好的分类汇总表上再创建一个分类汇总表称为嵌套分类汇总表。例如在职称计数的分类汇总表上嵌套基本工资求和的汇总表。

单击“数据”|“分类汇总”命令，再次打开“分类汇总”对话框，正确地选择各选项，最后取消选中“替换当前分类汇总”多选框。若不去掉此选项新的汇总表将取代老的汇总表。

4）分类汇总表的删除

打开“分类汇总”对话框，单击“全部删除”按钮，列表恢复原有数据，但排序结果不能恢复。

5）分类汇总操作要点

（1）列表中若有隐藏行必须先取消隐藏；

（2）分类的字段必须先排序；

（3）列表中若有不参与汇总的数据，必须选择汇总数据的区域。

3.2.3 数据图表制作与格式化

1. 图表的创建和组成

1）创建图表

图表有图表工作表和嵌入图表两种，其创建的方法不同。

创建图表工作表的方法：选择数据，按功能键 F11。图表工作表默认的表标签名分别为 Chart1、Chart2 等。

创建嵌入图表的方法：单击“插入”菜单，在“图表”组中选择图表类型。操作步骤如下：

（1）选取需要用图表表示的数据区域。

（2）单击“插入”菜单，插入“图表”组中推荐的图表类型和推荐类型。图表创建完毕，此时系统自动在功能区上方激活“图表工具”，图表工具包括“设计”选项卡和“格式”选项卡。

“设计”选项卡主要用于图表类型更改、数据系列的行列转换、图表布局、图表样式的选择。

“格式”选项卡用于设置和编辑形状样式、艺术字、排列和大小。

2）图表的组成

参见图 3-20，图表的各组成部分都能编辑和设置格式。

2. 图表编辑

1）缩放、移动、复制和删除图表

单击图表区，图表边框上有 8 个控制块。缩放图表：拖动控制块。移动图表：拖动图表区域。复制图表：按住 Ctrl+拖动图表。删除图表：按 Delete 键。

2）图表数据的编辑

（1）增加数据系列：单击“图表工具”|“设计”|“选择数据”命令，打开如图 3-21 所示的“选择数据源”对话框，在对话框中可以添加、编辑和删除数据系列，还可以进行数据系列的行列转换。

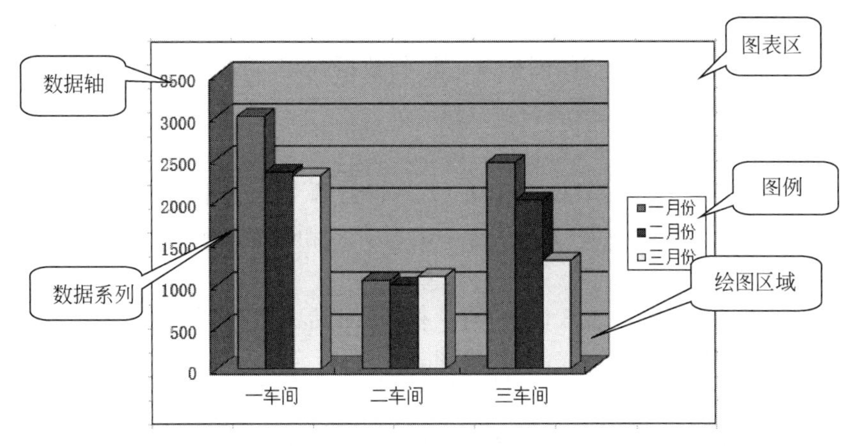

图 3-20　图表及图表的组成

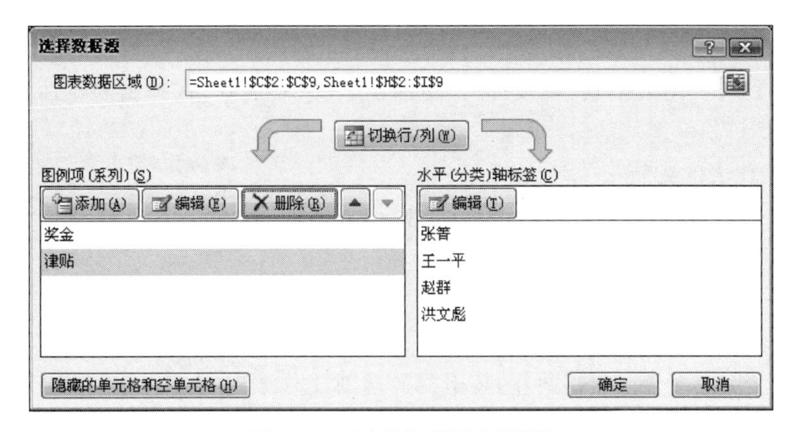

图 3-21　“选择数据源”对话框

选中需增加的数据系列，按 Ctrl＋C 组合键；选中图表，按 Ctrl＋V 键。

(2) 删除数据系列：选中数据系列按 Delete 键或在“选择数据源”对话框中单击“删除”按钮。

(3) 修改数据点：修改了工作表中的数据，图表中的数据系列会自动更新。

(4) 重排数据系列：为了突出数据系列之间的差异和相似对图表数据系列重新排列。选中任一数据系列，单击“图表工具”|“设计”|“选择数据”命令，在弹出的“选择数据源”对话框中单击“上移”或“下移”按钮来调整。

(5) 添加趋势线和误差线。

为了预测某些特殊数据系列的发展变化规律，可以对此数据系列加上趋势线和误差线。选中需预测的数据系列，选择“图表工具”|“布局”|“趋势线”|“误差线”列表中的趋势线或误差线类型。删除趋势线或误差线的操作：选中趋势线或误差线，按 Delete 键。

注意：三维图表、饼图等不能添加趋势线和误差线。

(6) 饼图或环形图的分解和旋转。

分解操作：选中数据系列，拖动。

旋转操作：双击数据点，打开“设置数据点格式”对话框，在“系列选项”选项中的“第一扇区起始角度”中输入需旋转的角度。

(7) 设置调整图表选项。

图表选项包括标题、主坐标轴、网格线、图例、数据标记、数据表。选中图表,选择“图表工具”中的“布局”选项卡中的选项。

3) 附加文字说明及图形

文字说明:选择“图表工具”|“图表布局”|“文本框”下拉列表中的选项。图形和箭头:选择“图表工具”|“图表布局”|“形状”下拉列表中的选项。删除附加对象:选中,按 Delete 键。

4) 图表区格式

双击图表区,打开“设置图表区格式”对话框,在对话框中分别设置图表的填充颜色、边框颜色和边框样式、阴影、三维格式、属性等图表区格式。

5) 调整三维图形

选中三维图形,单击“图表工具”|“图表布局”|“三维旋转”,在对话框中输入旋转和透视的角度。

6) 改变图表类型

选中图表,单击“图表工具”|“设计”|“更改图表类型”命令,在弹出的对话框中选择图表类型。

3. 图表工作表的编辑

图表工作表的缩放、移动、复制和删除的操作方法同工作表,图表对象的编辑操作同嵌入图表。

扫码观看

3.2.4 综合练习

1. 打开“学生成绩表.xlsx”文件,按下列要求对工作表进行编辑,编辑结果用原文件名保存。样张参见图 3-21 和图 3-22。

(1) 计算总分、平均分(保留一位小数)和评价(三门课程中其中有一门大于等于 90 分的为“单项优秀”,其余的为“一般”)。

(2) 统计单项优秀的人数,计算结果存放在 I28 单元格。

对外语成绩按降序、总分为升序排列,平均分行不参与,见图 3-22。

(3) 按样张(见图 3-23 左图),在当前数据表中 A39 单元格建立数据透视表,样式选择数据透视表样式中等深浅 13。

(4) 筛选出所有男学生的记录,保留平均分行。

(5) 按样张(见图 3-22 右图)在 E37 建立图表,图表标题“部分学生考试成绩统计图表”,格式为 12 磅、粗斜体、深红色;边框颜色为绿色、3 磅实线。图表区边框颜色为“水绿色,个性色 5,深色 25%”、3 磅实线、圆角、阴影为预设“左下斜偏移”选项,填充效果为蓝色面巾纸。绘图区填充“白色,背景 1,5%”。

(6) 在列表第 1 行前插入一行,输入标题“建新中学期末考试成绩表”并设置格式为华文新魏、18 磅、粗体、紫色。外框为紫色双线,内框为紫色单细线。

(7) 文档设置为水平居中,页脚居中为文件名和数据表名。

操作提示:

第(1)题:选择“文件”|“打开”命令,打开学生成绩表.xlsx。选中 H2 单元格,双击“公式”|“自动求和”,拖动至 H27 单元格。选中 E28 单元格,输入公式:=Average(E2:E27),

学号	姓名	性别	所在班级	数学	语文	外语	总分	评价
0026	方昌盛	男	1班	81	78	100	259	单项优秀
0017	张山	女	3班	90	89	92	271	单项优秀
0018	金敏	男	3班	89	93	91	273	单项优秀
0015	王小平	男	1班	89	67	90	246	单项优秀
0012	李亚军	女	2班	65	90	87	242	单项优秀
0019	金海云	女	3班	99	89	87	275	单项优秀
0016	胡文礼	男	2班	92	80	86	258	单项优秀
0014	黄华	女	1班	76	84	84	244	一般
0023	秦川	男	3班	61	69	80	210	一般
0008	张芬芳	女	2班	61	78	80	219	一般
0013	刘中华	女	3班	88	78	77	243	一般
0024	苏丽丽	女	1班	78	66	75	219	一般
0009	黄磊	女	3班	82	66	75	223	一般
0006	徐倩影	女	1班	54	70	69	193	一般
0021	罗荆洲	女	1班	54	75	69	198	一般
0003	杜明生	男	2班	76	45	67	188	一般
0007	徐莱	男	2班	69	78	67	214	一般
0022	张箐	女	2班	70	78	67	215	一般
0011	朱为民	女	3班	79	95	66	240	单项优秀
0025	刘国庆	女	1班	82	89	61	232	一般
0010	吴欣	男	3班	100	73	61	234	单项优秀
0002	赵群英	男	2班	57	69	60	186	一般
0001	傅华	男	1班	49	60	58	167	一般
0004	祝明青	男	1班	74	65	53	192	一般
0005	杨亦明	男	1班	73	75	45	193	一般
0020	黄冬磊	女	2班	73	87	45	205	一般
平均分				75.4	76.4	72.8		9

图 3-22　练习题 1①～③样张

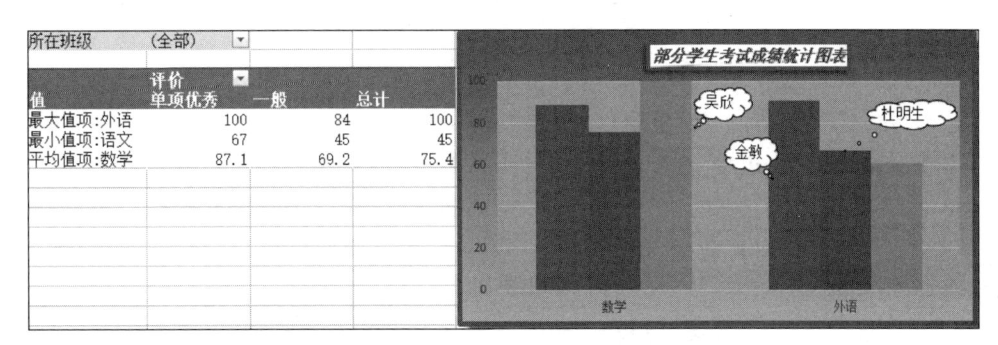
所在班级	(全部)		
	评价		
值	单项优秀	一般	总计
最大值项:外语	100	84	100
最小值项:语文	67	45	45
平均值项:数学	87.1	69.2	75.4

图 3-23　综合练习 1 数据透视表和图表样张

单击“开始”菜单，在“数字”组中，将平均值保留一位小数，拖动至 G28 单元格。选中 I2 单元格，输入公式：=IF(OR(E2>=90,F2>=90,G2>=90),“单项优秀”,“一般”)，拖动至 I27 单元格。

第(2)题：选中 I28 单元格，输入公式：=COUNTIF(I2:I27,"单项优秀")。

选中 A1:I27 区域，选择“开始”|“排序和筛选”|“自定义排序”，在对话框中主要关键字选择外语、降序；次要关键字选择总分、升序。

第(3)题：选中 A1:I27 区域，单击“插入”|“数据透视表”，打开“创建数据透视表”对话框，选中“现有工作表”单选项，“位置”输入 A39，单击“确定”按钮。在“数据透视表字段列表”中将“所在班级”字段拖动到报表筛选区；将“评价”字段拖动到列标签区；将“外语”“语文”“数学”字段拖动到数值区，单击“外语”右侧的按钮，打开“值字段设置”对话框，“计算类型”选择“最大值”选项。用同样的方法设置语文为最小值、数学为平均值。将“$\sum$ 数值”拖动到行标签区。选中透视表，选择“数据透视表工具”|“设计”|“数据透视表样式”|“数据透

视表样式中等深浅 13”，对透视表添加格式。

第(4)题：选中列表中任一单元格，选择“开始”|“排序和筛选”|“筛选”，单击性别右侧的下拉按钮，选择“文本筛选”|“自定义筛选”，在对话框中性别选择“不等于女”。

第(5)题：选中金敏、杜明生、吴欣对应的数学和外语的数据，选择“插入”|“柱形图”|“簇状柱形图”，在 E37 创建图表。单击“图表工具”|“设计”|“切换行/列”，切换数据系列。

输入标题“部分学生考试成绩统计图表”，利用“开始”菜单“字体”组中的按钮将标题的字体设置为“12 磅、粗斜体、深红色”。右击图表标题，在打开的快捷菜单中选择“设置图表标题格式”命令，在对话框中“边框颜色”选择“实线”，“颜色”为“绿色”。“边框样式”选择 3 磅实线。

设置标题右击绘图区，在快捷菜单中选择“设置绘图区格式”，将绘图区的颜色填充为“白色，背景 1，深色 5%”。右击图表区，在打开的快捷菜单中选择“设置图表区域格式”，在对话框中“填充”选择“图片或纹理填充”|“蓝色面巾纸”。“边框颜色”选择“实线”选项，“颜色”为“水绿色，个性色 5，深色 25%”。“边框样式”选择 3 磅实线，圆角。“阴影”选择“预设”|“左下斜偏移”选项，颜色为“黑色，文字 1”，距离为“10 磅”。

右击坐标轴，在快捷菜单中选择“设置坐标轴格式”命令，在对话框中“主要刻度单位”固定 20。

单击“插入”|“形状”|“标注”|“云形标注”，按要求对图表中的数据系列添加标注。将图表放在 E37:H51 区域。

第(6)题：在列表第 1 行前插入一行，输入标题并按要求设置格式。

第(7)题：打开“页面布局”选项卡，单击“页面设置”组右下角的按钮，打开“页面设置”对话框，在对话框的“页边距”选项卡中，居中方式选择“水平”多选项；在“页眉/页脚”选项卡中，单击“自定义页脚”按钮，在“居中”对话框中插入“文件名”和“数据表名称”。

选择“文件”|“另存为”命令，在对话框中输入“学生成绩表. xlsx”文件名，单击“确定”按钮，保存操作结果。

2. 打开“2016—2021 年某公司利润值及其增长速度. xlsx”文件，在 E2:K16 区域建立如图 3-24 和图 3-25 所示的柱状图、折线图组合图表。添加“2016—2021 年某公司利润值及其增长速度”图表标题，将图表标题形状样式选择为“透明，彩色轮廓-黑色，深色 1”。将图表中最大值的数据显示出来，其他格式见样张，以同名保存。

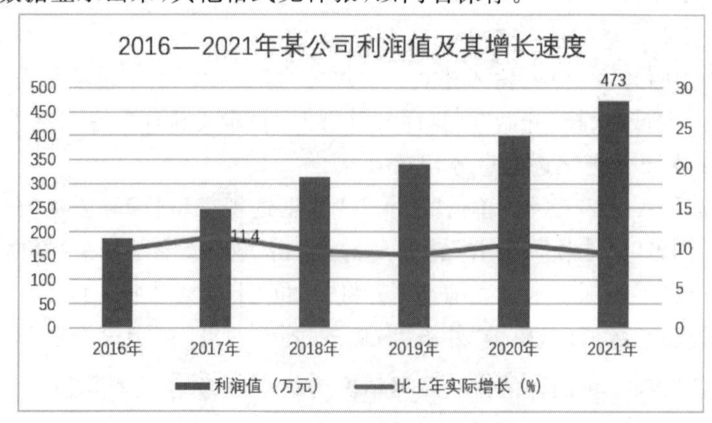

图 3-24　柱形图、折线图组合图表样张

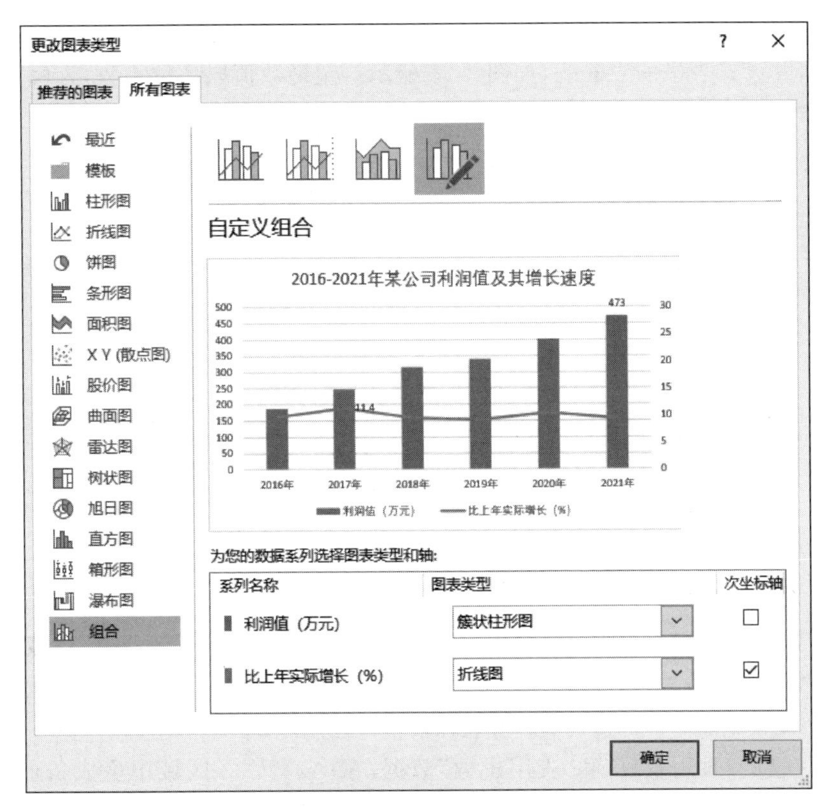

图 3-25 “组合”对话框

(1) 选中数据表中的数据，选择“插入”|“图表”|“所有图表”|“组合”，将“利润值”的图表类型选择为“簇状柱形图”，将“比上年实际增长”的图表类型选择为“带标记的折线图”，并勾选“次坐标轴”(如图 3-24 所示)，单击“确定”按钮，将增长速度用带标记的折线图表示。

(2) 选中右侧的次坐标轴右击，在打开的快捷菜单中选择“设置坐标轴格式”，在弹出的任务窗格中将“坐标轴选项”中的“最大值”改为“30”，单击“确认”按钮。

(3) 选中图表标题区域，将标题修改为“2016—2021 年某公司利润值及其增长速度”。选中图表标题，选择“图表工具”|“格式”|“形状样式”，在形状样式库中选择“预设”中的“透明，彩色轮廓-黑色，深色 1”。

(4) 单击图表中的蓝色数据柱形图，再单击 2021 年的蓝色数据柱形图，在选中该最大值数据的状态下，单击图表的右上角“+”，勾选“数据标签”。

(5) 用同样的方法，先单击图表中的橙色折线，再单击 2017 年的数据标记，在选中该最大值数据的状态下，单击图表右上角的“+”，勾选“数据标签”。

(6) 选中刚建好的图表，将其拖动到指定位置 E2:K16，调整大小。

(7) 以同文件名保存文件。

习 题

1. 启动 Excel，打开“\素材\用电情况表. xlsx”文件，按下列要求并参照样张操作，将结果以原文件名保存(计算必须用公式，否则不计分)。

(1) 设置表格标题为：华文新魏、24 磅、水绿色，个性色 5，深色 25%。在 A1：I1 区域中跨列居中，并设置表格的边框线，如图 3-26 所示。金额数值取 2 位小数，人民币符号。

2021年9月份用电记录

楼层	室号	日用电数	日金额	夜用电数	夜金额	合计金额	已用电量	剩余电量
一楼	1	168	¥103.66	41	¥12.59	¥116.24	209	2911
二楼	1	127	¥78.36	47	¥14.43	¥92.79	174	2946
二楼	2	118	¥72.81	52	¥15.96	¥88.77	170	2950
一楼	2	106	¥65.40	86	¥26.40	¥91.80	192	2928
三楼	1	93	¥57.38	78	¥23.95	¥81.33	171	2949
一楼	3	128	¥78.98	38	¥11.67	¥90.64	166	2954
三楼	2	136	¥83.91	53	¥16.27	¥100.18	189	2931
三楼	3	107	¥66.02	29	¥8.90	¥74.92	136	2984
三楼	4	182	¥112.29	47	¥14.43	¥126.72	229	2891
四楼	1	177	¥109.21	36	¥11.05	¥120.26	213	2907
二楼	3	155	¥95.64	35	¥10.75	¥106.38	190	2930
四楼	2	128	¥78.98	38	¥11.67	¥90.64	166	2954
二楼	4	159	¥98.10	49	¥15.04	¥113.15	208	2912
一楼	4	89	¥54.91	37	¥11.36	¥66.27	126	2994
四楼	3	98	¥60.47	59	¥18.11	¥78.58	157	2963
四楼	4	166	¥102.42	38	¥11.67	¥114.09	204	2916

图 3-26　习题 1 样张 1

(2) 计算"日金额"("日用量数"×sheet2 中的"日单价")、"夜金额"("夜用量数"×sheet2 中的"夜单价")、"合计金额"("日金额"+"夜金额")、"已用电量"("日用量数"+"夜用量数")和"剩余电量"(sheet2 中的"用电总量"−"已用电量")。

(3) 取三楼的"日用量数"和"夜用量数"数据，在 A21：G33 区域中生成条形图，图表标题为"三楼 4 户居民用电量比较"；设置次要网格线，如图 3-27 所示。图表中所有文字及数据标记大小均为 10 磅。

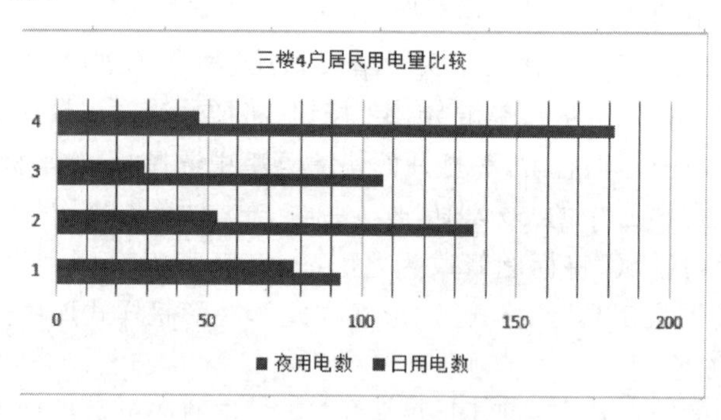

图 3-27　习题 1 样张 2

注意：样张仅供参考，相关设置按题目要求完成即可。由于显示器颜色差异，做出结果与样张图片中存在色差也是正常的。

2. 启动 Excel，打开"\素材\设备采购清单.xlsx"文件，对 Sheet1 中的表格按以下要求操作，将结果以原文件名保存(计算必须用公式，否则不计分)。

(1) 在"名称"列前插入一个列，命名为"类别编号"，并此列相应单元格中输入各商品的类别编号(编号方法：抛光机类为"01"，直磨机类为"02"，砂轮机类为"03"，砂带机类为"04")。

(2) 利用公式在相应单元格中计算金额(金额＝单价×数量)，保留 1 位小数。根据总额进行评价：金额大于或等于 3000 元为较贵；金额小于 3000 元且大于或等于 1000 元为正常；金额小于 1000 元为便宜。设置 A1：H13 区域套用“表样式中等深浅 10”的表格格式，单元格内容为水平居中对齐。效果如图 3-28 所示。

类别编	名称	型号规格	单位	数量	单价	金额	评价
01	手持电动抛光机	35W	个	4	52.9	211.6	便宜
02	锂电池直磨机	168TV	个	2	386	772	便宜
02	可调速直磨机	DL6391B	个	3	129	387	便宜
03	手持砂轮机	WS800	个	5	198	990	便宜
02	便携式直磨机	158V	个	4	248	992	便宜
02	自吸无尘直磨机	V1929	个	7	528	3696	较贵
02	混凝土直磨机	E4980	个	4	588	2352	正常
04	铝塑板砂带机	M1R	个	6	329	1974	正常
03	台式砂轮机	RTHW	个	7	879	6153	较贵
01	角磨抛光机	12V加强	个	16	139	2224	正常
04	交流砂带机	DLX850	个	5	237	1185	正常
03	锂电池砂轮机	MKL125	个	9	139	1251	正常

图 3-28　习题 2 样张 1

(3) 设置除 B 列和 C 列为自动列宽外，其余各列的列宽均为 8；在 B15 开始的单元格中生成数据透视表，以“类别编号”为行标签来统计“各类别商品的平均金额”，设置数字为货币格式。效果如图 3-29 所示。

类别编号	平均值项:金额
01	¥1,217.8
02	¥1,639.8
03	¥2,798.0
04	¥1,579.5
平均	**¥1,849.0**

图 3-29　习题 2 样张 2

3. 启动 Excel，打开“\素材\防疫用品统计表.xlsx”文件，对 Sheet1 按以下要求操作，将结果以原文件名保存在 C:\KS 文件夹中(计算必须用公式，否则不计分)。

(1) 在 A1 单元格中输入文字“某公司防疫物资库存情况”，设置字体为楷体、大小为 14，加粗；蓝色，个性色 5，深色 25%；并在 A1:H1 单元格区域中跨列居中。在标题行下增加一行，在 H2 单元格中输入系统日期。

(2) 在 G2 单元格中输入文字“库存量”。在 H2 单元格中输入文字“库存金额(元)”，利用公式计算各项物资的库存金额(库存金额＝库存量×价格)，保留 1 位小数，设置数字为货币格式，人民币符号。设置各列列宽为“自动调整列宽”。计算库存金额的总计值，放入 H14 单元格。效果如图 3-30 所示。

某公司防疫物资库存情况							
序号	类别	名称	入库数量（件）	出库数量（件）	单价（元）	库存量	库存金额（元）
1	消毒液	75%酒精消毒液	1000	369	15	631	¥9,465.0
2	口罩	N95医用防护口罩	2000	1326	10.9	674	¥7,346.6
3	防护用品	隔离防护头套	1460	1220	12	240	¥2,880.0
4	消毒液	84消毒液	540	260	9.8	280	¥2,744.0
5	防护用品	防护面屏	1500	1250	23.8	250	¥5,950.0
6	消毒液	免洗洗手液	700	370	19.9	330	¥6,567.0
7	测温仪	红外测温仪	50	32	159	18	¥2,862.0
8	防护用品	橡胶检查手套	2000	1200	15	800	¥12,000.0
9	测温仪	电子体温计	150	110	31.9	40	¥1,276.0
10	防护用品	一次性防护服	300	187	78	113	¥8,814.0
11	口罩	医用外科口罩	5000	3875	3.69	1125	¥4,151.3
		总计					¥64,055.9

图 3-30　习题 3 样张 1

(3) 筛选出类别为“防护用品”的记录，并参照样张在 B16：E26 区域制作“防护用品库存数量”的簇状柱形图，修改图表标题为“防护用品库存数量”，无图例。坐标格式参见样张，如图 3-31 所示。

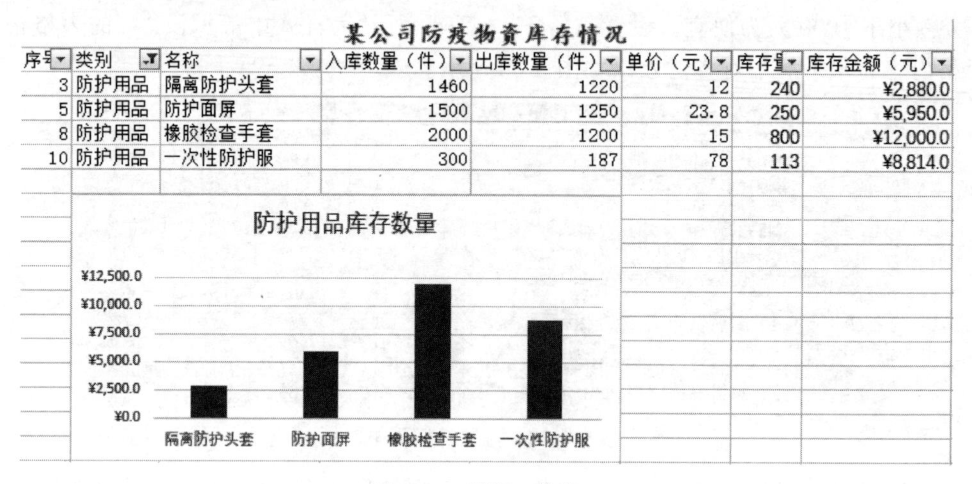

某公司防疫物资库存情况

序号	类别	名称	入库数量（件）	出库数量（件）	单价（元）	库存量	库存金额（元）
3	防护用品	隔离防护头套	1460	1220	12	240	¥2,880.0
5	防护用品	防护面屏	1500	1250	23.8	250	¥5,950.0
8	防护用品	橡胶检查手套	2000	1200	15	800	¥12,000.0
10	防护用品	一次性防护服	300	187	78	113	¥8,814.0

图 3-31　习题 3 样张 2

第4章　演示文稿设计 PowerPoint

目的与要求

（1）掌握演示文稿的创建。

（2）掌握幻灯片的编辑。

（3）掌握幻灯片的放映设置。

（4）了解 PowerPoint 的高级应用。

4.1　演示文稿的创建和编辑

4.1.1　演示文稿简介

演示文稿(Microsoft Office PowerPoint,PPT)是美国微软公司的办公软件之一。利用 PowerPoint 制作的文稿,可以使用投影仪或直接在电脑上共享播放。PPT 内容包括首页、目录、过渡页、图片页、表格页、文字页、动画页、视频页等。制作 PPT 需要考虑 PPT 要展示的内容、PPT 表现信息的形式和把所展示的内容按照预定的表现形式表现出来而使用的技术方案,所用的素材有文字、图片、表格、音频、视频等。

4.1.2　演示文稿的创建、修改和保存

PowerPoint 2016 有演示文稿视图和母版视图两大类方式。演示文稿视图包括普通视图、大纲视图、幻灯片浏览、备注页、阅读视图;母版视图包括幻灯片母版、讲义母版和备注母版,如图 4-1 所示。

视图的切换方法有两种:①选择“视图”选项,选择幻灯片的视图方式。②选择页面状态栏右下角的视图按钮(　)中的视图方式。

图 4-1　PowerPoint 2016 的演示文稿视图和母版视图

演示文稿的创建、修改和保存:选用幻灯片版式、幻灯片背景的设置、填入文字及修改文字、设置超级链接、添加动作按钮、设置幻灯片的配色方案、保存文件等。

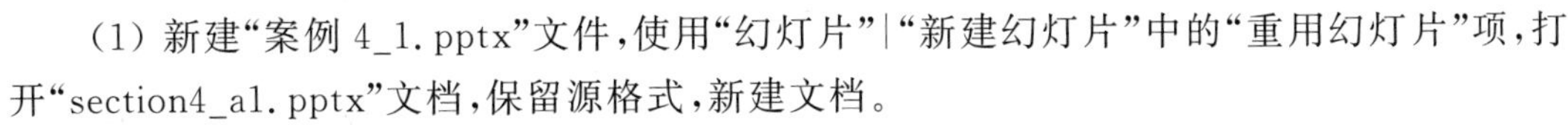

案例 4-1　使用 PowerPoint2016 新建“案例 4_1. pptx”文件,展示毕业设计,素材在“第 4 章\素材”文件夹中,按如下要求进行 PPT 设计:

扫码观看

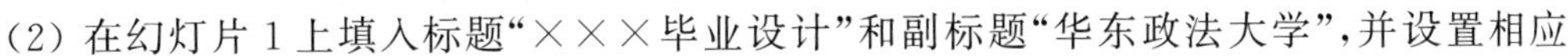

(1) 新建“案例 4_1. pptx”文件,使用“幻灯片”|“新建幻灯片”中的“重用幻灯片”项,打开“section4_a1. pptx”文档,保留源格式,新建文档。

(2) 在幻灯片 1 上填入标题“×××毕业设计”和副标题“华东政法大学”,并设置相应

的文字大小为 32 号和 24 号。

(3) 在幻灯片 2 中创建其中标题与对应标题所在幻灯片的超链接。

(4) 在第 3～6 张幻灯片中创建动作按钮,用以返回幻灯片 2,动作按钮填充成“绿色”。

(5) 增加幻灯片 7 并设置版式为“标题和内容”、标题为“致谢”,内容为“Thank you”,并设置相应的文字格式。创建幻灯片 2 中最后一行“致谢”与幻灯片 7 的超链接。

(6) 创建一个“自定义 1”的主题颜色,并应用于当前文档。“自定义 1”的主题颜色参数为:“超链接”设置为绿色,“已访问的超链”设置为紫色。

(7) 保存文件。

操作步骤:

第(1)题:新建“案例 4_1. pptx”文件,打开 pptx 文件,选择“开始”中“新建幻灯片”中“重用幻灯片”命令,在右侧选择“浏览”按钮,选取 section4_a1. pptx 文档所在路径并单击 → ,勾选底部的“保留源格式”,依次单击幻灯片。

第(2)题:在幻灯片 1 中,填入相应文字内容,设置文字格式。

第(3)题:使用鼠标光标选择幻灯片 2 中的文字“引言”,右击,选择“超链接”命令,打开“插入超链接”对话框,如图 4-2 所示。在“链接到:”中选择“本文档中的位置”,在“请选择文档中的位置”中选择“幻灯片标题”下的“3. 引言”,单击“确定”按钮。

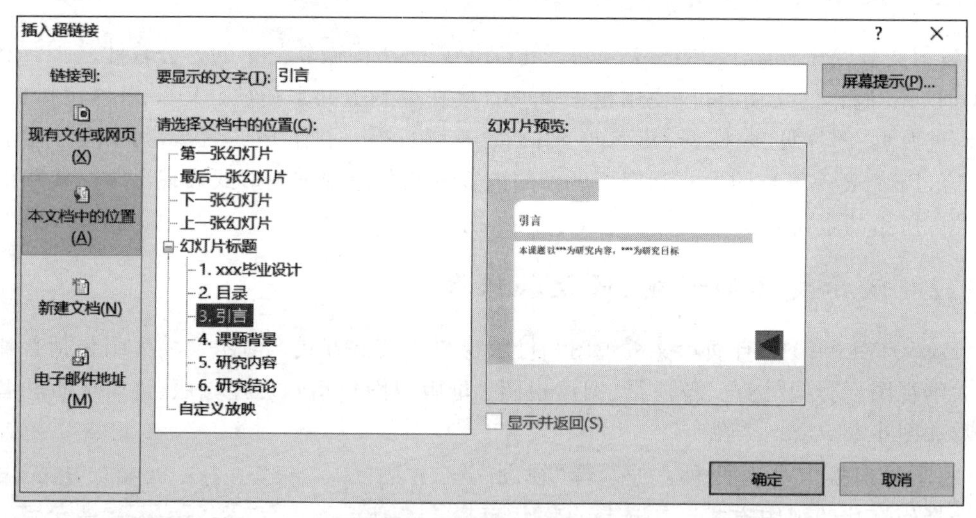

图 4-2 “插入超链接”对话框

以此方式在幻灯片 2 中创建相应标题与第 4～6 张幻灯片的超链接。

第(4)题:幻灯片 3 中,选择“开始”|“绘图”中“形状”或“插入”中“形状”命令,选择动作按钮类的“后退或前一项”按钮,在幻灯片中单击鼠标拖动出现按钮,自动弹出“操作设置”对话框,选择“单击鼠标”,在“单击鼠标时的动作”中选择“超链接到”,打开下拉列表,选择“幻灯片”项,打开“超链接到幻灯片”对话框,选择标题为“2. 目录”的幻灯片 2,单击“确定”按钮,并关闭所有的对话框。在幻灯片中选择动作按钮,右击打开快捷菜单,选择“设置形状格式”命令,打开“设置形状格式”对话框,选择“填充”中“纯色填充”,在“颜色”项中选择“绿色”。

分别选择第 4～6 张幻灯片,重复上述操作可完成在第 4～6 张幻灯片中创建返回到幻灯片 2 的动作按钮。

第(5)题：选中左侧幻灯片 6 按 Enter 键可创建幻灯片 7，选择幻灯片 7，标题填入“致谢”。选择“插入”中“艺术字”命令，打开艺术字样式列表，选择第三行第三列的样式，填入文字“Thank you”，设置相应的文字格式：黑体、48 号字。

回到幻灯片 2，在幻灯片中最下一行填入文字“致谢”，创建与幻灯片 7 的超级链接。

第(6)题：选择“设计”“变体”“颜色”“自定义颜色”“新建主题颜色”命令，打开“新建主题颜色”对话框，如图 4-3 所示。在对话框中设置超链接颜色和已访问的超链接颜色；在名称项中填入颜色名字：自定义 1；保存。选择“设计”中“颜色”打开主题颜色列表，选择“自定义 1”，将当前文档的主题颜色设置为“自定义 1”。

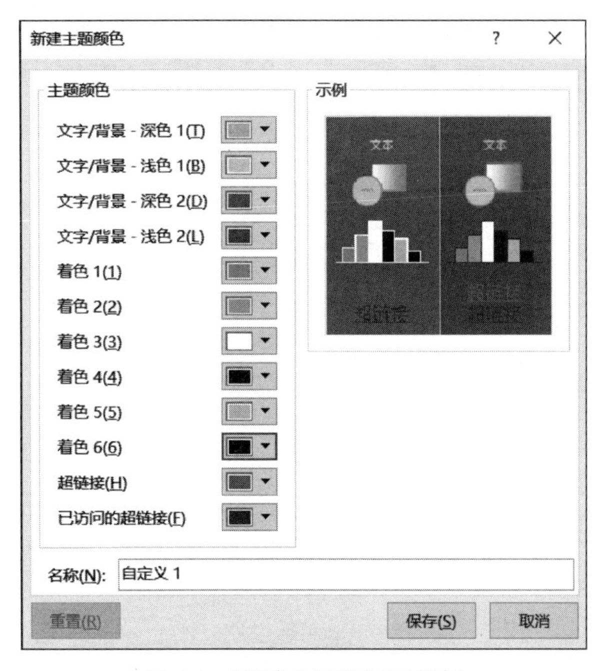

图 4-3 “新建主题颜色”对话框

第(7)题：选择“文件”中的“保存”命令，填入文件名“案例 4_1. pptx”，单击“确定”按钮，保存演示文档。

4.1.3 演示文稿内容编辑

1. 标题内容的填入

PowerPoint 2016 普通视图下的大纲是由一系列标题组成的，标题下有子标题，子标题下又有层次小标题，幻灯片中可以包括多级子标题。不同层次的文本有不同的左缩进、不同样式的项目符号。

2. 幻灯片的备注和批注

幻灯片的备注页和演示文稿包括在同一个文件中，备注页可以辅助说明演示文稿对应幻灯片的其他信息，添加备注信息操作步骤如下：

(1) 在普通视图下选择某幻灯片。

(2) 选择“视图”中的“备注页”命令，切换为备注页视图方式。

(3) 在备注页中填入备注内容。

当多个使用者使用同一个演示文稿时,可通过创建批注的方法相互沟通,创建批注的操作步骤如下:

(1) 选择"审阅"中的"新建批注"命令,打开"批注"填入框。

(2) 在填入框内填入批注内容。单击幻灯片左上角的批注标记。

3. 大纲视图及文本的分级显示

在普通视图模式下选择"大纲"选项,切换为幻灯片的大纲显示方式,如图 4-4 所示。在大纲显示方式下可以进行创建幻灯片、删除幻灯片、移动幻灯片、正文内容分级显示时的折叠和展开、幻灯片正文内容的升级和降级调整。

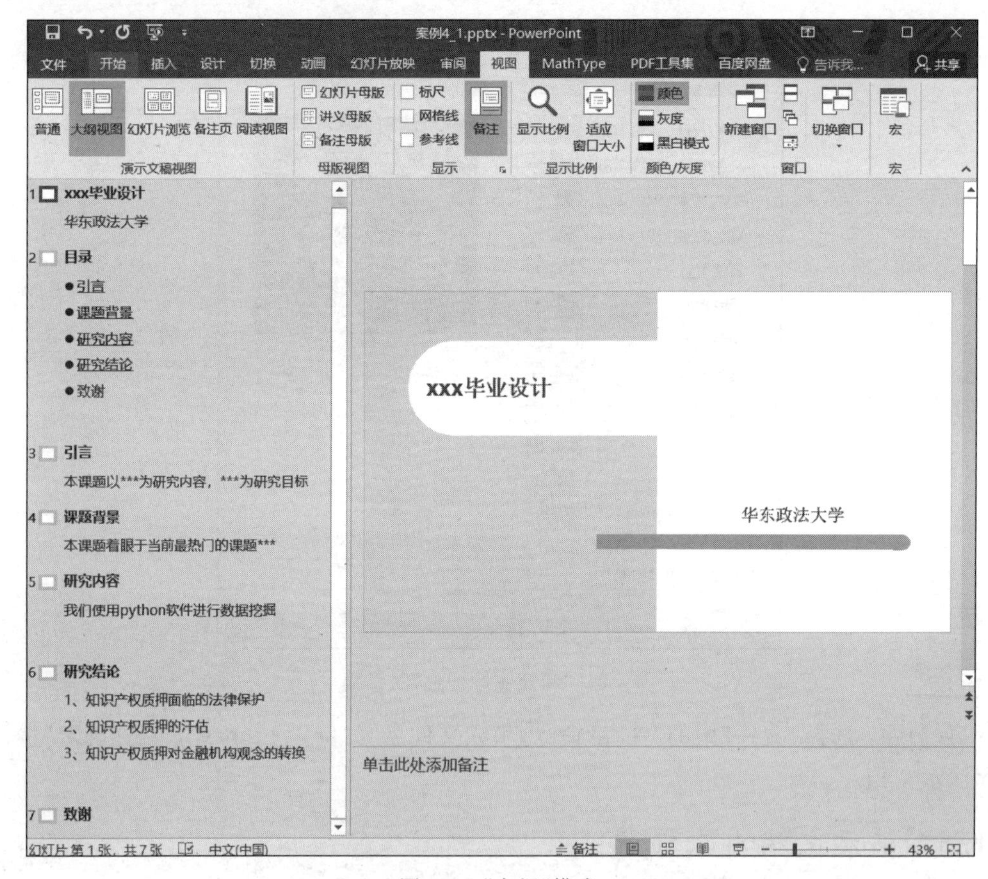

图 4-4 "大纲"模式

文本内容分级显示的操作方法为:选择幻灯片的某级标题后右击可以打开快捷菜单,选择菜单中的"升级""降级"命令,可方便地进行各级标题的重新调整,选择"折叠""展开""全部折叠"或"全部展开"命令,可查看幻灯片各级标题的结构。

4.1.4 插入对象编辑

1. 插入图片

(1) 插入图片:选择"插入"菜单中的"图片"命令,打开"插入图片"对话框,在对话框中选择图片文件名,单击"打开"按钮。

（2）图片的编辑：选择图片对象后，选择“图片工具”中的“格式”命令，共有4组功能的选项组：调整、图片样式、排列和大小。“调整”组：包括删除图片背景、更正、颜色、艺术效果、压缩图片、更改图片和重设图片工具。“图片样式”组：包括图片边框、图片效果和图片版式工具。“排列”组：包括对当前图片的上移一层、下移一层、显示窗格、对齐、组合和旋转。“大小”组：包括对图片尺寸的设置和图片的裁剪工具。

2. 剪贴画的插入和编辑

剪贴画包括插图、照片、视频和音频对象。

插入剪贴画：选择“插入”菜单中的“剪贴画”命令，在右边显示“剪贴画”任务窗格，在剪贴画任务窗格的结果类型中选择媒体类型（如视频），单击“搜索”按钮后显示媒体对象的列表，单击某一对象。在幻灯片中双击媒体对象可进行编辑，编辑的方法与图片编辑相同。

3. 插入屏幕截图

屏幕截图的功能是指将已经打开的窗口、对话框创建到当前文本中。

操作方法：选择“插入”菜单中的“屏幕截图”命令显示“可用视窗”列表，选择某一窗口，即在幻灯片中创建该窗口。如果当选择某一窗口后选择“屏幕剪辑”，则在幻灯片中以淡灰色显示该窗口，此时鼠标指针呈十字状，拖动鼠标后截取所选屏幕区域并自动创建到幻灯片上。

4. 插入艺术字

操作方法：选择“插入”菜单中的“艺术字”命令，显示艺术字样式列表，选择一种样式后显示“请在此放下您的文字”，删除后填入所需内容。

5. 插入形状

操作方法：选择“插入”菜单中的“形状”命令，显示形状列表，选择某一形状图形后，在幻灯片上用鼠标画图。PowerPoint 2016 中提供的形状有最近使用的形状、线条、矩形、基本图形、箭头总汇、公式形状、流程图、星与旗帜、标注和动作按钮。

6. 插入 SmartArt

SmartArt 提供一些模板，例如列表、流程图、组织结构图和关系图，以简化创建复杂形状的过程。

操作方法：选择“插入”菜单中的 SmartArt 命令，在弹出的对话框中选择需要创建的图形。插入 SmartArt 图形后，会自动出现“SmartArt 工具”动态选项，包括“设计”和“格式”两个选项，可利用其中的工具来调整图形中每个元素的布局和样式。

7. 插入表格

操作方法：选择“插入”菜单中的“表格”中的“插入表格”命令，选择“插入”菜单中的“表格”中的“绘制表格”命令或“插入”菜单中的“表格”中的“创建 Excel 电子表格”命令，此时创建一个空表格，在单元格中填入数据后完成表格的制作。

“插入表格”：打开“插入表格”对话框，在对话框中填入行数和列数，生成一个空表。

“绘制表格”：鼠标呈笔状，用鼠标画表格外线，然后使用“创建行”“创建列”或“拆分单元格”等快捷菜单完成空表格的制作。

“插入 Excel 电子表格”：自动插入一个 Excel 的电子表格。

与 Word 中表格的操作方法相同。表格的编辑内容包括文字的设置、边框和填充的设置、对齐方式、单元格拆分、单元格合并、行和列的创建或删除等操作。

例 4-1　制作一张“标题和内容”版式的幻灯片，并在内容区域创建 7 行 5 列的表格，如图 4-5 所示，表格的外框线格式：蓝色、3 磅线条。内框线格式：蓝色、1 磅线条。背景填充效果：画布。标题文字格式：黑体样张不是黑体、黑色、38 号。表格的第 1 行文字格式：楷体、黑色、28 号字。其余文字格式：楷体、黑色、20 号字。所有文字居中对齐。

学生信息表

学号	姓名	性别	年龄	生源地
2022001	赵一	女	19	北京
2022002	钱二	女	20	上海
2022003	孙三	女	19	江苏
2022004	李四	男	20	广州
2022005	周五	男	19	海南
2022006	吴六	男	20	山东

图 4-5　“标题和内容”样张

操作提示：

（1）选择幻灯片，选择“开始”菜单中的“新建幻灯片”命令，Office 主题下选择“标题和内容”版式。

（2）填入标题内容，居中对齐，右击，显示文字格式设置工具，选择某一工具设置相应的文字格式。

（3）选择“插入”菜单中“表格”中的“插入表格”命令打开“插入表格”对话框，在对话框中设置表格的行数：7；设置表格列数：5。填入表格内容并设置相应的文字格式。

（4）选择表格，选择“表格工具”中的“设计”命令，显示表格工具。使用“绘制边框”组中的“笔样式”“笔画粗细”和“笔颜色”工具设置笔颜色（蓝色）、线条粗细（3 磅）和线条样式（实线）。然后在“表格样式”组中的“表格线”样式列表中选择表格线的位置（如“外侧框线”）。使用同样的方法设置表格的内线。选择表格的全部，右击选择“设置形状格式”|“形状选项”|“填充与线条”|“填充”选项，选择图片或纹理填充，打开“纹理”选择“画布”，如图 4-6 所示。

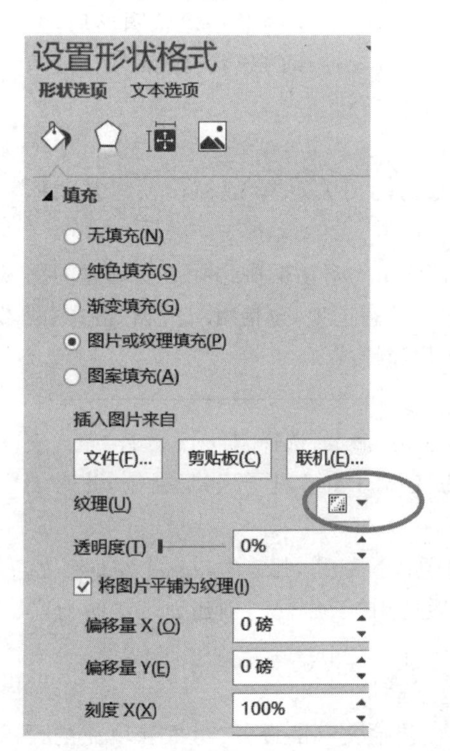

图 4-6　在“纹理”中选择“画布”

8. 插入对象

单击“插入”菜单，在“文本”组选择“对象”命令打开“插入对象”对话框，在对象列表中选择某一对象类型后按操作提示操作。

PowerPoint 2016 中提供的对象有 BitmapImage、Excel 二进制工作表、Excel 表格、Graph 表格、PowerPoint 97-2003 幻灯片、PowerPoint 97-2003 演示文稿、Word 文档、WPS 公式 3.0、Visio 绘图等。这些对象的编辑方法都是在原应用程序界面中编辑，编辑完毕返回到 PowerPoint 窗口中。

例 4-2 新建一张"标题和内容"版式的幻灯片，如图 4-7 所示，在幻灯片中创建素材中的"庆国庆生日蛋糕. mp4"视频文件，并设置视频在幻灯片放映时自动播放。标题文字格式：华文隶书、红色、38 号；文本文字格式：华文行楷、黑色、28 号字。

操作提示：

（1）新建一个幻灯片，选择"开始"菜单中的"新建幻灯片"命令，在 Office 主题下选择"标题和内容"版式。

（2）在标题栏和文本栏中填入标题和文本内容，并设置相应的文字格式。

（3）选择"插入"|"视频"|"此设备"或"PC 上的视频"命令，选择素材中的"庆国庆生日蛋糕. mp4"。在视频工具中视频选项"开始："选择"自动"，勾选"循环播放，直到停止"和"播完返回开头"。

祖国的生日

• 今天是祖国的生日，让我们一起祝祖国繁荣富强。

图 4-7 "标题和内容"版式

4.1.5 幻灯片的设计与编辑

幻灯片的编排操作包括幻灯片的创建、移动、删除、复制等操作。

1. 幻灯片的创建

在普通视图或幻灯片浏览视图方式下，在幻灯片列表区域中确定创建新幻灯片的位置后按 Enter 键，或者右击打开快捷菜单，在快捷菜单中选择"新建幻灯片"，在当前幻灯片后创建了一张新的空白幻灯片。

2. 幻灯片的删除

选择需删除的幻灯片，按 Delete 键，或右击打开快捷菜单，在快捷菜单中选择"删除幻灯片"命令。

3. 幻灯片的移动

选择需移动的幻灯片，拖动幻灯片至相应的位置上。

4. 幻灯片的复制

选择需复制的幻灯片，按住快捷键 Ctrl 拖动，将幻灯片复制到相应的位置上，或右击打开快捷菜单，在快捷菜单中选择"复制幻灯片"，在当前幻灯片前复制了副本。

5. 逻辑节的应用

如果遇到一个庞大的演示文稿，使用者可以使用新增的节功能来组织幻灯片，就像使用文件夹组织文件一样，可以删除或移动整个节及节中包括的幻灯片来重组文件。新增节：在普通视图的幻灯片列表中，将光标定位在需要创建节的幻灯片之间，选择"开始"选项，在"幻灯片"组中，选择"节"中的"新增节"命令。编辑节：右击新增加的节，在弹出的快捷菜单中选择相应菜单进行编辑。

6. 幻灯片版式的设置

在幻灯片上有标题、文本、图片、表格、视频或音频等对象，版式就是指这些对象在幻灯片上的排列方式。PowerPoint 2016 中幻灯片的版式有标题幻灯片、标题和内容、节标题、两栏内容、比较、仅标题、空白、标题和内容、图片与标题、标题和竖排文字、垂直排列标题与文本等版式等。

幻灯片版式设置的方法如下：选择幻灯片，单击“开始”菜单，在“幻灯片”组中选择“版式”命令，打开版式列表，显示幻灯片的各种版式，选择一种版式。

4.1.6 幻灯片的格式化

1. 超链接

幻灯片中的超链接是指创建文字、图片、文本框和动作按钮与幻灯片、文件、邮件地址、Web页的超链接。

1）创建与幻灯片的超链接

（1）选择幻灯片中的文字或图片等对象，选择“插入”菜单中的“超链接”命令，打开“插入超链接”对话框。

（2）在“插入超链接”对话框中的“链接到”选项中选择“本文档中的位置”打开“请选择文档中的位置”列表，选择某幻灯片。

2）创建与邮件地址的超链接

（1）选择幻灯片中的文字或图片等对象，选择“插入”菜单中的“超链接”命令，打开“插入超链接”对话框。

（2）在“插入超链接”对话框中的“链接到”选项中选择“电子邮件地址”。

（3）在“电子邮件地址栏”中填入邮件地址。

（4）在“主题”栏中填入超链接的提示信息。

3）使用动作按钮插入超链接

动作按钮是幻灯片中使用得最为广泛的超链接。

选择幻灯片，选择“插入”|“形状”|“动作按钮”命令，在动作按钮列表中选择动作按钮的类型，并在幻灯片上制作一个动作按钮，打开“动作设置”对话框。在对话框的“超链接到”选项中设置超链接的幻灯片和其他的动作。

4）编辑或删除超链接

在幻灯片中创建了超链接后，可以修改或删除超链接。

编辑超链接：选择一个已经设置好的超链接，右击，在打开的快捷菜单中选择“编辑超链接”命令，打开“编辑超链接”对话框。在对话框中重新设置超链接的幻灯片。

删除超链接：选择一个已经设置好的超链接，右击，在打开的快捷菜单中选择“取消超链接”命令，该超链接被删除。

2. 背景和主题

为了美化幻灯片，除了文字颜色、字体和文字的大小设置外，还可以对幻灯片的背景颜色、主题颜色进行设置。

1）背景设置

幻灯片的背景设置是指背景填充的设置，包括直接使用背景样式或背景格式的设置。

（1）设计背景样式的使用。

“设计”|“自定义”|“设计背景样式”命令，打开“设计背景样式”列表，选择一种样式后该样式将应用于所有幻灯片。

(2) 背景格式设置。

使用者可以对幻灯片的背景进行自定义。

选择"设计"|"自定义"|"设置背景格式"命令,打开"设置背景格式"对话框;在对话框中包括背景的填充、图片更正、图片颜色和艺术效果选项的设置。

(3) 填充:填充是指对背景进行颜色的填充,包括纯色填充、渐变填充、图片或纹理填充、图案填充。

- 纯色填充:使用单一颜色填充背景。

操作步骤:

① 选择"设计"|"自定义"|"背景格式设置"|"纯色填充"命令。

② 设置颜色和透明度。

③ 单击"全部应用"按钮,设置所有幻灯片的背景颜色。

- 渐变填充:有预设颜色、类型、方向、角度、渐变光圈、颜色、亮度和透明度选项的设置。

① 选择"设计"|"自定义"|"背景格式设置"|"渐变填充"命令。

② 设置颜色、类型、方向、角度、渐变光圈、颜色、亮度和透明度选项。

③ 单击"全部应用"按钮,设置所有幻灯片的背景颜色。

- 图片或纹理填充:使用使用者提供的图片或剪贴画图片或者系统提供的纹理对背景进行设置。

① 选择"设计"|"自定义"|"背景格式设置"|"图片和纹理"命令。

② 设置纹理或创建自文件或剪贴画的图片、平铺选项、对齐方式、镜像类型、透明度选项。

③ 单击"全部应用"按钮,设置所有幻灯片的背景颜色。

- 图案填充:使用系统提供的各种图案设置背景。

① 选择"设计"|"自定义"|"背景格式设置"|"图案填充"命令,显示图案列表。

② 在图案列表中选择某一图案(如"对角砖形"),设置前景色和背景色。

③ 单击"全部应用"按钮,设置所有幻灯片的背景颜色。

2) 主题设置

主题设置包括主题样式的选用、主题颜色、主题效果和主题字体的设置。

(1) 主题样式的选用。

① 选择"设计"|"主题"命令,选择相应主题。

② 选择一种主题,该主题被应用于当前演示文稿。

(2) 主题颜色的设置。

主题颜色的修改可以选用内置颜色和自定义颜色。

- 内置主题颜色的使用。

选择"设计"|"主题"|"颜色"命令,打开颜色列表,包括内置主题颜色、自 Office.com 主题颜色和自定义主题颜色,当使用者选择一种颜色后,主题颜色被更新。

- 自定义主题颜色。

① 选择"设计"|"颜色"|"新建主题颜色"命令,打开"新建主题颜色"对话框。

② 在对话框中设置文字背景颜色、强调文字颜色、超链接颜色和已访问的超链接颜色。

③ 在名称项中填入颜色名字(如：自定义 1)保存。

当打开颜色列表时，在自定义颜色列表中可以找到名称为“自定义 1”的主题颜色，选择后该主题颜色将应用于当前文档。

(3) 主题字体设置。

选择“设计”|“主题”|“字体”命令，打开字体列表，选择一种字体。

(4) 主题效果的设置。

选择“设计”|“主题”|“效果”命令，打开效果列表，选择一种效果。

扫码观看

4.1.7 综合练习

1. 打开 section4_sj1_1. pptx 演示文稿，按下列要求进行编辑，编辑结果按原文件名保存。

(1) 在幻灯片 1 前创建空白内容版式的幻灯片，插入艺术字，其样式为：第三行、第五列；文字内容：2022 年新农村，设置文字的字号：54 号。并插入“香蕉. jpeg”和“梭子蟹. jpeg”图片，适当调节图片大小保证两幅图不重叠。

(2) 设置背景格式，渐变填充，浅色渐变-个性色 1，射线，线性对角-左上到右下。

(3) 将标题为“目录”的幻灯片中每一行文字格式设置成：黑体、44 号，“右下斜偏移”“白色，背景 1”“120%(大小)阴影”。

(4) 将标题为“保健品专柜”的幻灯片中的“补钙类”和“补益类”文字的超链接删除。

(5) 将标题为“水果专柜”幻灯片中第一幅图片超链接到对应的幻灯片上。

(6) 在标题为“上海麒麟瓜”幻灯片的右下角创建返回的动作按钮，并设置返回到超链接前的幻灯片。设置当鼠标悬停该动作按钮时，播放“风铃”声。

(7) 在标题为“冰糖橙”的幻灯片中创建批注“在松江水果批发市场上批发价每斤 2.5 元”。

(8) 设置幻灯片 4 中文本文字的格式：宋体、18 号字，创建“大龙虾. jpg”图片，并适当放大。图片颜色饱和度设置为 51%。

(9) 在幻灯片 7 中绘制“云形标注”形状，形状格式：线条深蓝、1 磅边框，填充色选浅蓝色填充。填入文字“联系电话：1××××××××××，曹先生”，文字格式：绿色、宋体、20 号。

操作提示：

第(1)题：选择幻灯片 1，选择“插入”|“新幻灯片”命令，并选择“空白内容”版式。在窗口左边的幻灯片浏览区中选择刚创建的新幻灯片将此幻灯片拖动到幻灯片 1 前。选择“插入”|“艺术字”命令，打开艺术字库列表，选择第三行、第五列样式，填入文字内容，设置文字的字号：54 号。选择“插入”|“图片”命令，打开“插入图片”对话框，在对话框中选择图片“香蕉. jpeg”和“梭子蟹. jpeg”，单击“打开”按钮，适当调节图片大小保证两幅图不重叠。

第(2)题：选择“设计”|“自定义”|“设置背景格式”命令，打开“设置背景格式”对话框，在对话框中选择“填充”中的“渐变填充”；在“预设渐变”项中选择“浅色渐变-个性色 1”；在“类型”项中选择“射线”；在“方向”项中选择“线性对角-左上到右下”，单击“全部应用”按钮。

第(3)题：选择标题为“目录”的幻灯片，选择“水产专柜”文字，右击，在文字格式工具栏中选择黑体、44 号。在快捷菜单中选择“设置文字效果格式”命令，打开“设置文字效果格式”对话框，在对话框中选择“阴影”“外部”“右下斜偏移”“白色，背景 1”、120%(大小)阴影，单击“关闭”按钮。使用“格式刷”可设置其余两行文字的格式。

第(4)题：选择“保健品”幻灯片，选择“补钙类”文字，右击，选择“取消超链接”命令，删除超链接。重复上述步骤可删除其他文字与幻灯片的超链接。

第(5)题：选择标题为“水果专柜”的幻灯片，选择第一幅图片，选择“插入”|“超链接”命令，在打开的“插入超链接”对话框中的“链接到”选项中选择“本文档中的位置”，在“请选择文档中的位置”选项中选择标题为“上海麒麟瓜”的幻灯片，单击“确定”按钮。

第(6)题：选择标题为“上海麒麟瓜”的幻灯片，在幻灯片的右下角创建一个返回的动作按钮，在“动作设置”对话框中“单击鼠标”选项的“超链接到”项中选择“幻灯片”，并选择标题为“水产专柜”的幻灯片。在对话框中“鼠标移过”选项中选择“播放音频”，并选择“风铃”，单击“确定”按钮。

第(7)题：选择标题为“冰糖橙”的幻灯片，选择“审阅”|“新建批注”命令，在批注填入框中填入批注内容。

第(8)题：选择幻灯片 3，设置文本文字的格式，选择“插入”|“图片”命令，创建“大龙虾.jpg”图片，并适当放大。

第(9)题：选择幻灯片 7，选择“插入”|“形状”命令打开形状列表，选择标注类型中的“云形标注”，在幻灯中绘制图形。选择图形后右击打开快捷菜单，选择“设置形状格式”命令，在对话框中设置形状的填充色、线条颜色和线型。填入文字：“联系电话：1××××××××××，曹先生”，设置相应的文字格式：绿色、宋体、20 号。选择“文件”|“保存”命令。

2. 打开 power_sj2_1.pptx 演示文稿，按下列要求进行编辑，编辑结果按原文件名保存。

(1) 在幻灯片 1 前创建素材里已经有了这张幻灯片内容“标题和内容”版式的幻灯片，标题内容：“小猫小狗”，文字格式：黑体、54 号、深蓝色、居中对齐；正文内容：“制作日期：2022 年 2 月 2 日”和“制作人：apple”，文字格式：黑体、20 号、深红色、居中对齐，背景设置为“浅色渐变-个性色 1”渐变填充。

(2) 在幻灯片 3 的右边创建 t40.jpg 图片，适当调整图片的大小后将图片设置为“棱台型椭圆、黑色”样式，添加“纹理化”艺术效果。

(3) 将幻灯片 4 中的图片样式设置为“圆形对角、白色”，将边框修改为紫色。创建“第三行、第三列”样式的艺术字“小猫小狗”，文字使用黑体、66 号、“浅色渐变-个性色 1”渐变填充效果，并添加“橙色”、大小为 120%的阴影。设置文字“猎犬”和“金毛寻回犬”文字分别超链接到幻灯片 5、幻灯片 6。

(4) 在幻灯片 5 的适当位置上创建返回到幻灯片 4 的动作按钮。在幻灯片 6 的适当空白处创建“RETURN”文字，文字的格式：24 号、红色，并设置单击文本框时返回到幻灯片 4。

(5) 设置幻灯片 7 的背景为：图案填充，前景色为“浅绿”、背景色为“25%的灰色”、图案为“大网格”。幻灯片中的正文文字设置为“深红色”。

(6) 在标题为“狗的习性”幻灯片上创建批注“宠物医院信息，名称：宝宝宠物诊疗所；地址：松江路 2022 弄 17 号 2201 室；联系电话：021-8×××××××”。

操作提示：

第(1)题：选择幻灯片1后按Enter键，选择幻灯片2，使用鼠标拖动的方法将当前幻灯片拖到幻灯片1前。选择幻灯片1，选择“开始”|“版式”命令打开幻灯片版式列表，选择“标题和内容”版式。填入标题内容并设置标题文字格式。在文本区填入正文内容，并设置相应的文字格式。选择“设计”|“自定义”|“设置背景格式”命令打开“设置背景格式”对话框，在对话框中选择“填充”中的“渐变填充”和“预设渐变”，单击“关闭”按钮。

第(2)题：选择幻灯片3，选择“插入”|“图片”命令，打开“插入图片”对话框，在对话框中选择“t40.jpg”图片，适当调整图片的大小将图片移到右边区域，双击图片并在“图片样式”列表中选择“棱台型椭圆、黑色”样式，在图片工具的“调整”组中选择“艺术效果”显示艺术效果列表，选择“纹理化”样式。

第(3)题：选择幻灯片4的图片，选择“图片工具”|“格式”命令，在“图片样式”列表中选择“圆形对角、白色”，选择“图片边框”，将图片边框设置为：紫色。选择“插入”|“艺术字”命令，显示“艺术字”样式列表，选择“第三行、第三列”样式，填入文字“小猫小狗”，设置相应的文字格式：黑体、66号。选择文字并右击打开快捷菜单，选择“设置文本效果格式”命令，打开“设置文本效果格式”对话框，在对话框中选择“文本填充”中的“渐变填充”，在预设颜色中选择“浅色渐变-个性色1”，在颜色中选择“橙色”。在对话框中的“影印”项中设置大小为“120%”。分别选择文字“金毛寻回犬”和“猎犬”在“超链接”对话框中完成链接到幻灯片6、幻灯片5。

第(4)题：选择幻灯片5，选择“插入”|“形状”命令，打开形状列表，选择“后退或前一项”按钮，并在适当位置上用鼠标画一个按钮后打开“动作设置”对话框，在对话框中设置链接到幻灯片5。选择幻灯片6，选择“插入”|“文本框”|“横排文本框”命令，并在适当位置上用鼠标画一个框，在框内填入“RETURN”文字，文字格式设置和超级链接设置略。

第(5)题：选择幻灯片7，选择“设计”|“自定义”|“设置背景格式”命令，打开“设置背景格式”对话框，在对话框中设置背景为：图案填充，前景色为“浅绿”、背景色为“25%的灰色”、图案为“大网格”。选择正文文字将文字设置为“深红”色。

第(6)题：选择标题为“狗的习性”(第7张)幻灯片，选择“审阅”|“创建新批注”命令，创建了一个名为“j1”的批注，并显示批注内容的填入框，在填入框中填入内容“宠物医院信息，名称：宝宝宠物诊疗所；地址：松江路2022弄17号2201室；联系电话：021-8×××××××”。

4.2 演示文稿的视图和设计

4.2.1 母版设计与应用

母版有三种类型：幻灯片母版、备注母版和讲义母版。母版设计主要完成对幻灯片上如标题、文本、内容等对象的设计。

1. 幻灯片的占位符概念

幻灯片由标题、文本、日期、页脚和数字5个区域组成，称该5个区域为占位符区，通过选择“视图”|“幻灯片母版”命令，切换到“幻灯片母版”视图，如图4-8所示。在“幻灯片母版”视图模式下，可对这些占位符区域上各对象的位置、格式等属性进行设置。在这些占位符区中，日期、数字和页脚一般是不显示的。文本区可设置最多5级的层次小标题。

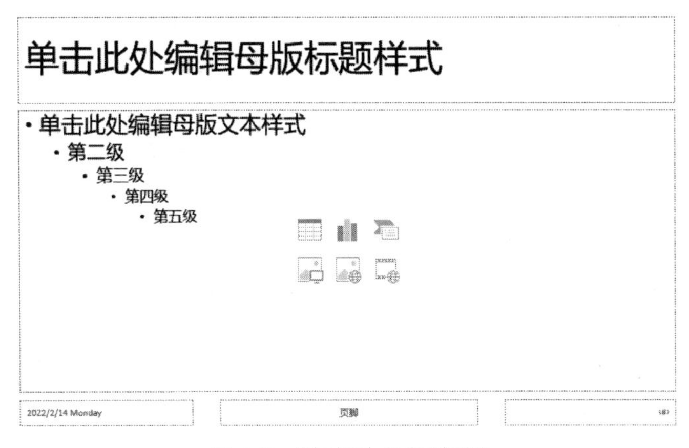

图 4-8 “幻灯片母版”视图

显示幻灯片日期和编号的操作步骤如下：

（1）选择“插入”|“页眉和页脚”命令，打开“页眉和页脚”对话框，在对话框中选择“更新日期”|“页脚”项。

（2）选择“视图”|“幻灯片母版”命令，切换到幻灯片母版视图，填入页脚的内容、设置数字、日期的位置和文字格式。

2. 母版设计

母版设计除了对5个基本占位符区的显示位置、文字格式的设置外，还可以对幻灯片的背景、图案、段落格式、行距、标题文字和文本文字的对齐方式、项目符号或编号等进行统一的设计，同时还可以创建文字、图片、表格、媒体和剪贴画等新的占位符位置。

1）幻灯片母版设计

选择“视图”|“幻灯片母版”命令，切换到幻灯片母版视图，在幻灯片母版视图模式下包括编辑母版、母版版式、编辑主题、背景和页面设置。编辑母版包括创建幻灯片母版、创建版式。母版版式包括创建新的占位符，这些新的占位符可以是内容、文本、图片、表格、剪贴画和媒体等。编辑主题包括主题样式的选择、主题颜色的设置、主题字体的设置和主题效果的设置。背景包括背景样式的选择和背景格式的设置，设置完毕单击“关闭母版视图”按钮，返回普通视图。

2）备注母版的设计

选择“视图”|“备注母版”命令，切换到备注母版视图，在备注母版视图模式下包括页面设置、占位符、编辑主题和背景的设置。其中占位符的选择包括页码、页眉、页脚、日期区、幻灯片图像和正文。编辑主题包括主题样式的选择、主题颜色的设置、主题字体的设置和主题效果的设置。背景包括背景样式的选择和背景格式的设置，设置完毕单击“关闭母版视图”按钮。

3）讲义母版的设计

选择“视图”|“讲义母版”命令，切换到讲义母版视图，在讲义母版视图模式下，包括页面设置、占位符、编辑主题和背景的设置。其中占位符的选择包括页码、页眉、页脚和日期。编辑主题包括主题样式的选择、主题颜色的设置、主题字体的设置和主题效果的设置。背景包括背景样式的选择和背景格式的设置，设置完毕单击“关闭母版视图”按钮。

例 4-3 将"大数据原理.pptx"文件的幻灯片母版按下列要求进行设计：

(1) 在幻灯片的左上角显示直排文字"大数据原理"，文字格式：橙色、隶书、20 号字。

(2) 在幻灯片母版中设置标题文本格式：隶书、深蓝色、38 号。

(3) 在幻灯片母版中设置一级文本格式：宋体、红色、24 号字、首行缩进 2 厘米、行间距 1.5 倍、文本左对齐。

(4) 显示幻灯片页码和日期，文字格式：宋体、绿色、18 号字。

(5) 幻灯片的背景格式为填充效果为纯色填充：浅蓝色，应用于全部幻灯片。

操作步骤：

(1) 在幻灯片母版视图中，选择"插入"|"文本框"|"垂直"命令，在幻灯片的左上角创建文本框，在文本框中填入文字"大数据原理"，使用文字工具设置相应的文字格式。

(2) 选择母版标题，右击，在格式工具中设置标题文字格式。

(3) 选择母版一级文本，右击后显示文字工具，在工具中设置相应的文字格式。右击显示快捷菜单，在菜单中选择"段落"命令，打开"段落"对话框，在对话框中设置行距、对齐方式、首行缩进和悬挂缩进。

(4) 选择"插入"|"页眉和页脚"命令，打开"页眉和页脚"对话框，在对话框中选择"幻灯片编号""幻灯片日期"和"自动更新"项目，关闭对话框。分别在幻灯片母版视图中选择"数字区"和"日期区"，并右击，显示文字设置工具，使用工具设置字体或文字颜色，移动编号和日期的显示位置。

(5) 选择"视图"|"幻灯片母版"命令，切换到幻灯片母版视图。选择"幻灯片母版"|"背景"|"设置背景格式"命令，打开"设置背景格式"对话框，在对话框中选择"填充"|"纯色填充"项，设置背景为浅蓝色。

3. 模板的选用和创建

扩展名为 potx 的文件是演示文稿的模板，它是幻灯片母版、背景、段落、行距、文字格式、对齐方式等格式所组成的文件。

在新建文档时可以选用某一风格的幻灯片模板。当使用者进行幻灯片母版设计完成后，并保存为 potx 文件后形成了使用者定义的模板。

操作步骤：

(1) 选择"文件"|"新建"命令，并单击"空演示文稿"。

(2) 选择"视图"|"幻灯片母版"命令，切换到幻灯片母版视图，在"幻灯片母版视图"中对幻灯片占位符、背景、段落、行距、文字格式、对齐方式等格式进行设置。创建所需的图片等内容，设置背景样式。

选择"文件"|"另存为"命令，打开"保存"对话框，在对话框中填入文件名，并选择保存后缀名：演示文稿设计模板。

例 4-4 设计一个名为"你好校园.potx"的模板，设计要求如下：

(1) 幻灯片背景：校园.jpg 图片。

(2) 标题格式：隶书、深红色、44 号字。

(3) 仅含一级文本，文字格式：宋体、蓝色、20 号字、首行缩进 2 厘米、1.5 倍行距、两端对齐。

(4) 按页脚区、日期区和数字区的次序排列这些占位符，并设置数字文字格式：宋体、黄色、14 号、日期显示格式：××××年××/月××/日、蓝色、宋体、14 号字、页脚内容：华东政法大学，格式：红色、宋体、14 号字。

(5) 左上角显示"图片. gif"动画。

操作步骤：

显示空白文档视图，选择"视图"|"幻灯片母版"命令，切换到幻灯片母版视图，在"幻灯片母版视图"模式删除不需要的版式，作如下设置：

(1) 选择"自定义"|"设置背景格式"命令，打开"设置背景格式"对话框，在对话框中选择"填充"|"图片或纹理填充"命令，在创建自选项中单击"文件"打开"插入图片"对话框，在对话框中选择"校园. jpg"图片，单击"打开"按钮，关闭对话框并插入图片。单击"全部应用"按钮。

(2) 选择母版标题，设置标题文字的格式：隶书、深红、44 号。

(3) 删除第二级到第五级文本，选择母版文本后右击，显示"字体"格式工具，设置文本文字格式。在菜单中选择"段落"命令，打开"段落"对话框，在对话框中设置行间距、首行缩进 2 厘米、对齐方式。

(4) 选择"插入"|"页眉和页脚"命令，打开"页眉和页脚"对话框，在对话框中选择：更新日期、幻灯片编号、日期格式、填入页脚内容。将数字区、日期区和页脚区的位置重新排列，并设置各对象的文字格式。

(5) 在母版视图下，选择"插入"|"图片"命令，插入图片，放置在左上角。

选择"文件"|"另存为"命令，并在对话框中填入文件名：hz、选择保存后缀名：演示文稿设计模板(potx)。

4. 使用者定义模板的应用

打开一个模板文件，在普通视图下编辑演示文档。选择"文件"|"另存为"打开"另存为"对话框，对话框中填入文件名、选择保存后缀名：pptx。

4.2.2 幻灯片的切换设置

选择幻灯片，选择"切换"选项，显示幻灯片切换工具，包括"预览""切换到此幻灯片"和"计时"组。在"切换到此幻灯片"组中包括切换方式的列表、效果选项。切换方式列表中包括新闻快报、切出、淡出、推出等切换方式。当选定了幻灯片的切换方式后(如淡出)，选择"效果选项"，打开效果列表(淡出的效果包括自底部、自顶部、自左侧、自右侧)。"计时"组中包括"持续时间""音频""换片方式"和"全部应用"工具。选择"全部应用"将对所有幻灯片使用统一的切换方式，否则只对当前幻灯片有效。

4.2.3 动画设计

动画主要是对幻灯片中的各种对象(如标题文字、正文、图片、音频或视频等)在放映时显示的动画效果。动画的方式有进入、强调、退出和动作路径四种，每一种方式又可选择动画的效果。

1. 动画设置

动画设置步骤如下：

(1) 选择幻灯片中的某个对象。

(2) 选择“动画”选项,显示“预览”“动画”“高级动画”和“计时”组。

(3) 设置动画效果。

“动画”组:显示“动画”列表和“效果选项”,系统包括大量的动画效果,如飞入、出现、淡出、劈裂等。“效果选项”按钮是对上述所选择的动画作进一步的修饰,每一种动画所提供的效果设置参数不同。如“飞入”动画,包括自底部、自左侧、自右侧、自顶部等效果选项。

“高级动画”组:包括“添加动画”“动画窗格”“触发”和“动画刷”工具。“添加动画”工具包括进入、强调、退出、路径的动画设计选项。单击“动画窗格”可以在屏幕的右边区域显示动画的任务窗格。

“计时”组:包括“开始”“持续时间”“延迟”“对动画重新排序”等设置工具。

2. 动画效果的更改

可以利用“动画窗格”来进行动画效果的设置。首先,选择“动画”中的“动画窗格”命令,打开动画窗格;然后在“动画窗格”的动画列表中选择某一动画对象,右击,选择“效果选项”命令,在弹出的对话框中重新设置动画的效果。

3. 动画的删除

在“动画窗格”的动画列表中选择某一动画对象,右击,选择“删除”命令,则将对应对象的动画删除了。

4.2.4 放映、分享与导出

幻灯片的放映可以使用“幻灯片的放映”选项完成放映的设置,幻灯片的放映工具包括“开始放映幻灯片”“设置”“监视器”工具 3 个功能组。

“开始放映幻灯片”组:包括“从头开始”“从当前幻灯片开始”“广播幻灯片”和“自定义幻灯片放映”工具。当单击“自定义幻灯片放映”时打开“自定义放映”对话框,在对话框中单击“新建”按钮,完成对放映次序的设置。

“设置”组:包括“设置幻灯片放映”“隐藏幻灯片”“排练计时”和“录制幻灯片演示”工具。选择“设置幻灯片放映”,打开“设置放映方式”对话框。在对话框中对“放映类型”“放映幻灯片”“放映选项”“换片方式”等选项按要求进行设置。

“监视器”组:包括显示器“分辨率”的选择、“显示位置”(当有多台显示器时)和“使用演示者视图”(当有多台显示器时)的设置工具。

4.2.5 打印幻灯片

选择“文件”|“打印”命令,显示打印选项:打印份数、打印机和设置。在设置项中包括幻灯片的选择、每一页上打印幻灯片的张数、调整幻灯片打印的次序、打印颜色。

4.2.6 综合练习

1. 打开 power_sj2_1. pptx 演示文稿,按下列要求进行编辑,编辑结果以原文件名保存,参见“section4_zh2_1 样张. pptx”文件的演示效果。

(1) 更改幻灯片 5 中动作按钮的填充颜色:绿色。

(2) 设置在幻灯片播放时,左上角显示日期、左下角显示幻灯片的编号。

(3) 设置幻灯片 1 的切换效果:分割、从中央向左右展开;设置幻灯片 2 的切换效果:

涡流、自右侧；设置幻灯片 6 的切换效果：覆盖、自左上部。

(4) 设置幻灯片 4 中的“小猫小狗”文字的动画：动作路径、螺旋向右，文本文字进入时的动画：浮入。图片的动画：强调、陀螺旋。幻灯片 3 中的图片动画：第 1 幅图片为“飞入”、第 2 幅图片为“缩放”、第 3 幅图片为“翻转式由远及近”、第 4 幅图片为“轮子”、第 5 幅图片为“弹跳”。幻灯片 5 中的图片动画：第 1 幅图片为“脉冲”、第 2 幅图片为“旋转”、第 3 幅图片为“跷跷板”。幻灯片 5 正文的动画效果：彩色脉冲。

(5) 设置放映类型：演讲者放映(全屏幕)。放映选项：循环放映，按 Esc 键终止。换片方式：手动。绘图笔颜色：蓝色。

(6) 幻灯片 7 中添加备注，备注内容为“曹先生系上海市动物检验所所长助理，联系电话：1××××××××××”，文字格式：宋体、20 号、绿色。

操作提示：

第(1)题：选择动作按钮后右击，显示快捷菜单，选择“设置形状格式”选项，打开“设置形状格式”对话框，在对话框中选择“填充”|“纯色填充”项，选择填充色。关闭对话框。

第(2)题：选择“插入”|“页眉和页脚”命令，打开“页眉和页脚”对话框，在对话框中选择“自动更新”和“幻灯片编号”选项，设置日期的显示格式，并单击“全部应用”按钮。选择“视图”中的“幻灯片母版”，显示幻灯片母版视图模式，将“数字”区域拖动到幻灯片的左下角，将“日期”区域拖动到幻灯片的左上角，单击“关闭母版视图”工具，返回普通视图模式。

第(3)题：选择幻灯片 1，选择“切换”选项，在“切换到此幻灯片”列表中选择“分割”项，单击“效果选项”按钮，打开效果列表，选择“从中央向左右展开”。使用同样的方法设置其他幻灯片的切换效果。

第(4)题：选择幻灯片 4 的文字，选择“动画”选项，并单击“高级动画”组中的“动画窗格”项，在窗口的右边显示“动画窗格”面板，在“动画”组中选择“添加动画”选项，打开动画列表，选择“其他动作路径”项，打开“添加动作路径”对话框，如图 4-9 所示，在对话框中选择“螺旋向右”项。选择“添加动画”选项打开动画列表，选择“浮入”项。使用同样的方法设置其他对象的动画效果。

第(5)题：选择“幻灯片放映”中“设置放映方式”命令，打开“设置放映方式”对话框，如图 4-10 所示，在对话框中设置：演讲者放映(全屏幕)。放映选项：循环放映，按 Esc 键终止。换片方式：手动。其他选项使用默认项。单击“确定”按钮。

第(6)题：选择幻灯片 7，选择“视图”|“备注页”命令，将幻灯片的视图方式切换为备注页显示模式，在备注页上填入文字内容并设置相应的文字格式，返回到普通视图模式。

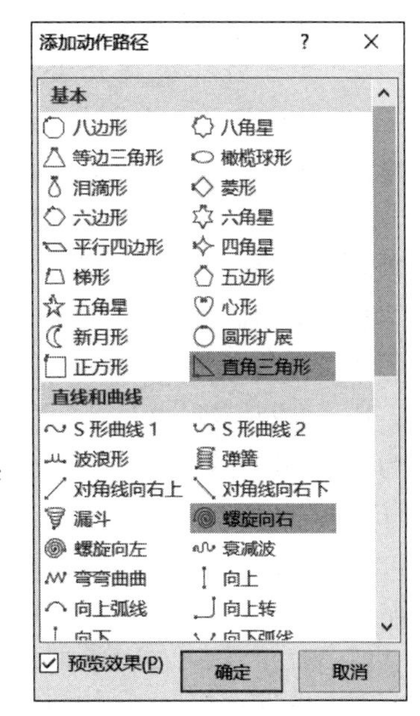

图 4-9 “添加动作路径”对话框

2. 打开 section4_sj2_2. pptx 演示文稿，按下列要求进行编辑，编辑结果以原文件名保存。

(1) 新建一个名为“幻灯片模板. potx”模板文件，要求：选择“宽屏(16：9)”，并选择“主

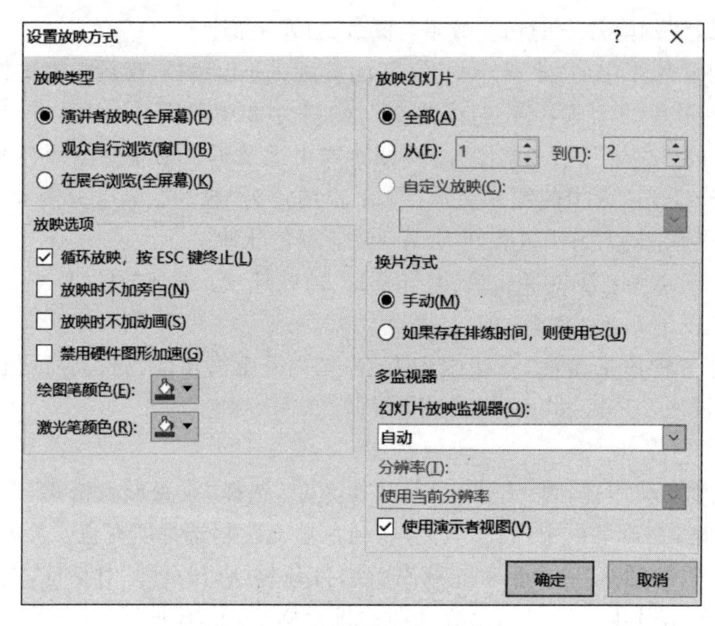

图 4-10 “设置放映方式”命令

题”列表中的“环保”。标题文字设置为黑体、橙色、36 号。

(2) 打开 section4_zh2_2. pptx 演示文稿，选择“设计”|“主题”列表，浏览“主题”使用“幻灯片模板. potx”模板，并调整所有幻灯片中的文字大小，使文字均能在幻灯片中显示。显示幻灯片编号、日期和页脚，页脚内容“国宝大熊猫”；文字格式：深红、20 号、黑体。在幻灯片的左上角创建“海南岛动物研究所”的直排文字，格式：黑体、14 号、红色。

(3) 创建名称为“播放”的幻灯片放映次序，放映幻灯片放映次序为 1、2、6、7、4、5、8、9。

(4) 在幻灯片 6 中加入批注，批注内容为：“曹先生 1978 年毕业于上海交通大学畜牧兽医学院，现从事动物进出口检验的管理业务”。

(5) 设置备注页中所有文本文字的格式：宋体、20 号、深蓝色。并在幻灯片 7 中添加备注内容“曹先生 1990 年毕业于上海水产大学海洋运输专业，现从事海运物流的管理业务”。

操作提示：

第(1)题：选择“设计”|“自定义”|“幻灯片大小”命令，选择“宽屏(16：9)”，如图 4-11 所示。选择“设计”项，并选择“主题”列表中的“环保主题”。选择“文件”|“保存”命令，打开“另存为”对话框，并在对话框中填入文件名：幻灯片模板，选择保存后缀名：演示文稿设计模板(potx)，保存。

第(2)题：打开 section4_zh2_2. pptx 演示文稿，选择全部幻灯片，使用 Ctrl+C 组合键复制所有的幻灯片，返回到“幻灯片模板. potx”窗口，使用 Ctrl+V 组合键粘贴幻灯片。将多余的幻灯片删除，保存 9 张幻灯片，调整所有幻灯片中的文字大小，使文字均能在幻灯片中显示。选择“插入”|“页眉页脚”命令，打开“页眉页脚”对话框，在对话框中选择幻灯片编号、日期和页脚，填入页脚内容“国宝大熊猫”。选择“视图”|“幻灯片母版”命令，设置页脚文字格式：深红、20 号、黑体，将日期移到左边区域(删除不需要的其他版式)。选择“插入”|“文本框”|“直排文本框”命令，在幻灯片的左上角画一个框，并在框内填入文字：海南岛动物研究所，设置相应的文字格式：黑体、14 号、红色。

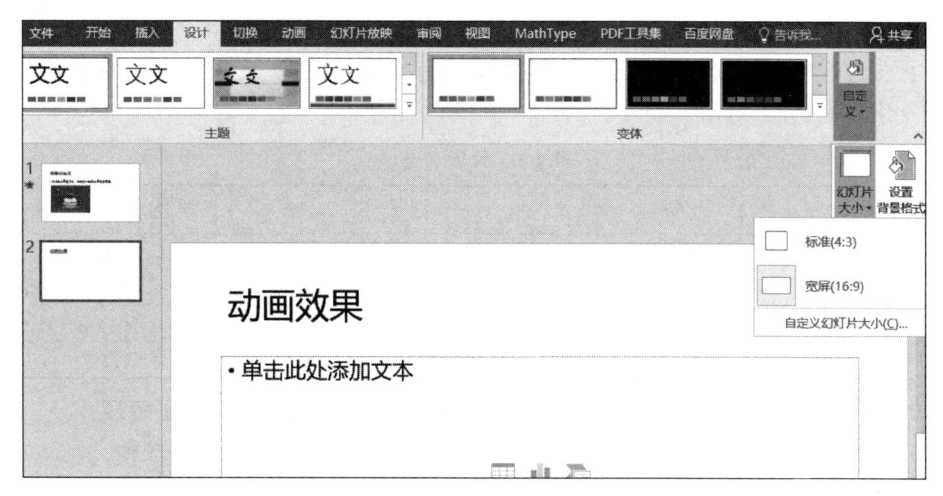

图 4-11　宽屏演示文稿

第(3)题：选择"幻灯片放映"|"自定义幻灯片放映"命令，打开"定义自定义放映"对话框，如图 4-12 所示，在对话框的对应项中填入文件名"播放"，再选择"添加"命令，依次添加放映幻灯片次序为 1、2、6、7、4、5、8、9。

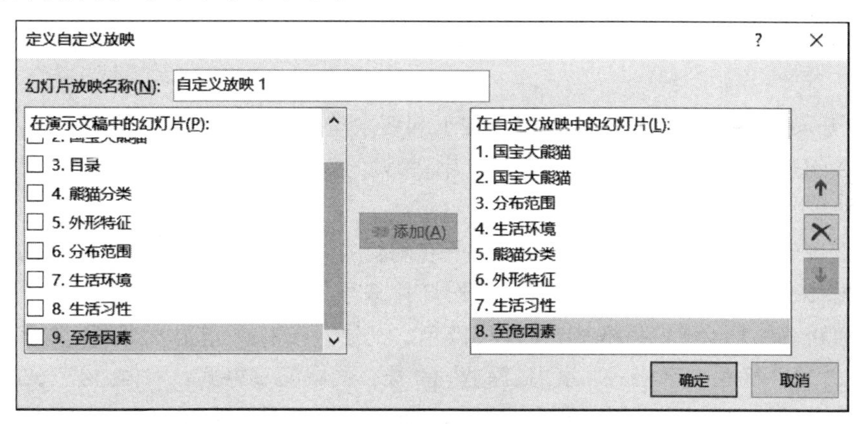

图 4-12　"定义自定义放映"对话框

第(4)题：选择"审阅"|"新批注"命令，打开批注对话框，填入批注内容："曹先生 1978 年毕业于上海交通大学畜牧兽医学院，现从事动物进出口检验的管理业务"。

第(5)题：选择"视图"|"备注母版"命令，显示"备注母版"视图，将备注母版中的备注页的正文格式设置为：宋体、20 号、深蓝色。选择第 7 张幻灯，并在备注页一栏中填入备注内容：曹先生 1990 年毕业于上海水产大学海洋运输专业，现从事海运物流的管理业务。

习　题

1. 打开 section4_zhLX1.pptx 文件，按下列要求编辑，编辑结果以原文件名保存。

(1) 在幻灯片 1 中添加副标题"云南省浩天摄影家协会"。

(2) 设置幻灯片母版格式，标题文字格式：黑体、44 号，文本文字格式：宋体、20 号、首行缩进 1 厘米，显示幻灯片编号、日期和页脚，页脚内容"云南省浩天摄影家协会"，格式：宋体、18号、深红。

(3) 在幻灯片2前创建一张空白版式的新幻灯片,并创建一个4列5行的表格,在表格中添加文字,如表4-1所示。

表4-1 云南名花表

编号	名称	编号	名称
1	山茶花	5	百合花
2	杜鹃花	6	兰花
3	玉兰花	7	龙胆
4	报春花	8	绿绒蒿

(4) 依次选择表格中花的名称,逐一创建与花名相对应的幻灯片的超链接。

(5) 分别在第3～10张幻灯片的右下角创建返回到幻灯片2的动作按钮。

(6) 设置幻灯片1的切换效果:立方体,其余幻灯片的切换效果:传送带。

(7) 设置幻灯片2标题文字的动画:强调陀螺旋、作为一个对象发送,表格的动画:强调、放大/缩小。

(8) 设置幻灯片8"龙胆"页标题的动画:强调、字体颜色改为紫色;图片的动画:强调、跷跷板;正文的动画:进入、形状、方框。

(9) 创建名称为"报春花"的自定义放映方案,幻灯片的放映次序:第1张、第2张和第6张。

2. 打开section4_zhLX2.pptx文件,按下列要求编辑,编辑结果以原文件名保存。

(1) 在幻灯片1前创建一张"标题幻灯片"版式的新幻灯片,并填入标题"人民公园",副标题"鸟世界"。

(2) 设置幻灯片的主题:环保主题、在所有幻灯片的左上角添加竖排文字"鸟世界",文字格式:楷体、20号、黄色。在左下角显示幻灯片编号,数字格式:宋体、橙色、16号。页脚内容:上海市养鸟协会,文字格式:黑体、橙色、20号。在右下角显示日期,文字格式:宋体、橙色、16号。标题文字格式:隶书、深蓝、44号。文本文字格式:宋体、白色、20号。

(3) 设置幻灯片4的背景使用图案填充,效果设置:前景色为"绿色"、背景色为"白色"、图案为"实心菱形网格",正文文字设置为黑色。所有幻灯片的切换方式:平滑、淡出。标题的动画:进入、擦除、自左侧、按字/词、播放后变为红色。正文的动画:进入、缩放、对象中心。图片的动画:动作路径设置、S曲线2。

(4) 分别将幻灯片2的"观赏型""实用型""鸣唱型"文字超链接到与其对应标题的幻灯片上,并在这些幻灯片上插入图片"BACK.Gif",并设置单击该图片时返回到幻灯片2。

(5) 将幻灯片3中文本文字加上橙色、3磅双线边框;"绿色大理石"纹理填充。

(6) 设置第5张幻灯片中标题文字的动画:强调、陀螺旋、慢速、360°顺时针、按字/词。图片进入时的动画:翻转由远及近。文本文字进入时的动画:形状、加号、整批发送、中速。

(7) 创建名称为"鸣唱型"的自定义放映方案,幻灯片的放映次序:第1张、第3张、第4张、第5张和第6张。

(8) 设置幻灯片的放映方式:演讲者放映(全屏幕)、使用(7)中创建的自定义放映方案放映、按Esc键结束放映、手动换片。

(9) 以"鸟世界.potx"文件格式保存为模板。

第5章 图像处理(Photoshop)

目的与要求

(1) 掌握 Photoshop 常用工具和控制面板的使用方法。

(2) 了解色彩与图像的一些基础知识。

(3) 熟悉图像的基本操作。

(4) 掌握常用工具的使用方法。

(5) 掌握字体、自定义图形的使用方法。

(6) 掌握图层、滤镜以及蒙版的使用方法。

5.1 图像处理的基本操作

案例 5-1 使用 Photoshop 工具箱和图像处理基本操作对图像进行效果处理,结果如图 5-1 所示。案例中使用的素材为 all_1.jpg、all_2.jpg 和 all_3.jpg,位于"第 5 章\素材"文件夹;样张文件为 all 样张.jpg,位于"第 5 章\样张"文件夹。

扫码观看

图 5-1 例 5-1 图像样张

实现此案例使用的 Photoshop 工具箱和图像处理基本操作包括:"矩形选框工具""磁性套索工具""仿制图章工具""魔术橡皮擦工具"和图像大小调整、对象复制以及选区操作等技能。

例 5-1 操作要求如下:

打开 all_1.jpg、all_2.jpg 和 all_3.jpg 文件,按下列要求编辑,编辑结果以 all 样张.jpg 为文件名保存在 C 盘。

(1) 将 al1_1.jpg 图像的大小调整为 1000×750 像素。

(2) 将 al1_1.jpg 图像中天空背景替换成 al1_2.jpg 图像。

(3) 将 al1_3.jpg 图像中的小狗合并到 al1_1.jpg 中,并适当调整其大小。

(4) 利用仿制图章工具将拷贝过来的小狗再复制一次。

(5) 创建一个矩形区域,设置羽化值为 5 像素,再对选择的区域进行描边,参数为 10 像素、颜色为#d2d2d8、居中。

案例 5-1 操作步骤如下:

第(1)题:打开 al1_1.jpg,选择菜单“图像”|“图像大小”命令,在约束长宽比的情况下,将图像大小改为 1000×750 像素。若图像可视效果变小,可通过选择“窗口”|“导航器”命令,改变图像在屏幕中的显示比例。

第(2)题:选择工具箱中的“魔术橡皮擦工具”,擦除 al1_1.jpg 的天空区域。将 al1_2.jpg 添加到 al1_1.jpg 中,此时在 al1_1.jpg 中会生成一个新的图层来显示蓝天白云背景,选择菜单“编辑”|“变换”|“缩放”命令,适当调整该图层的大小,并置于底层。

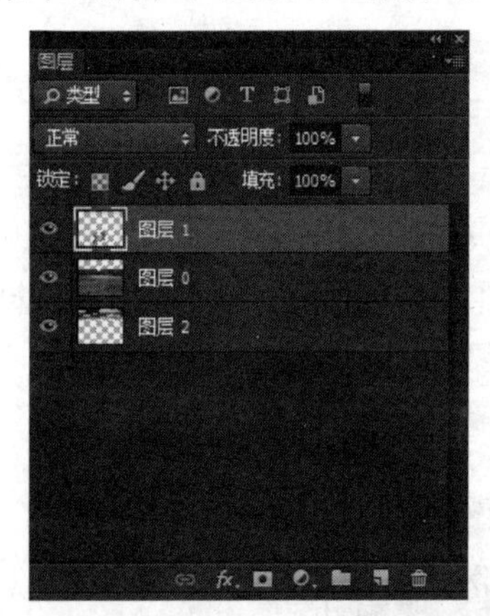

图 5-2　例 5-1 样张参考“图层”控制面板

第(3)题:打开 al1_3.jpg,选择工具箱中的“磁性套索工具”创建小狗的选区,选择菜单“编辑”|“拷贝”命令将选区复制到 al1_1.jpg 中,生成一个新的图层来显示小狗,再选择菜单“编辑”|“变换”|“缩放”命令对其进行缩小化,将其调整到合适的大小。

第(4)题:选择工具箱中的“仿制图章工具”,按 Alt 键选择要拷贝内容的起始位置,然后将其复制下来。

第(5)题:选择工具箱中的“矩形选框工具”,在工具选项栏中设置羽化值为 5 像素,绘制矩形选区。再选择菜单“编辑”|“描边”命令,将描边宽度设置为 10 像素,颜色为#d2d2d8,位置为居中,单击“确认”按钮,按要求保存文件。样张参考“图层”控制面板如图 5-2 所示。

5.1.1　图像处理软件 Adobe Photoshop CC 2015 简介

Adobe Photoshop CC 是 Adobe 公司推出的新版本图像处理软件。CC 系列的开始意味着 CS 系列开发的结束,开启了全新的云时代 PS 服务。Photoshop 软件的专长在于图像处理,能够对已有的位图图像进行编辑加工处理以及运用一些特殊的效果,帮助用户将图像修改成满意的效果,可以应用于图书封面、海报、平面印刷品等产品的图像处理。

启动 Adobe Photoshop CC 2015 应用程序,工作区界面如图 5-3 所示,其应用程序窗口主要由菜单栏、工具选项栏、工具箱、图像窗口、状态栏和面板区组成。

菜单栏:显示图像编辑的所有操作命令,包括“文件”“编辑”“图像”“图层”“类型”“选择”“滤镜”“视图”“窗口”“帮助”等。

工具箱:提供图像处理和图形绘制的基本工具,工具的具体使用方法将在后面的章节中深入学习。

工具选项栏:工具选项栏位于菜单栏的下方,显示工具箱中当前被选择工具的相关参

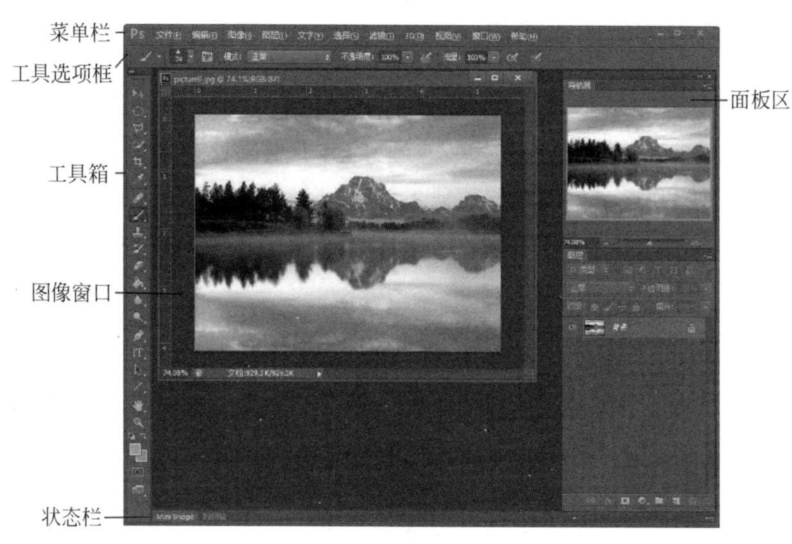

图 5-3 “Adobe Photoshop CC 2015 应用程序”窗口

数和选项，以便对其进行具体设置。工具选项栏显示的内容根据用户所选择工具的不同而不同。

状态栏：状态栏位于 Photoshop 应用窗口的底部，用来显示图像文件的信息，如图像当前的放大倍数、文件大小、暂存盘大小，以及当前工具简要说明等。

面板区：面板区是处理图像对象时的辅助工具。Adobe Photoshop 含有许多浮动面板，不同面板有着不同的功能，我们可以在“窗口”菜单中打开或关闭工作面板。通过这些面板可以查看或修改图像，也可以了解图像的各种参数设置并对其进行修改。Photoshop 软件中共有 24 种工作面板，常用工作面板的功能简述如下：

“导航器”控制面板，可显示图像的缩览图，通过它用户可以快速调整图像的显示比例。

“信息”控制面板，显示鼠标指针处的位置、颜色等信息，以及其他有用的测量信息。

“直方图”控制面板，作用是查看当前图像明暗像素分布的直方图。

“颜色”控制面板，通过它可以精确设置当前图像的前景色和背景色的颜色值。

“色板”控制面板，通过它可以设定前景色和背景色，或者添加删除颜色来创建自定义色板。

“样式”控制面板，通过它可以用预设的样式填充图像的区域。

“图层”控制面板，通过它可以用来新建、隐藏、显示、链接和删除图层，对图层填充颜色，设置图层样式，添加图层蒙版和调整图层等。

“通道”控制面板，通过它可以用于存储不同类型信息的灰度图像，在建立新图像时，会自动创建颜色信息通道。

“路径”控制面板列出了每条存储的路径、当前工作路径和当前矢量蒙版的名称及缩览图像。

“历史记录”控制面板可以帮助存储和记录操作过的步骤，利用它可以回到数十个操作步骤前的状态，对于纠正错误编辑，是一个很方便的工具。

“动作”控制面板又称为批处理面板，它就像批处理程序一样，将用户处理图像的一系列命令聚合成为一个动作清单，并加以保存。当对一批图像进行同样处理时，它就可以自动地对这些图像按动作清单中的命令进行处理。

5.1.2 工具箱常用工具介绍

Photoshop 软件的工具箱提供了 40 多种工具用于图像处理和图形绘制。当鼠标指针在工具按钮上停留一会时，会出现相应按钮名称的提示。有些工具按钮右下角有一个小三角形，表示这是一组工具，只要在按钮上按下鼠标不放，即会显示其他隐藏的工具。工具箱包括的内容如图 5-4 所示。

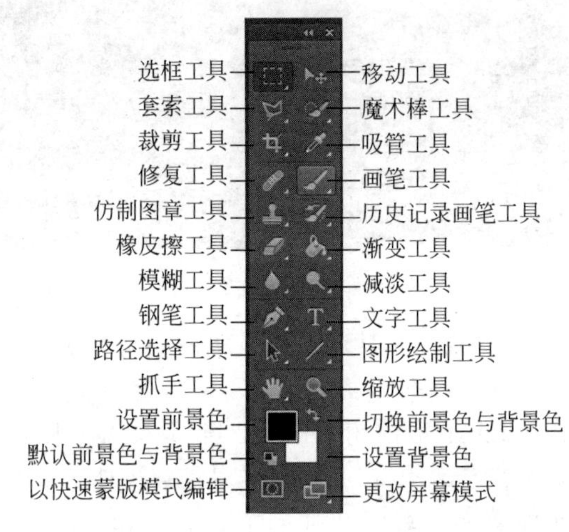

图 5-4 “Adobe Photoshop CC 2015 应用程序”工具箱

移动工具：可移动图像的选区、图层和参考线。当选中要移动的选区、图层或参考线时，用鼠标拖动对象即可完成移动操作。

选框工具：包括矩形选框工具、椭圆选框工具、单行选框工具和单列选框工具。可创建矩形、椭圆、单行和单列选区。

套索工具组：包括套索工具、多边形套索工具和磁性套索工具。其中，套索工具用于选取不规则选区，多边形套索工具用于选取规则的选区，磁性套索工具用于制作边缘比较清晰且与背景颜色相差比较大的图像的选区。如图 5-5 所示，套索工具组对应的工具选项栏中含有“消除锯齿”复选框，它决定选区的边缘光滑与否。此外，在椭圆选框工具的选项中也包含“消除锯齿”复选框的设置。

图 5-5 “多边形套索工具”的工具栏选项

魔棒工具组：包括快速选择工具和魔棒工具。快速选择工具对于一些分界线比较明显的图像，可以很快速地将图像抠出。魔棒工具用以选择图像中颜色相似的区域，“容差”是魔棒工具中一个重要的属性参数，用于控制魔棒工具在自动选取相似区域时的近似程度，容差越大，被选取的区域将可能越大，反之，选取的区域可能越小，所以适当地设置容差是非常必要的。如图 5-6 所示，勾选“连续”复选框的含义是指与鼠标单击点连续区域的颜色会被选中。

图 5-6 “魔棒工具”的工具栏选项

裁剪工具组：裁剪工具用于切除选中区域以外的图像；切片包括切片工具和切片选取工具，用来切割以及选取图像。

吸管工具组：内含取色和度量工具以及注释工具。其中取色和度量工具是图像设计的辅助工具，包括吸管工具、颜色取样器工具和度量工具；注释工具包括注释与计数工具，可使用文字对图像不同的层进行注解，便于对该图像再次编辑时理清各图层的关系。

修复工具组：用于修补图像中的瑕疵，包括污点修复画笔工具、修复画笔工具、修补工具和红眼工具。

画笔工具组：可在图像上产生画笔的绘制效果，包括画笔工具、铅笔工具和颜色替换工具。笔触的大小、硬度、笔触的图案样式、效果等都可以在工具选项栏中进一步设置。例如，可以利用画笔工具模仿中国的毛笔，绘制出较柔和的笔触效果，也可以利用铅笔工具绘制出细腻的硬笔效果。

仿制图章工具组：包括仿制图章工具和图案图章工具，可以通过单击并拖动鼠标把图案或目标区域中所选图像的一部分复制到同一个图像或者另一个图像文件中。仿制图章的主要优点是可以从已有的图像中取样，然后将取到的样本应用于其他图像或同一图像中；图案图章工具主要作用是制作图案，它与仿制图章的取样方式不同。

历史记录画笔工具组：包括历史记录画笔工具和历史记录艺术画笔工具。其中历史记录画笔工具可将所选状态或快照的拷贝绘制到当前图像窗口中，历史记录艺术画笔工具也可以以艺术画笔的形式恢复局部的图像，其功能和历史记录画笔工具类似，但是加入了恢复时艺术形式的恢复效果。

橡皮擦工具组：主要用于擦除图像的颜色，包括橡皮擦工具、背景橡皮擦工具和魔术橡皮擦工具。在使用的时候，可以结合属性栏的各项设置进行使用。

渐变工具组：主要作用是可以在图像和选择区域内填充颜色和图案，包括油漆桶工具和渐变工具。其中油漆桶工具用于在图形中填充前景色，渐变工具用于在图形文件中创建渐变效果。

模糊工具组：用于将图像的某个区域色彩打散后进行修整，包括模糊工具、锐化工具和涂抹工具。

减淡工具组：用于改变图像某个区域的亮度或饱和度，包括减淡工具、加深工具和海绵工具。

钢笔工具组：是路径的绘制工具，可用于绘制平滑的直线或曲线的路径，包括钢笔工具、自由钢笔工具、添加锚点工具、删除锚点工具和转换点工具。

文字工具组：可在图像上创建文字，并且可以直接对文字进行修改、预览和格式化，包括横排文字工具、直排文字工具、横排文字蒙版工具和直排文字蒙版工具。

路径选择工具组：用于移动和改变路径形状，调整路径的相对位置，包括路径选择工具和直接选择工具。

图形绘制工具组：可以绘制各种复杂图形，包括矩形工具、圆角矩形工具、椭圆工具、多边形工具、直线工具和自定义形状工具。

抓手工具：用于在图像编辑窗口内移动图像。

缩放工具：用于放大和缩小图像的显示比例。

前景色/背景色：用于设置当前图像的前景色和背景色。

以快速蒙版模式编辑：可以使选区内的图像进入快速蒙版状态，之后可以利用其他如绘画工具或滤镜等再对选区进行细致加工。

例 5-1 参照样张 yz_5_1.jpg，使用“选择工具”和“渐变工具”制作纽扣，最终效果如图 5-7 所示。

图 5-7 例 5-2 图像样张

操作步骤如下：

(1) 选择菜单“文件”|“新建”命令，新建一个空白文档，设置文档大小为 300×300 像素。

(2) 使用工具箱中的“油漆桶工具”把图像背景填充为黑色。

(3) 使用工具箱中的“椭圆选框工具”配合 Shift 键在图像中央绘制一个圆形选区。

(4) 设置前景色为 R(255)G(0)B(255)，设置背景色为 R(255)G(255)B(255)。选择工具箱中的“渐变工具”，如图 5-8 所示，在工具选项栏中设置“前景色到背景色渐变”“线性渐变”，按住鼠标左键，从圆形选区的左上角拖动到其右下角，产生渐变效果，再取消选择。

图 5-8 “渐变工具”的工具选项栏

(5) 选择菜单“编辑”|“变换”|“缩放”命令，对圆形选区进行缩小，按住 Shift+Alt 组合键，变换选区大小，产生一个缩小的同心圆选区。

(6) 再次选择工具箱中的“渐变工具”，渐变颜色和渐变方式保持不变，把鼠标从新选区的右下角拖动到其左上角，产生渐变效果，再取消选择。

(7) 设置前景色为黑色，用工具箱中的“画笔工具”在纽扣中心位置绘制四个黑色圆点(画笔硬度为 100%，大小根据拟绘制圆的大小自行设定)。

(8) 保存文件。

5.1.3 图像的基本操作

1. 图像模式转换

图像的颜色模式是 Photoshop 软件的一个重要知识点，它关系到图像色彩的输出以及打印的效果。数字图像中每个像素的颜色信息必须转换为二进制数进行存储，而采用几位二进制数就构成了图像的位深度。位深度越大，能够表现的图像颜色种类越多，图像层次感越细腻。Photoshop 软件中提供的常用颜色模式有位图模式、灰度模式、双色调模式、索引颜色模式、RGB 模式、CMYK 模式、Lab 模式、多通道等。我们可以通过选择“图像”|“模式”命令选取或转换图像模式。

1) 位图模式

位图也称黑白模式，是一种最简单的色彩模式，属于无彩色模式。图像的像素由二进制表示，1 表示白，0 表示黑，图像转换成位图模式后，图像只有黑白两种颜色。位图模式的图像占用磁盘空间最小，但是无法表现出丰富的色彩和色调，因此在设计时，除非有特殊用途，一般不选择位图模式。注意，只有灰度模式和双色调模式可以转换为位图模式。

2）灰度模式

灰度模式图像属于无彩色模式，图像由介于黑白之间的256级灰色所组成。灰度模式可以由彩色图像转换得到，当把图像转换为灰度模式后，Photoshop将去除图像中所有的颜色信息，转换后的像素色度表示原有像素的亮度。由于灰度图像只有一个亮度通道，所以灰度模式图像文件占据的存储空间也非常小。

3）双色调模式

双色调模式由灰度模式发展而来，是与打印、印刷相关的一种模式。通过自定义四种油墨的配比产生一种专色油墨，从而创建出一幅双色调（2种颜色）、三色调（3种颜色）或者四色调（4种颜色）的含有色彩的灰度图像。用双色调来实现专色印刷可以降低成本。彩色图像转换为双色调模式时必须先转换为灰度模式。

4）索引颜色模式

索引图像只支持8位色彩，是使用系统预先定义好的最多包含256色的颜色表，并通过索引颜色表的方式来表现彩色图像的。由于索引模式图像只有8位深度，所以图像文件质量不高，占用空间比较少，常用于Web网页和多媒体程序中，如gif格式的图像。

5）RGB模式

RGB模式采用三基色模型，又称为加色模式，是目前图像软件最常用的颜色模式，在显示器、扫描仪、数码相机等许多光源成像设备中有着广泛的应用。RGB图像来自自然界中的光线，其颜色模式是由红（R）、绿（G）、蓝（B）通道叠加产生的彩色模式，如果RGB图像采用8位量化，则每个通道有256级灰度级，当不同亮度的原色混合后，便会产生出多达256×256×256=1678万种颜色，通常我们把24位量化的图像称为真彩色图像。

6）CMYK模式

CMYK模式采用印刷三原色模型，又称为减色模式，以C（Cyan代表青色）、M（Magenta代表洋红色）、Y（Yellow代表黄色）、K（Black代表黑色）这四种颜色处理为基础。从理论上说，光线照到由不同比例C、M、Y、K的油墨纸上，部分光谱被吸收后反射到人眼的光产生颜色。所以，CMYK模式的基本特征是以印刷品上油墨的光线吸收特性，即当光线照射到油墨时，部分光被吸收，部分光被反射回眼睛，该模式是印刷领域专有模式。

7）Lab模式

Lab模式是由国际照明委员会（CIE）在1976年制定的颜色度量国际标准模型的基础上建立的，是一种色彩范围最广的色彩模式，其中L代表光亮度分量，a表示从绿色到红色的光谱变化，b表示从蓝色到黄色的光谱变化。Lab模式包含RGB和CMYK中所有的颜色，它不依赖于光线，也不依赖于颜料，是与设备无关的色彩模式，因此，无论使用显示器、打印机、计算机或其他设备创建或输出的图像，都能生成一致颜色。该模式是Photoshop在不同色彩模式之间相互转换的中间颜色模式。

8）多通道模式

多通道模式图像包含有多个具有256级灰度值的灰度通道，每个通道为8位深度。多通道模式主要应用于打印、印刷等特殊的输出软件和一些专业的高级通道操作。

2. 图像大小调整

在图像编辑的过程中有时不可避免地需要改变图像大小。改变图像大小的方法包括改变图像尺寸大小、改变画布大小以及图像旋转等，可以通过选择“图像”|“图像大小”（“画布

大小”或“图像旋转”)命令来实现。

需要注意的是，虽然“图像大小”和“画布大小”都可以用来改变图像的尺寸，但这二者的概念是不同的。画布是指整个文档的工作区域，即图像的显示区域，我们可以根据需要来增加、减少画布的大小或者旋转画布的方向。增加画布大小可在图像周围添加空白区域，减小画布大小可裁剪图像。如图 5-9 所示，给图像周围添加空白区域可以通过“定位”参数进行设置，其中“■”代表图像本身，箭头方向表示要扩展的空白区域方位。

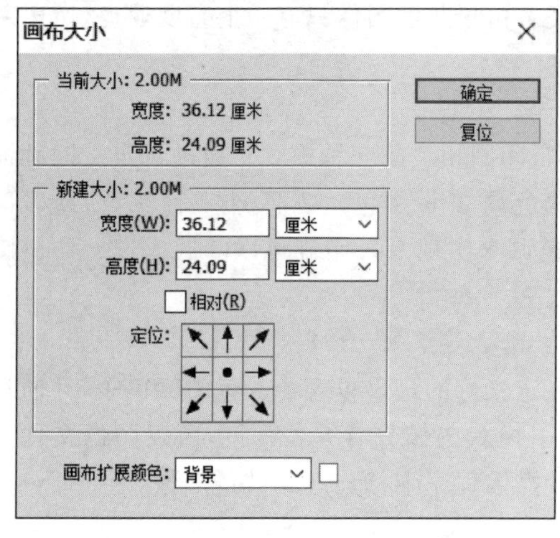

图 5-9 “画布大小”设置对话框

图像大小是指图像自身的大小，其属性参数包含图像的像素、尺寸、分辨率等。改变图像大小就是改变这些参数，如图 5-10 所示，如果未勾选“重新采样”选项，则在减小宽度值的同时，分辨率会变大，此时图像虽然尺寸变小了，但实际图像文件的体积大小并没有变化。

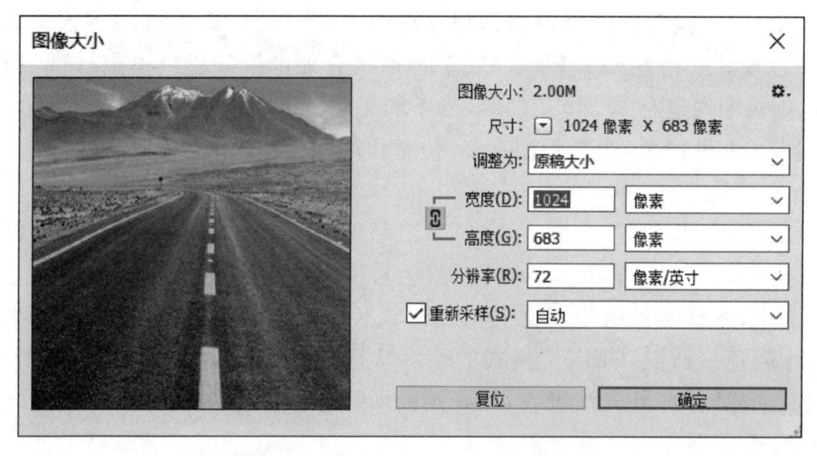

图 5-10 “图像大小”设置对话框

例 5-2 以 lt_5_2.jpg 为素材，参照样张 yz_5_2.jpg，自制邮票，最终效果如图 5-11 所示。

操作步骤如下：

(1) 在 Photoshop CC 中打开 lt_5_2.jpg。选中背景层，双击将背景层转化为普通图层，默认名为图层 0。

(2) 选择“图像”|“画布大小”命令，设置向四周扩展 30 像素，扩展颜色为白色(如图 5-12 所示)。

(3) 再次选择“图像”|“画布大小”命令，设置向四周扩展 100 像素，扩展颜色为黑色。

图 5-11 例 5-2 图像样张

(4) 设置前景色为黑色，选择工具箱中的“画

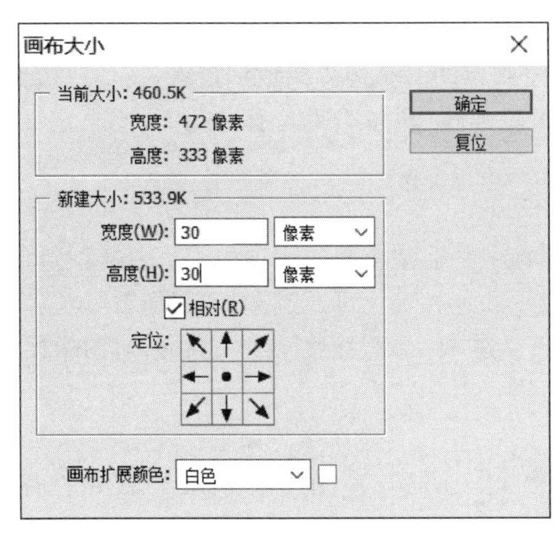

图 5-12　例 5-2“画布大小”设置对话框

笔工具”，设置画笔大小为 17 像素（该数值大小仅供参考），100%硬度。如图 5-13 所示，再单击“切换画笔面板”按钮，选中“画笔笔尖形状”，设置“间距”为 132%，如图 5-14 所示，可绘制出稀疏的圆形效果。

图 5-13　例 5-2“画笔工具”的工具选项栏

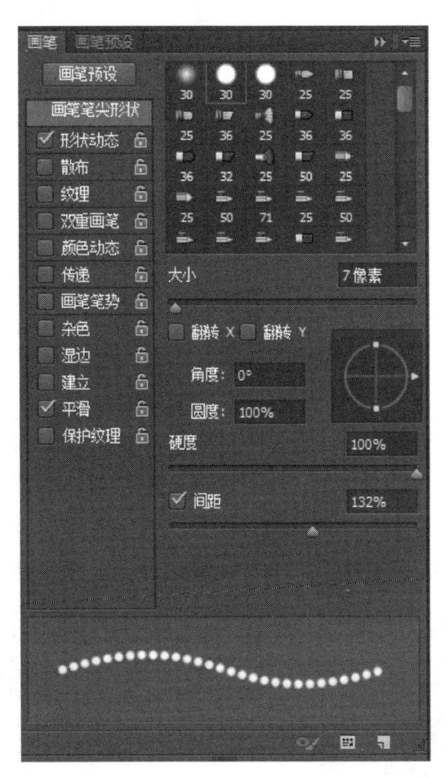

图 5-14　例 5-2 中“切换画笔面板”设置对话框

(5) 将光标定位在顶部白色边界的左端(保持圆形光标一半在边界内,一半在边界外),按住 Shift 键,拖动鼠标,将邮票的一个边界擦成锯齿状,其他三边类似。

(6) 输入文字“中国人民邮政”和“8 分”,字体隶书,大小自定义。

(7) 保存文件。

3. 图像色彩调整

色彩调整在图像的修饰中是非常重要的一项内容。色彩调整包括对色调进行细微的调整,改变图像的对比度、色阶和色相等。可通过选择“图像”|“调整”中的各种命令来实现。

例 5-3 以 lt_5_3.jpg 为素材,参照样张 yz_5_3.jpg,对图像模式和图像色彩进行调整,最终效果如图 5-15 所示。

图 5-15 例 5-3 图像样张

操作步骤如下:

(1) 在 Photoshop CC 中打开 lt_5_3.jpg。

(2) 选择“图像”|“模式”命令,选中 RGB 模式,将图像转换成 RGB 模式。

(3) 选择“图像”|“调整”|“亮度/对比度”命令,打开亮度/对比度对话框,将亮度设置为 35,对比度设置为 60,并单击“确认”按钮。

(4) 选择“图像”|“图像大小”命令,打开图像大小对话框,在约束比例被选择的情况下,改变图像的宽度为 600 像素。

(5) 利用工具箱中的“快速选择工具”创建选区,选择“图像”|“调整”|“去色”命令,去除选区的彩色效果。

(6) 保存文件。

5.1.4 图像的编辑

1. 创建选区

创建选区的工具主要包括选框工具组、套索工具组和魔棒工具组。我们可以根据图像的特点自由选择工具的种类,当创建的选区较复杂时,可通过选区计算的功能对选区的内容进行修整,如图 5-16 所示,选区计算的功能包括以下 4 种。

(1) 新选区:创建一个新的选区。

(2) 添加到选区:可以在图像中创建多个选区,当选区相交时,可以将两个选区合并。

(3) 从选区中减去:从已有选区中减去拖动鼠标绘制的区域。

(4) 与选区交叉:保留两个选区的相交部分。

当创建好选区后,操作就只对选区内的内容有效,选区外的图像将不受影响。

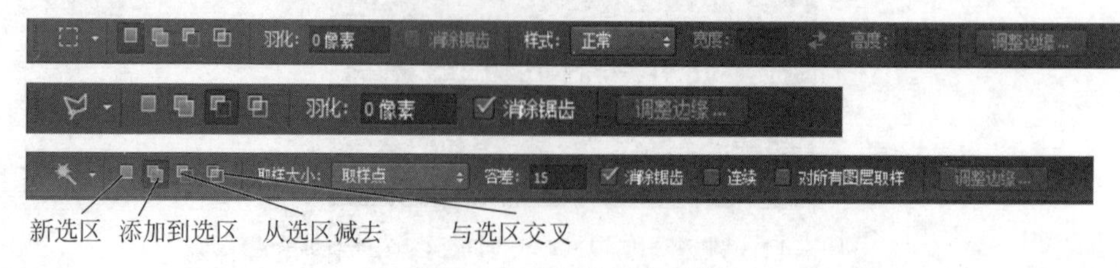

图 5-16 选区计算的功能

例 5-5 如图 5-17 所示，利用选区计算功能完成选区的合并、减去与相交操作。

操作步骤如下：

(1) 选择工具箱中的“选区工具”，在工具选项栏中单击“新选区”，在图像中绘制一个新的选区。

(2) 再单击“添加到选区”，重新绘制一个选区，在第二个选区绘制好后，两个选区二合为一。

(3) 在第(1)步后，单击“从选区减去”命令，绘制新选区，在新选区绘制完成后，最终选区为原选区减去两个选区相重合的区域。

(4) 在第(1)步后，单击“与选区交叉”命令，绘制新选区，在新选区绘制完成后，最终选区为两个选区相重合的区域，操作的结果如图 5-17 所示。

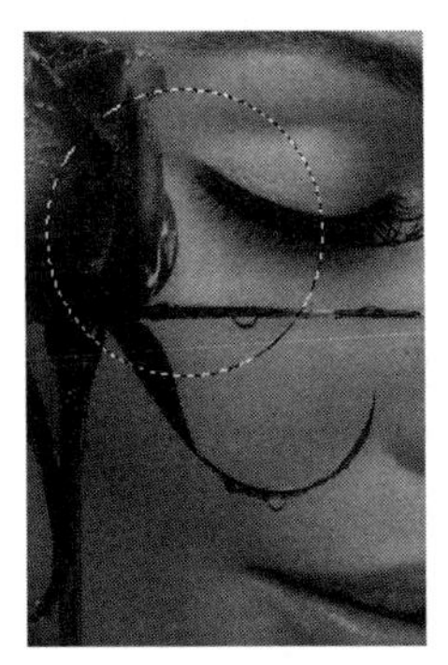
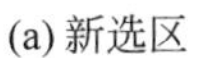
(a) 新选区

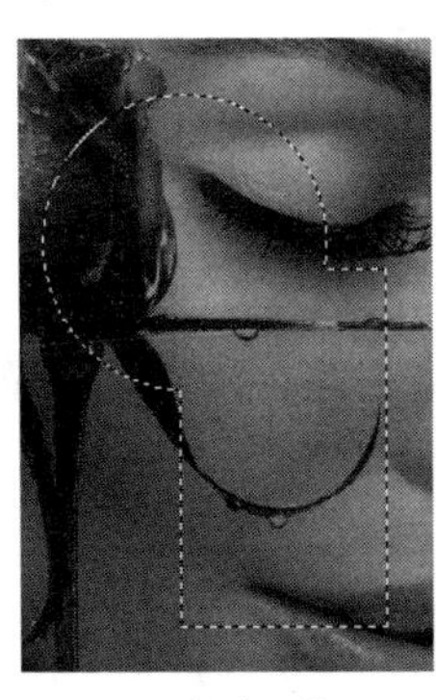
(b) 选区“并”

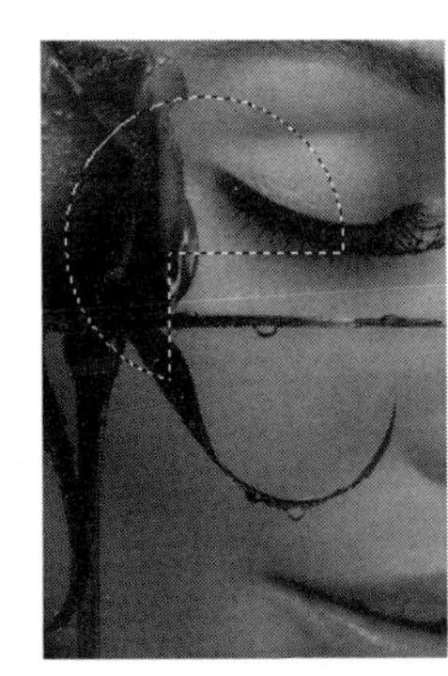
(c) 选区“减”

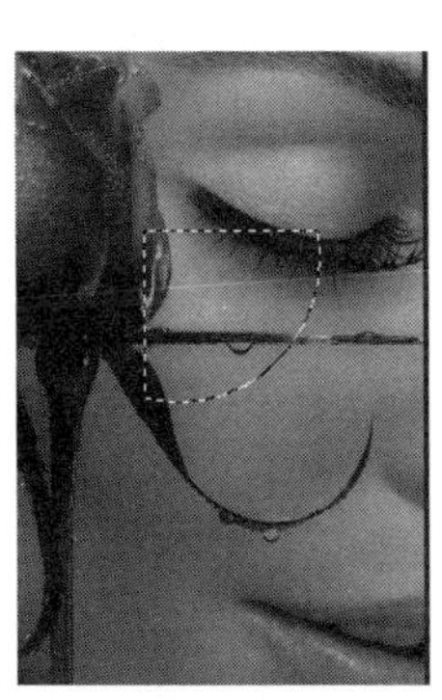
(d) 选区“交”

图 5-17 选区计算的效果图

2. 选区的基本操作

选区创建好后，可以根据图像处理的需要对选区进行编辑，如变换、羽化、填充、描边等。

变换：指改变选区内图像形状的操作。在创建选区后，选择“编辑”|“变换”命令，可以实现缩放、旋转、斜切、扭曲、变形等操作。

羽化：实际上就是对选区边缘的柔化处理，羽化值越高，选区越模糊。创建具有羽化效果的选区有两种方法。第一种，选择选区工具，在绘制选区范围之前，先在工具选项栏中设置羽化值，再在图像上绘制选区。第二种，先绘制无羽化值的选区，再选择“选择”|“修改”|“羽化”命令，对选区进行边缘羽化。

填充：指改变选区内图案或颜色的操作。当创建好选区后，可以利用工具箱中的“油漆桶工具”或“渐变工具”进行图案或颜色的填充处理，也可以选择“编辑”|“填充”命令，或利用“样式”控制面板中的各种预设样式对选区进行应用。

描边：在创建选区后，可以用选定颜色对选区的边缘进行描边处理，通过选择“编辑”|“描边”命令即可。

例 5-5 参照样张 yz_5_5.jpg，对图像进行选区的变换、羽化、填充、描边操作，最终效果如图 5-18 所示。

操作步骤如下：

(1) 选择“文件”|“新建”命令，新建一个空白文档。如图 5-19 所示，分辨率设为 72 像素/英寸、颜色模式为

图 5-18 例 5-5 图像样张

8 位 RGB 颜色,其他参数可自定义。

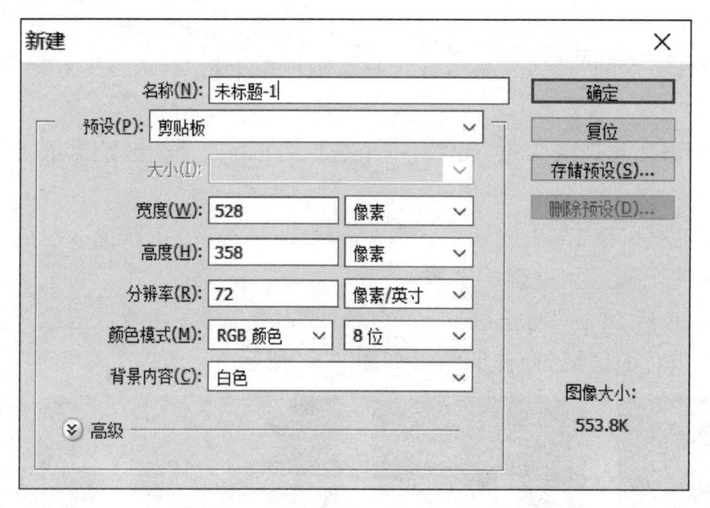

图 5-19 新建文件对话框

(2) 设置前景色为#ffff00,选择"编辑"|"填充"命令,将文档填充成黄色。

(3) 选择工具箱中的"矩形选框工具",先在工具选项栏中设置"羽化"值为 5 像素,再绘制一个矩形选区,执行"选择"|"反选"命令,反向选择选区。

(4) 选择"编辑"|"填充"命令,选择"扎染"图案的填充效果,可以得到一个边界模糊的图案填充区域,再取消选区。

(5) 选择工具箱中的"矩形选框工具","羽化"值为 0 像素,绘制一个方形选区。

(6) 选择"编辑"|"变换"|"斜切"命令,将方形选区变换为平行四边形选区。

(7) 选择工具箱中的"渐变工具",设置前景色和背景色分别为#0000ff 到#ffffff,对平行四边形选区进行线性渐变填充。

(8) 选择"编辑"|"描边"命令,设置描边的宽度为 5、颜色为红色、位置居外,对平行四边形选区进行描边。

(9) 保存文件。

例 5-6 以 lt_5_6.jpg 为素材,参照样张 yz_5_6.jpg,制作月如钩效果,最终效果如图 5-20 所示。

图 5-20 例 5-6 图像样张

操作步骤如下:

(1) 在 Photoshop 中打开 lt_5_6.jpg,选择工具箱中的"椭圆选择工具",设置羽化参数为 0,按 Shift 键创建圆形选区。

(2) 创建新图层 1,将图层 1 中圆形选区填充成白色。

(3) 选择"选择"|"修改"|"羽化"命令,设置选区羽化参数为 4 像素。

(4) 选择"选择"|"修改"|"扩展"命令,将选区扩展 4 像素。

（5）移动选区位置（用键盘方向键移动）按 Delete 键删除图层 1 中选区中的白色像素。

（6）保存文件。

例 5-7 以 lt_5_7_1.jpg、lt_5_7_2.jpg、lt_5_7_3.jpg 为素材，参照样张 yz_5_7.jpg，对图像进行如下编辑处理，最终效果如图 5-21 所示。

（1）将飞机合成到 lt_5_7_1.jpg，并设置不透明度为 60%。

（2）将人物合成到 lt_5_7_1.jpg，并制作人物阴影。

图 5-21 例 5-7 图像样张

操作步骤如下：

（1）在 Photoshop 中打开 lt_5_7_1.jpg、lt_5_7_2.jpg 和 lt_5_7_3.jpg。

（2）选中 lt_5_7_3.jpg，选择工具箱中的"魔棒工具"，在图像的空白处单击选取，然后执行"选择"|"反选"命令，创建选区 1。再执行"编辑"|"拷贝"命令，将选区 1 添加至 lt_5_7_1.jpg，形成独立的飞机图层。

（3）执行"编辑"|"变换"|"缩放"命令，调整飞机的大小，并利用工具箱中的"移动工具"移动其位置。

（4）选中飞机所在图层，在"图层"控制面板中设置图层的"不透明度"为 60%。

（5）选中 lt_5_7_2.jpg，选择工具箱中的"魔棒工具"，在图片的空白处单击选取，然后执行"选择"|"反选"命令，创建选区 2。再执行"编辑"|"拷贝"命令，将选区 2 添加至 lt_5_7_1.jpg，形成独立的女孩图层。

（6）选择"编辑"|"变换"|"缩放"命令，调整女孩的大小，并利用工具箱中的"移动工具"移动其位置。

（7）选中女孩图层，按住 Ctrl 键，单击女孩图层的缩览图，创建女孩选区。

（8）新建图层，执行"编辑"|"填充"命令，将选区填充为黑色，在"图层"控制面板中调整图层的"填充"值为 38%。

（9）选择"编辑"|"变换"|"斜切"命令，改变黑色填充区域的形状，形成人物阴影效果。

（10）保存图像。

图 5-22 例 5-8 图像样张

例 5-8 以 lt_5_8.jpg 为素材，参照样张 yz_5_8.jpg，对图像进行如下编辑处理，最终效果如图 5-22 所示。

（1）对图像进行蓝色、8 像素、居内描边。

（2）将图像外围区域去色。

（3）使用多边形工具画出一个三角形区域，应用"色彩平衡"命令设置"色阶"参数为 0、+70、−30。

（4）输入文字"青山绿水"，字体为隶书、12 点、"贝壳"变形、"雕刻天空"样式。

操作步骤如下：

(1) 打开 lt_5_8.jpg，先选择工具箱中的“矩形选框工具”，创建矩形选区，再选择“编辑”|“描边”命令，设置 8 像素、居内、蓝色描边。

(2) 反向选择选区，执行“图像”|“调整”|“去色”命令，去除外围区域颜色。

(3) 利用工具箱中的“多边形套索工具”绘制包围山脉的选区，选择“图像”|“调整”|“色彩平衡”命令，修改色阶参数为 0、+70、-30。

(4) 使用“横排文字工具”书写汉字“青山绿水”，在文字工具选项栏中将字体设置为隶书、12 点、变形为贝壳，再在“样式”控制面板中选择“雕刻天空(文字)”。

(5) 保存图像。

5.2 图像的效果变换

案例 5-2 使用 Photoshop 的图层样式、图层蒙版以及滤镜等操作对图像进行效果处理，结果如图 5-23 所示。案例中使用的素材 al2_1.jpg、al2_2.jpg、al2_3.jpg 位于“第 5 章\素材”文件夹；样张文件“al2 样张.jpg”位于“第 5 章\样张”文件夹。

图 5-23 案例 5-2 图像样张

在案例的实现中主要使用了文字工具、滤镜与图层的基本操作，包括图层色彩调整、图层样式添加和图层蒙版运用等，从整体上彻底改变整张图像的效果。

案例 5-2 操作要求如下：

打开 al2_1.jpg、al2_2.jpg、al2_3.jpg 文件，按下列要求编辑图像，编辑结果以“al2 样张.jpg”为文件名保存在 C 盘。

(1) 将天鹅合并到图像中，并适当调整其大小。

(2) 制作天鹅的倒影，并添加波纹滤镜效果。

(3) 将图像 al2_3.jpg 的色彩平衡调整为-10、45、-30；并利用图层蒙版，与 al2_1.jpg 进行图像融合。

(4) 输入文字“天鹅湖”，字体为华文行楷、72 点，颜色为#1025c6。

(5) 给文字添加“外发光”样式，调整参数为：扩展 15%，大小 10 像素。

案例 5-2 的操作步骤如下：

第(1)题：利用工具箱中的“魔术棒工具”，创建天鹅选区，复制、粘贴到 al2_1.jpg 中，生成图层 1，适当调整其大小。

第(2)题：选择图层 1，右击，在打开的快捷菜单中选择“复制图层”命令，生成图层 1 拷贝层。对该拷贝图层执行“编辑”|“变换”|“垂直翻转”命令，翻转图层。再移动图层的位置，使之与原始的天鹅图层相切，形成倒影效果。调整倒影层“不透明度”为 50%，并对其执行“滤镜”|“扭曲”|“波纹”命令，添加滤镜效果。

第(3)题：打开 al2_3.jpg，执行“图像”|“调整”|“色彩平衡”命令，将参数修改为-10、

45、－30。利用工具箱中的“移动工具”，将色彩调整后的图像添加到 al2_1.jpg 中。选择该图层，执行“图层”|“图层蒙版”|“显示全部”命令，添加全白色的蒙版。再选择工具箱中的“渐变工具”，设置前景色为黑、背景色为白，对图层蒙版产生由左至右的线性渐变效果。

第(4)题：选择工具箱中的“横排文字工具”，在文字工具选项栏中设置字体类型、大小、颜色。书写文字，产成独立的文字图层。

第(5)题：选中文字图层，执行“图层”|“图层样式”|“外发光”命令，添加外发光图层样式，并调整参数为：扩展 15%，大小 10 像素，单击确认。按要求保存文件。样张参考“图层”控制面板，如图 5-24 所示。

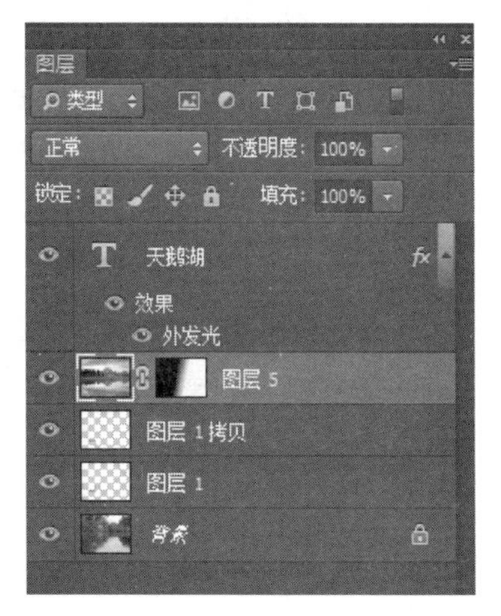

图 5-24　案例 5-2 样张参考“图层”控制面板

5.2.1　文字和自定义图形的编辑

1. 文字的编辑

Photoshop 软件中，文字是一个非常重要的设计元素。利用 Photoshop 工具箱中的文字工具组可以在图像上创建文字，若再结合路径或滤镜等其他图像处理方法，可以制作许多精美多彩的文字特效。

文字工具箱包括“文字工具”和“文字蒙版工具”两种类型的文字创建工具。二者产生文字的效果和原理不同。

“文字工具”：包括“横排文字工具”和“直排文字工具”，可以快捷地在图像中输入文本，此时系统将自动为输入的文本单独创建一个图层，可以对其进行图层的相关操作，如移动、变换、添加图层样式和滤镜等。

“文字蒙版工具”：包括“横排文字蒙版工具”和“直排文字蒙版工具”，系统不会自动创建图层，而是产生文字形状的选区。文字选区出现在当前图层中，可以对其进行选区的相关操作，如移动、变换、填充、描边、羽化、添加滤镜等。

2. 自定义图形的编辑

自定义形状工具在工具箱的图形绘制工具组中，提供了一些复杂形状的图形。当使用自定义形状工具绘图后，在“图层”控制面板中会生成一个新的形状图层。

例 5-9　在图像中加入文字和自定义形状，最终结果如图 5-25 所示。

图 5-25　例 5-9 图像样张

操作步骤如下：

(1) 在 Photoshop 软件中任意打开一幅图像。

(2) 选择工具箱中的“文字工具”，设置工具选项栏中字体类型为隶书，大小为 36 点，然后在图像中单击并书写文字“湖水”，如图 5-26 所示，选择变形文本的样式为旗帜，之后单击提交完成当前编辑。此时在“图层”控制面板中会生成名为“湖水”的新的文字图层，可通过工具箱中的“移动工具”调整文字的位置。

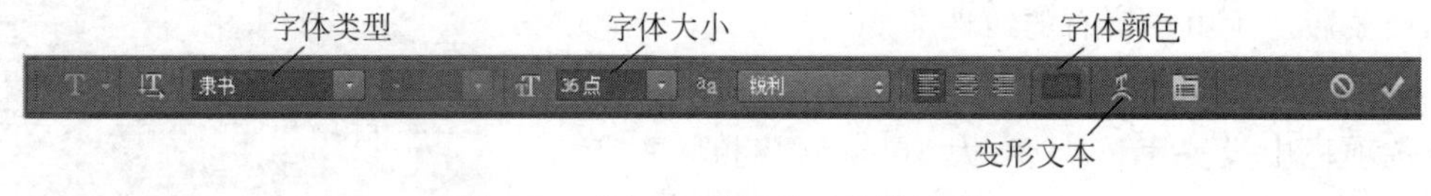

图 5-26 “文字工具”的工具栏选项

(3) 选中文字图层，选择“窗口”|“样式”命令，打开“样式”控制面板，在该面板中选择“毯子(纹理)”的样式作用于文字图层上。

(4) 选择工具箱中的“直排文字蒙版工具”，设置工具选项栏中字体类型为隶书，大小为 36 点，在图片中单击并书写“湖水”，之后单击提交当前编辑，形成文字选区。

(5) 在“图层”控制面板中单击背景层，使其成为当前编辑层，然后选择“编辑”|“描边”命令，打开描边对话框，设置宽度为 2 像素，颜色为红色，位置为居外；再选择工具箱中“渐变工具”，对文字选区进行色谱、线性填充。

(6) 选择图形绘制工具组中的“多边形工具”，如图 5-27 所示，在其工具选项栏中设置颜色为红色、边数为 5，勾选“星形”选项，然后在图像中将其拖动绘制出来，此时在“图层”控制面板中生成一个新的形状图层，图层默认名字为“多边形 1”。

图 5-27 “多边形工具”的工具栏选项

(7) 选中“多边形 1”图层，执行“图层”|“图层样式”|“斜面和浮雕”命令，给图层添加斜面和浮雕样式，参数默认。

(8) 保存文件。

5.2.2 图层的概念和操作

图层是图像处理中使用最为频繁的技术之一。Photoshop 软件采用分层技术来编辑处理图像，图层就像一张透明的画纸，我们可以在各个画纸中独立地编辑各种图像元素，当多个图层重叠时，通过控制各个图层的透明度以及图层混合模式，可以创建丰富多彩的图像效果。

大部分图像编辑操作都可以在“图层”控制面板中完成，如图 5-28 所示，通过“图层”控制面板，我们可以实现选择图层、新建图层、删除图层、隐藏图层、设置图层混合模式、调整图层不透明度、添加图层蒙版、调置图层样式等操作。当鼠标指针在面板的图标或按钮上停留一会时，会出现相应名称的提示。

例 5-10 以 lt_5_10_1.jpg、lt_5_10_2.jpg 为素材，参照样张 yz_5_10.jpg 对图像进行

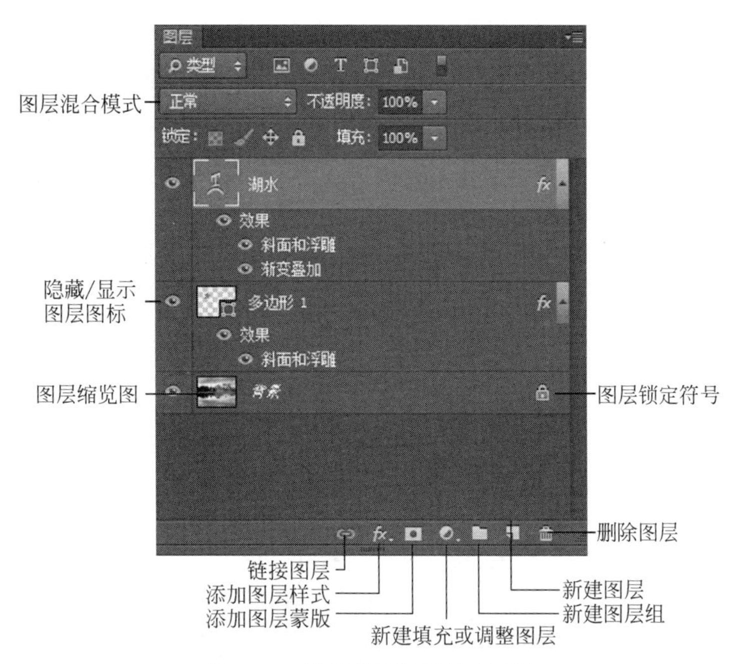

图 5-28 “图层”控制面板对话框

图层操作。图像最终效果如图 5-29 所示。

图 5-29 例 5-10 图像样张

操作步骤如下：

(1) 利用工具箱中的“移动工具”，将 lt_5_10_1.jpg 合并到 lt_5_10_2.jpg，产生图层 1，适当调整其大小，再设置图层 1 的图层混合模式为“明度”。

(2) 新建图层 2，绘制矩形选区，利用工具箱中的“油漆桶工具”将选区填充为白色。

(3) 利用工具箱中的“矩形选框工具”，对摄像机中海景画面创建矩形选区，并复制、粘贴，产生图层 3。

(4) 调整图层 2 和图层 3 的画面大小，再同时选中两个图层，右击，在打开的快捷菜单中选择“合并图层”命令。合并图层后，在“图层”控制面板中对应名称为：图层 2。

(5) 选中图层 2，执行“图层”|“图层样式”|“投影”命令，对图层 2 添加投影图层样式，角度为 150°，距离为 7 像素，颜色为 #7e7c7c。

(6) 复制图层 2，对复制后图层重命名为：复本图层。

(7) 对复本图层执行“编辑”|“变换”|“旋转”命令，调整其方向。再上下移动改变图层的叠放顺序，将图层 2、复本图层均置于图层 1 下方；

(8) 利用工具箱中的“直排文字蒙版工具”，编辑文字“精彩瞬间”，字体：华文行楷、100 点，产生文字选区。选中背景图层，执行“图层”|“新建”|“通过拷贝的图层”命令，生新的图层(注意：该图层以文字选区为形状，将背景图层中选区包围的内容进行复制、粘贴，以独立

成一个图层)。

(9) 选中文字形状的图层,执行"图层"|"图层样式"|"斜面和浮雕"命令,添加斜面和浮雕图层样式,深度为200%,再执行"图层"|"图层样式"|"外发光"命令,添加外发光图层样式,参数采用默认值。样张参考"图层"控制面板,如图5-30所示。

(10) 保存文件。

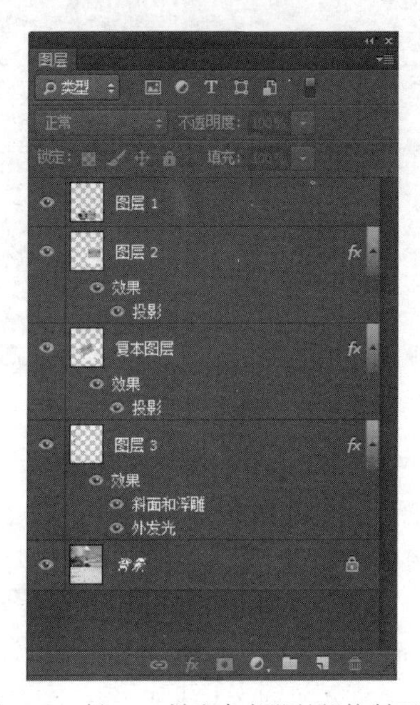

图5-30 例5-10样张参考"图层"控制面板

5.2.3 滤镜的使用

滤镜是Photoshop的一大支柱。图像处理中各种光怪陆离、千变万化的特殊效果,都可以用滤镜功能来实现。滤镜的处理对象可以是图层、选区或者文字。虽然其操作过程比较简单,但要得到好的效果却并不容易。在Photoshop中,滤镜大致分为渲染类:云彩、分层云彩、镜头光晕和光照效果等;像素类:彩块化、碎片、铜版雕刻和马赛克等;模糊类:动感模糊、径向模糊、镜头模糊和高斯模糊等;扭曲类:极坐标、水波、玻璃和球面化等,以及一些集成在"滤镜库"里的效果等,我们可以通过选择"滤镜"菜单进行所需滤镜效果的添加。

图5-31 例5-11图像样张

例5-11 利用滤镜对图像进行编辑。最终效果如图5-31所示。

操作步骤如下:

(1) 在Photoshop中打开素材文件,将lt_5_11_1.jpg合并到al2_3.jpg中,生成图层1。调整图层1的位置和大小,并设图层1的不透明度为60%。

(2) 选中图层1,右击,选择"向下合并"或"合并可见图层”，合并图层 1 和背景层。

（3）选择“滤镜”|“滤镜库”|“素描”|“水彩画纸”命令，对图层添加滤镜效果。

（4）选择工具箱中的“椭圆选框工具”，绘制椭圆选区，再反向选择选区，执行“滤镜”|“滤镜库”|“纹理”|“马赛克拼贴”命令，对选区添加滤镜效果。

（5）选择工具箱中的“横排文字工具”，设置字体为隶书，颜色＃c4b653，大小 14 点，输入文字“水墨山水”。

（6）选择文字图层，选择菜单“滤镜”|“滤镜库”命令，在是否栅格化文字处单击确认，打开滤镜库对话框，选择“纹”|“拼缀图”命令，对文字图层添加滤镜效果。

（7）保存文件。

5.2.4 蒙版的使用

在使用 Photoshop 处理图像时，常常需要只对某一部分图像进行操作，如果想对图像的某一特定区域运用滤镜或其他效果时，蒙版可以用于保护图像中不想被编辑的部分。从概念上说，蒙版是对某一图层起遮盖效果的一个遮罩，用来控制图层的显示区域与不显示区域及透明区域。如图 5-32 所示，蒙版中出现的黑色表示在被遮罩图层中的这块区域是隐藏的，而白色表示是显示出来的，介于黑白之间的灰色表示这块区域将以一种半透明的方式显示，其透明的程度由蒙版的灰度来决定。

(a) 原始图像

(b) 为图像添加的蒙版

(c) 应用在图层上的最终效果

图 5-32　蒙版原理图

例 5-12　参照样张 yz_5_12.jpg，利用图层蒙版、渐变工具对图像进行编辑，最终效果如图 5-33 所示。

操作步骤如下：

（1）在 Photoshop 中打开 lt_5_12.jpg。

（2）双击“图层”控制面板中的背景层，在新图层对话框中将背景层改为图层 0。

（3）单击“图层”控制面板下方的“创建新图层”按钮，建立图层 1，将前景色和背景色分别设置为白色和黑色，并用工具箱中的“油漆桶工具”将图层 1 填充为白色。

（4）在“图层”控制面板中向下拖动图层 1，将其置于图层 0 的下方。

图 5-33　例 5-12 图像样张

(5) 在“图层”控制面板中选择图层 0,并单击控制面板下方的“添加蒙版”按钮,生成一个图层蒙版。

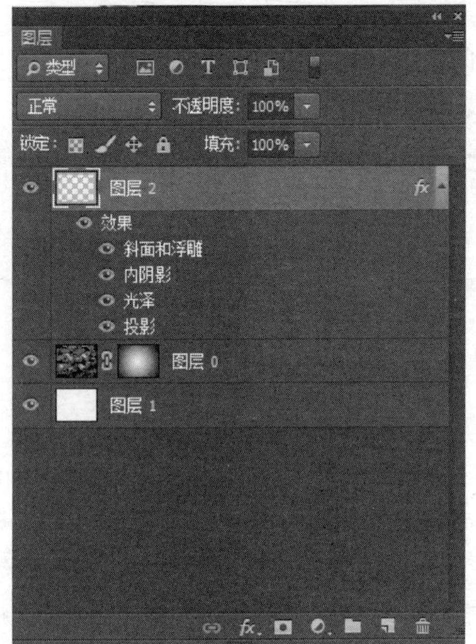

图 5-34　例 5-12 样张参考“图层”控制面板

(6) 选择工具箱中的“渐变工具”,并在工具选项栏中设置渐变颜色为“前景色到背景色渐变”、渐变方式为“径向渐变”,在图层 0 的中央向右下拖动鼠标,形成蒙版的雾化效果。

(7) 单击“图层”控制面板下方的“创建新图层”按钮,建立图层 2,并用矩形选框工具在图像中拖动出一个矩形选区,然后选择“选择”|“反选”命令,使矩形外围区域被选中。

(8) 将前景色设置为 # c4b653,然后用工具箱中的“油漆桶工具”将区域填充。

(9) 选择“图层”|“图层样式”|“混合选项”命令,打开图层样式对话框,在混合选项中选取投影、内阴影、斜面和浮雕以及光泽样式,样张参考“图层”控制面板,如图 5-34 所示。

(10) 保存文件。

例 5-13　利用 lt_5_13_1.jpg、lt_5_13_2.jpg,按下列要求进行编辑,编辑结果以 yz_5_13.jpg 为文件名保存在 C 盘,最终效果如图 5-35 所示。

(1) 利用图层蒙版操作,将 lt_5_13_2.jpg 融合到 lt_5_13_1.jpg 中,并添加“斜面和浮雕”图层样式,设置结构样式为浮雕效果。

(2) 产生蓝白色“云彩”渲染效果的衬底图层。

(3) 产生镂空文字“极限滑雪”,字体:华文行楷、100 点,外边框为红色,3 像素;并设置距离 20 像素的投影效果。

操作步骤如下:

(1) 打开 lt_5_13_1.jpg,选中背景图层,双击将其改为普通图层,默认名为图层 0。

(2) 打开 lt_5_13_2.jpg,选择工具箱中的“魔棒工具”,创建黑色剪影选区,添加到 lt_5_13_1.jpg 中,产生图层 1,并适当调整图层大小,再将图层 0 移到图层 1 上方。

(3) 再次创建黑色剪辑的选区,选中图层 0,执行“图层”|“图层蒙版”|“显示选区”命令,为图层 0 创建图层蒙版,再执行“图层”|“图层样式”|“斜面和浮雕”命令,为图层添加斜面和浮雕图层样式,并将其结构样式修改为内斜面。

图 5-35　例 5-13 图像样张

(4) 新建图层,将前景色设为白色,背景色

设为＃7dc7f6，执行“滤镜”|“渲染”|“云彩”命令，对该图层进行填充，移动该图层置于图层最下层。

(5) 选择工具箱中的“横排文字工具”，设置字体为华文行楷、100点，书写文字“极限滑雪”，产生文字图层。

(6) 选中文字图层，执行“图层”|“图层样式”|“描边”命令，参数设为3像素、外部、红色，添加描边图层样式。再在“图层”控制面板上修改填充值为0%，形成镂空文字效果。最后执行“图层”|“图层样式”|“投影”命令，添加投影图层样式，修改距离为20像素，样张参考“图层”控制面板，如图5-36所示。

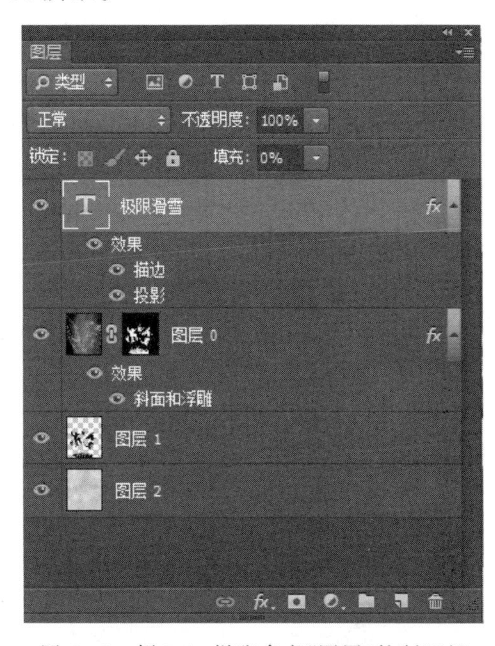

图5-36　例5-13样张参考“图层”控制面板

(7) 保存文件。

例5-14　利用lt_5_14_1.jpg、lt_5_14_2.jpg和lt_5_14_3.jpg，按下列要求进行编辑，编辑结果以yz_5_14.jpg为文件名保存在C盘，最终效果如图5-37所示。

图5-37　例5-14图像样张

(1) 给图像 lt_5_14_1.jpg 添加“镜头光晕”滤镜。

(2) 利用图层蒙版和渐变工具，将 lt_5_14_2.jpg 和 lt_5_14_3.jpg 合成到 lt_5_14_1.jpg 中。

(3) 输入华文新魏、100 点的白色文字“人工智能”，并添加角度为 150°、距离为 15 像素的投影效果。

操作步骤如下：

(1) 打开 lt_5_14_1.jpg，选择背景图层，执行“滤镜”|“渲染”|“镜头光晕”命令，适当调整光晕的位置，单击确认。

(2) 打开 lt_5_14_2.jpg，利用工具箱中的“魔术棒工具”选中白色区域，再执行“选择”|“反向”命令选中机械手，添加到 lt_5_14_1.jpg 中，产生图层 1，适当调整其大小和位置。

(3) 打开 lt_5_14_3.jpg，将整幅图像添加到 lt_5_14_2.jpg 中，产生图层 2，适当调整其大小，并移到左端对齐。

(4) 先选择“图层”|“图层蒙版”|“显示全部”命令，对图层 2 添加白色蒙版，再选择工具箱中的“渐变工具”，对蒙版进行从白到黑的径向渐变(以左上角到右下角的长度为径向半径，拖动一条直线)，若图像边界仍比较明显，可再选择工具箱中的“画笔工具”，设置大小 180 像素，硬度 0%，在蒙版中，将对应图像边界的位置区域进行黑色涂抹，以实现自然融合的效果。

(5) 选择工具箱中的“横排文字工具”，设置字体类型、大小、颜色，输入“人工智能”文字，形成文字图层，再对文字图层执行“图层”|“图层样式”|“投影”命令，添加投影图层样式，设置角度为 150°，距离为 15 像素，样张参考“图层”控制面板，如图 5-38 所示。

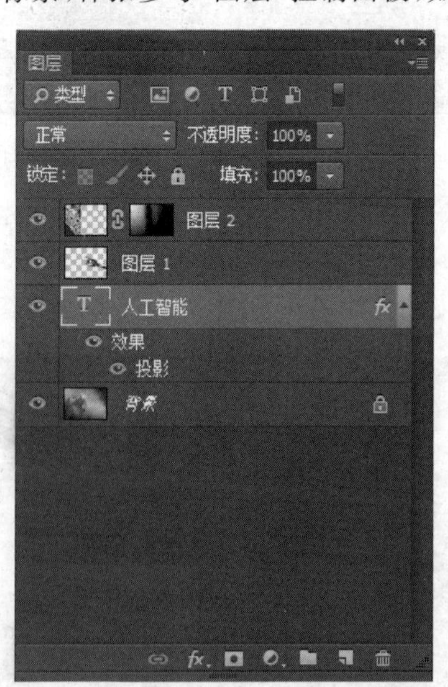

图 5-38　例 5-14 样张参考“图层”控制面板

(6) 保存文件。

习　　题

1. 在 Photoshop 软件中打开素材 xt1_1.jpg、xt1_2.jpg、xt1_3.jpg，利用选择、变换、滤镜、图层操作、图层蒙版、图层样式、文字等，按要求完成图像制作，将结果以 xt1.jpg 为文件名保存在 C 盘，图像样张如图 5-39 所示。

(1) 为 xt1_1.jpg 设置“龟裂缝”的纹理滤镜效果。

(2) 将 xt1_2.jpg、xt1_3.jpg 合成到 xt1_1.jpg 中，适当调整大小和位置。

(3) 添加文字“FASHION MUSIC FESTIVAL”，字体为微软雅黑、加粗，36 点，扇形效果，并添加“渐变叠加”和投影样式。

图 5-39　习题 1 图像样张

2. 在 Photoshop 软件中打开素材 xt2_1.jpg、xt2_2.jpg、xt2_3.jpg，利用选择、变换、滤镜、图层操作、图层样式、图层混合模式、文字等，按要求完成图像制作，将结果以 xt2.jpg 为文件名保存在 C 盘，图像样张如图 5-40 所示。

扫码观看

(1) 将素材中的 xt2_2.jpg、xt2_3.jpg 合成到 xt2_1.jpg 中，注意大小和位置，水墨图像设置为滤色的图层混合模式，海星图片的边缘呈羽化效果，羽化值为 10 像素。

(2) 对背景层添加马赛克拼贴的纹理滤镜效果。

(3) 添加文字“海天一色”，字体为华文琥珀、72 点；并添加色谱渐变、斜面和浮雕的图层样式。

图 5-40　习题 2 图像样张

第 6 章　动画制作(Animate CC)

目的与要求

(1) 掌握动画的创建方法。

(2) 掌握常用工具和菜单命令的使用方法。

(3) 掌握帧、图层、库、时间轴和元件的使用方法。

(4) 掌握动画的制作和保存方法。

6.1　逐帧动画和补间形状动画

扫码观看

案例 6-1　使用 Animate CC 创建逐帧动画首先要掌握插入关键帧、空白关键帧和翻转帧的基本操作,另外要熟练地掌握常用工具的使用和操作技能。创建补间形状动画的关键是制作动画的对象必须是矢量图形或经过分离的图像或文字。

本案例使用的素材位于“第 6 章\素材”文件夹,样张位于“第 6 章\样张”文件夹,本案例的结果文件:Animate6-1. swf,使用的素材:Animate6-1. fla。

案例 6-1 操作要求如下:

启动 Animate CC,打开文件 Animate6-1. fla 按下列要求制作动画,制作结果以 Animate6-1. swf 为文件名,导出影片并保存在磁盘上。

(1) 将舞台大小设置为 450×400 像素,帧频为 8fps。

(2) 在图层 1 中,在 1,5,10,…,40,45 帧分别导入库中的元件 1 到元件 10。延续到第 90 帧。

(3) 在图层 2 第 1 帧中导入库中的元件 11,在第 25 帧中导入库中的影片剪辑元件 12。

(4) 在图层 3 第 5 帧中输入文字“花香蝶舞”,文字格式为华文楷体、45 磅、仿粗体、颜色(#FF0000),字符间距:20。要求第 5 帧至第 35 帧每隔 10 帧出现一个字。

(5) 在图层 4 第 45 帧中输入文字“开放”,文字格式为华文行楷、60 磅、仿粗体、颜色(#FF3366),字符间距:20。要求制作逐笔模拟书写文字的逐帧动画。

(6) 插入新场景。在图层 1 的第 1 帧中绘制放射性渐变绿色小球,第 1 帧到第 20 帧制作小球光点从左上角移到右下角,再从右下角移到左上角的渐变动画。第 20 帧到第 40 帧形状渐变为线性彩色的菱形,延续到第 45 帧。第 45 帧到第 65 帧形状渐变为五环图形,延续到第 100 帧。

(7) 在图层 2 第 10 帧中输入文字“补间”,文字格式为华文行楷、60 磅、仿粗体、颜色(#0066FF),延续到第 20 帧。第 20 帧到第 40 帧形状渐变为“形状”两字,延续到第 50 帧。第 50 帧到第 70 帧形状渐变为 50 磅大小的文字“补间形状动画”,延续到第 100 帧。

操作步骤如下：

第(1)题：选择“文件”|“打开”命令，打开文档，选择“窗口”|“库”命令，打开库控制面板，选择“修改”|“文档”命令，在“文档属性”对话框中将宽度设置为450像素，高度设置为400像素，帧频设置为8fps。

第(2)题：选中第1帧，将库中元件1拖动到舞台，选择“窗口”|“对齐”命令，在打开的面板中的“对齐”选项卡中单击“相对舞台”按钮，再单击“水平中齐”按钮；在“信息”选项卡中将Y值设置为200。选中第5帧，按功能键F7插入空白关键帧，导入库中的元件2，重复上述操作使元件2实例与元件1实例对齐。

重复前面的操作一直到第45帧，依次导入库中的元件3至元件10，Y值为200、水平居中对齐。右击第90帧，在打开的快捷菜单中选择“插入帧”命令，插入普通帧，延续第45帧中动画的内容。

第(3)题：选择“插入”|“时间轴”|“图层”命令，插入图层2。选中第1帧，将库中元件11拖动到舞台。选中第25帧，按功能键F6插入关键帧，导入库中的影片剪辑元件12。

第(4)题：单击“时间轴”左下角的“插入图层”按钮，插入图层3。选中第5帧，按功能键F7插入空白关键帧，单击工具箱中的“文本工具”，在属性面板中设置字体为华文楷体、45磅、颜色(＃FF0000)，字符间距20，选择“文本”|“样式”|“仿粗体”命令，输入文字“花香蝶舞”。按Ctrl＋B键，将文字分离。分别在第15帧、第25帧、第35帧中插入关键帧。选中第5帧，选中“香蝶舞”三个字，按Delete键将其删除。选中第15帧，选中“蝶舞”两个字，按Delete键将其删除。以此类推。

第(5)题：插入新图层4，在第45帧中插入关键帧，单击工具箱中的“文本工具”，在属性面板中设置字体：华文行楷、60磅、粉红色(＃FF3366)，字符间距：20，选择“文本”|“样式”|“仿粗体”命令，输入文字“开放”。选择“修改”|“分离”命令将文字分离。将显示窗口放大至200%。选中第47帧插入关键帧，单击工具箱中的“橡皮擦工具”，将文字按笔画从后往前擦除，每擦除一笔隔一帧插入关键帧，直到全部擦完。选中第45帧，按Shift键单击文字最后一笔擦除的关键帧，右击选中的帧区，在快捷菜单中选择“翻转帧”命令。

第(6)题：选择“插入”|“场景”命令，插入场景2。选中第1帧，单击工具箱中的“椭圆工具”，笔触颜色选择无；填充色选择“放射性渐变绿色”；按Shift键在舞台上绘制一个小球。选择“颜料桶工具”，单击小球的左上角，改变颜色的分布。选中第10帧，按功能键F6，插入关键帧，使用“颜料桶工具”，单击小球的右下角。选中第20帧，按功能键F6，插入关键帧，使用“颜料桶工具”，单击小球的左上角。分别选中第1帧、第10帧右击，在弹出的右键快捷菜单中选择“创建补间形状”，创建补间形状动画。

选中第40帧，按功能键F7，插入空白关键帧，单击工具箱中的“矩形工具”，笔触颜色选择“无”；填充色选择“线性渐变彩色”；按Shift键在舞台上绘制一个正方形。使用“任意变形工具”和“选择工具”将正方形修改为菱形。选中第20帧右击，在打开的快捷菜单中选择“创建补间形状”命令，创建补间形状动画。选中第45帧，按功能键F6，插入关键帧。

选中第65帧，按功能键F7，插入空白关键帧，将库中的“五环”图形元件拖动到舞台，按Ctrl＋B键将图形元件分离，选中第45帧右击，在打开的快捷菜单中选择“创建补间形状”命令，创建补间形状动画。选中第100帧，按功能键F5，插入普通帧。

第(7)题：选择“插入”|“时间轴”|“图层”命令，插入图层2。选中第10帧，按功能键

F7,插入空白关键帧,单击工具箱中的“文本工具”,在属性面板中设置字体：华文行楷、大小为 60、颜色＃0066FF,选择“文本”|“样式”|“仿粗体”命令,输入文字“补间”。选中第 20 帧,按功能键 F6,插入关键帧。选择“修改”|“分离”命令将文字分离。选中第 40 帧,按功能键 F7,插入空白关键帧,单击工具箱中的“文本工具”,输入文字“形状”。选择“修改”|“分离”命令将文字分离。选中第 20 帧右击,在打开的快捷菜单中选择“创建补间形状”,创建补间形状动画。选中第 50 帧,按功能键 F6,插入关键帧。

选中第 70 帧,按功能键 F7,插入空白关键帧,单击工具箱中的“文本工具”,输入文字 50 磅大小的文字“补间形状动画”。选择“修改”|“分离”命令将文字分离。选中第 50 帧右击,在打开的快捷菜单中选择“创建补间形状”命令,创建补间形状动画。选中第 100 帧,按功能键 F5,插入普通帧。

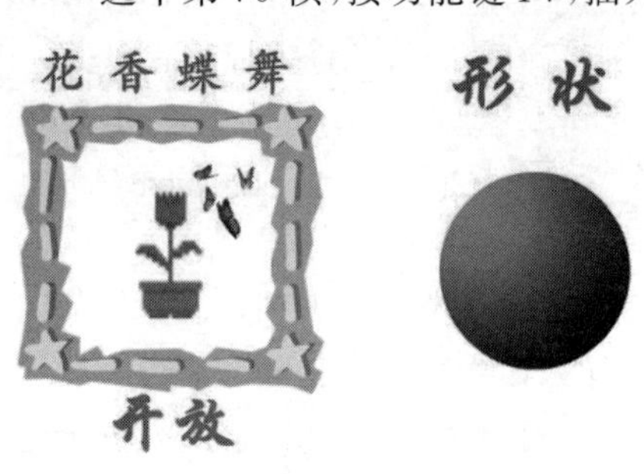

图 6-1　案例 6-1 动画场景截图

选择“文件”|“保存”命令,保存动画源文件。选择“文件”|“导出”|“导出影片”命令,输入文件名,导出影片文件。Animate 画面大致如图 6-1 所示,具体样张参见样张文件夹中的 Animate6-1-1. swf。

6.1.1　工具箱和控制面板简介

1. 工具箱

1）工具箱的组成和常用功能

Animate CC 工具箱中的各种工具是创建和编辑动画对象的主要手段。工具箱通常位于工作区左侧(传统界面),包含工具、查看、颜色和选项 4 个部分,如图 6-2 所示。有些工具按钮的右下方带有小三角标记,表示还有拓展工具,将鼠标指针放置在工具按钮上,按住鼠标左键即可展开。

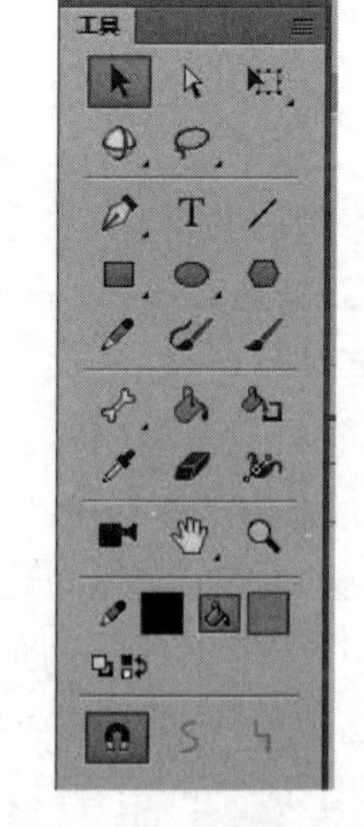

图 6-2　工具箱的组成

(1) 选择工具。

选择对象：使用选择工具,在舞台中的对象上单击鼠标进行点选。按住 Shift 键,再点选对象,可以同时选中多个对象。

移动和复制对象：使用选择工具,点选对象。按住鼠标不放,直接拖动对象到任意位置,松开鼠标,可移动位置。使用“选择”工具,点选对象,按住 Alt 键,拖动选中的对象到任意位置,松开鼠标,选中的对象被复制。

调整矢量线条和色块：使用选择工具,将鼠标指针移至对象边缘,鼠标指针下方出现圆弧。拖动鼠标,可对选中的线条和色块进行调整。

(2) 部分选取工具。

使用部分选取工具,在对象的外边线上单击,对象上出现多个节点。拖动节点来调整节点的位置,从而可改变对象的形状。

(3) 套索工具。

使用套索工具,用鼠标在位图上任意勾画想要的区域,形成一个封闭的选区。松开鼠标,选区中的图像被选中。使用多边形工具,用鼠标在对象的边缘进行绘制。双击鼠标结束多边形工具的绘制,绘制的区域被选中。使用魔术棒工具,将鼠标指针放置在位图上,当鼠标指针变为魔术棒时,在要选择的位图上单击。与选取点颜色相近的图像区域被选中。

(4) 铅笔工具。

使用铅笔工具,在舞台上单击,按住鼠标不放,在舞台上可随意绘制出线条。松开鼠标,完成绘制。另外可以在属性面板的选项区域中为铅笔工具选择填充和笔触的参数。

(5) 矩形工具。

使用矩形工具,在舞台上单击,按住鼠标不放,向需要的位置拖动鼠标,可绘制出矩形图形。松开鼠标,完成绘制。按住 Shift 键的同时绘制图形,可以绘制正方形。

(6) 椭圆工具。

使用椭圆工具,在舞台上单击,按住鼠标不放,向需要的位置拖动鼠标,可绘制椭圆。松开鼠标,完成绘制。按住 Shift 键的同时绘制图形,可以绘制圆形。

(7) 墨水瓶工具。

使用墨水瓶工具,在墨水瓶工具属性面板中设置笔触颜色、笔触大小、笔触样式以及笔触宽度,然后可以对对象边界填充颜色。

(8) 颜料桶工具。

在颜料桶工具属性面板中设置填充颜色。在线框的内部单击,线框内部可被填充颜色。

(9) 滴管工具。

使用滴管工具可以吸取填充色、吸取位图图案、吸取边框属性、吸取文字颜色。

(10) 橡皮擦工具。

使用橡皮擦工具,在图形上想要删除的地方按下鼠标并拖动鼠标,图形会被擦除。

2) 工具的应用

实际上,Animate CC 对界面进行了重新划分和布局,将属性面板的显示从原来的工作区的底部调整到了右边,使得工作区更加整洁,画布的面积更大,如图 6-3 所示。工作区预

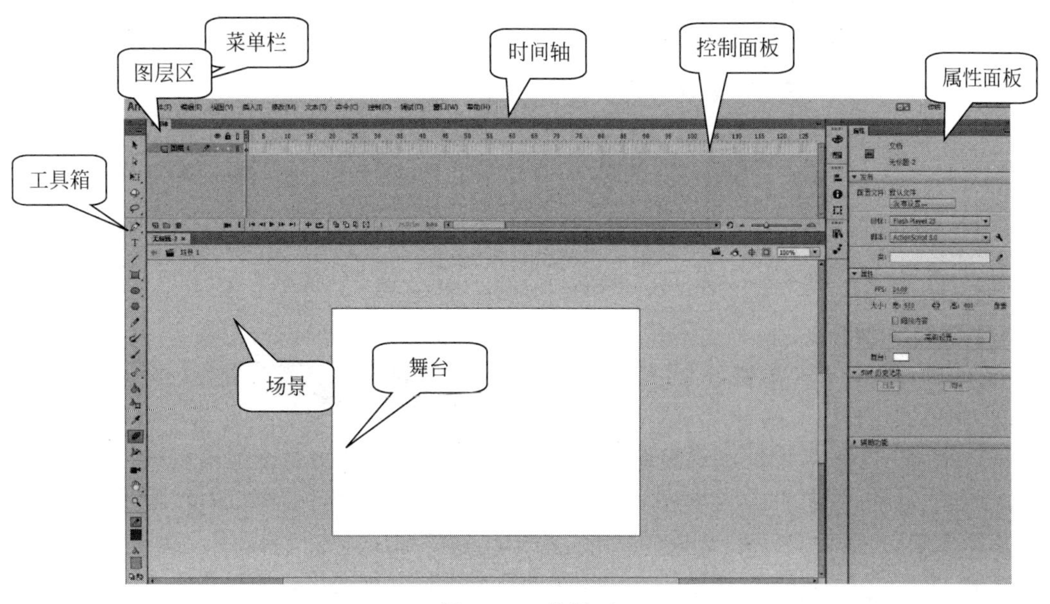

图 6-3 工作界面

设为“动画”“传统”“调试”“设计人员”“开发人员”“基本功能”等，其中默认的预设是“基本功能”。对于习惯了 Animate CC 之前版本的工作界面的用户，可以通过单击 Animate CC 窗口顶端的“基本功能”按钮，从弹出的下拉列表中选择“传统”命令，切换到以前熟悉的工作界面，本书都将在传统界面下操作。

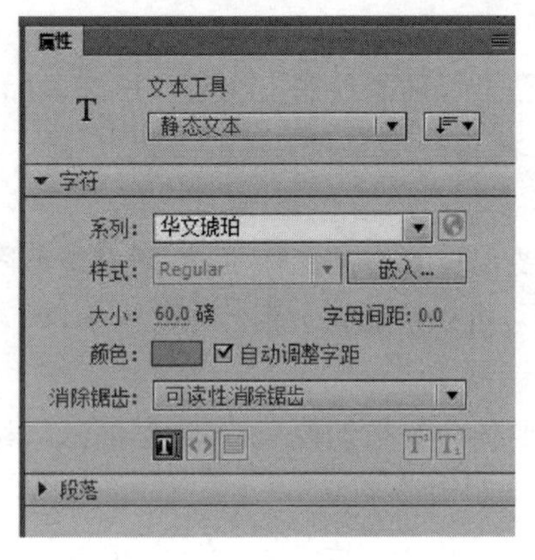

图 6-4 “文本工具”属性面板

工具箱中工具的应用通常和属性面板结合在一起。工具的具体应用如下：选择文本工具 T ；在选项区设置附属功能(不是所有的工具都具有附属功能)；在属性面板中设置该工具的属性。属性面板会随选择的工具的不同而不同。例如，当选中文本工具时，工作区右侧出现文本工具的属性面板，如图 6-4 所示，供用户选择文本的方式，有静态文本、动态文本和输入文本，还可设置字体(系列)、字形(样式)、大小、颜色、字母间距等文字属性。

2. 控制面板

1) 控制面板的组成和功能

控制面板为设计人员提供了个性化的操作界面，主要用于对当前选定的对象进行各种编辑和参数的设置。常用的控制面板有“信息”“对齐”“变形”“颜色”“样本”“组件”等。

2) 控制面板的显示和隐藏

控制面板可以在屏幕上移动、折叠或展开，按功能键 F4 可以切换控制面板的显示或隐藏。或选择“窗口”|“设计面板”中控制面板相应的命令。如图 6-5 所示为对齐面板(可相对于舞台对齐对象)，图 6-6 所示为变形面板。

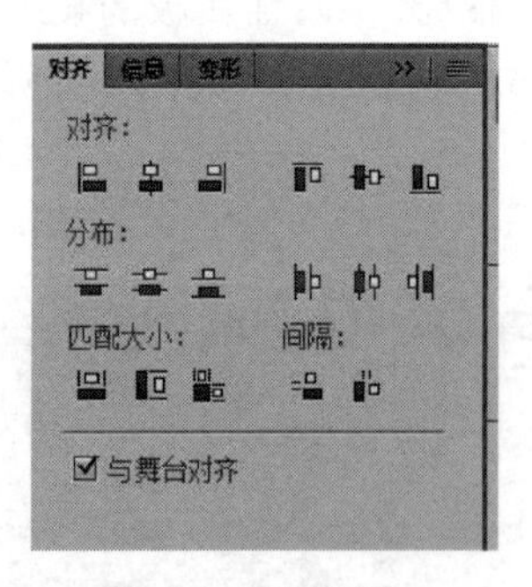

图 6-5 对齐面板

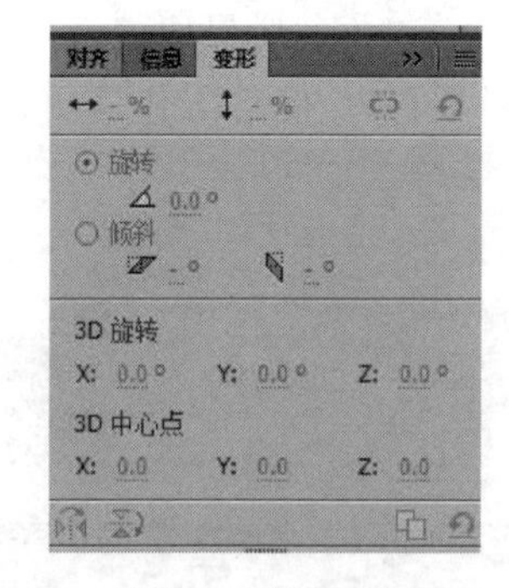

图 6-6 变形面板

3) 时间轴面板

时间轴面板位于菜单栏下方，是用来管理不同场景(场景管理面板在“窗口”|“场景”中)中图层和帧的操作。时间轴面板包括图层区和帧区，如图 6-7 所示。

(1) 图层区：显示图层和对图层进行操作的区域，在该区域中不但可以显示各图层的名称、类型、状态、图层的放置顺序和当前图层所在位置等，而且还可以对图层进行各种操作，如新建图层、新建文件夹、删除图层、隐藏图层、锁定图层和将所有图层显示轮廓等。

(2) 帧区：是 Animate 中进行动画编辑的重要区域。主要由时间轴标尺、时间轴、代表着帧的小方格、帧指针、信息提示栏和一些用于控制动画显示和操作的工具按钮等组成。

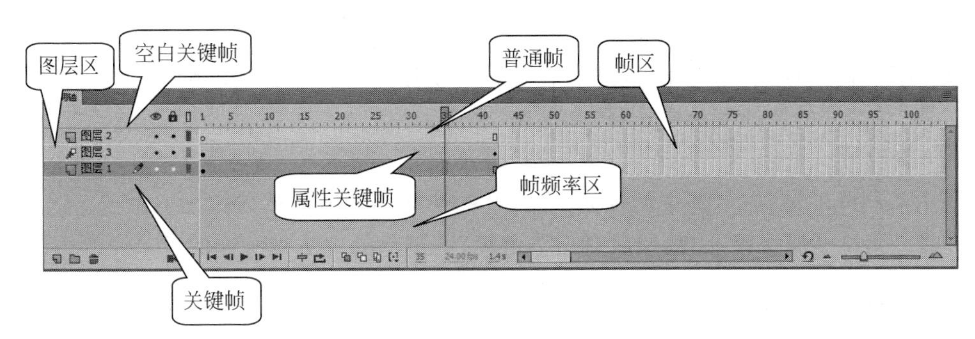

图 6-7　时间轴面板

选择“窗口”|“时间轴”命令，可以显示或隐藏时间轴面板。

6.1.2　帧的类型和基本操作

1. 帧的类型

(1) 空白关键帧。不包含任何 Animate 对象的帧，在帧区中显示为空心圆点。

(2) 关键帧。包含有内容或对动画的改变起决定性作用的帧，在帧区中显示为黑色实心圆点。

(3) 静止帧。静止帧又称普通帧，可实现对相邻关键帧中对象的延续，静止帧在帧区中显示为空心矩形。

(4) 属性关键帧。属性关键帧和关键帧不同，是在补间范围内为目标对象元件定义一个或多个属性值的帧。在时间轴上标记为菱形黑点。

2. 帧的操作

1) 改变帧的播放速率

在默认情况下 Animate 每秒播放 24 帧动画，数值越大每秒钟播放帧数就越多，动画的播放就越流畅。改变帧的播放速率的方法：选择“修改”|“文档”命令，在对话框中输入每秒播放的帧数。

2) 帧的基本操作

(1) 选择帧。

一帧：单击鼠标即选中。

多帧：选中起始帧，再按 Shift 键，单击最后一帧。

选择全部帧：右击任意帧，在打开的快捷菜单中选择“选择所有帧”命令。

(2) 创建静止帧(普通帧)。

选中帧，选择“插入”|“时间轴”|“帧”命令，或按功能键 F5，或右击帧，在打开的快捷菜单中选择“插入帧”命令。

(3) 创建关键帧。

选中帧，选择“插入”|“时间轴”|“关键帧”命令，或按功能键 F6，或右击帧，在打开的快捷菜单中选择“插入关键帧”命令。

(4) 创建空白关键帧。

选中帧，选择“插入”|“时间轴”|“空白关键帧”命令，或按功能键 F7，或右击帧，在打开的快捷菜单中选择“插入空白关键帧”命令。

(5) 复制帧。

选中需复制的帧,右击选中的帧区,在打开的快捷菜单中选择"复制帧"命令,右击需粘贴的位置,在打开的快捷菜单中选择"粘贴帧"命令。

(6) 删除帧。

选中需删除的帧,右击选中的帧区,在打开的快捷菜单中选择"删除帧"命令。

注意:无论是静止帧、关键帧或空白关键帧,其删除的方法是一样的。

6.1.3 动画的基本设置

(1) 舞台。舞台是创建 Animate 文档时放置图形内容的矩形区域。可以通过"修改"|"文档"命令调整舞台的宽和高。

(2) 背景。通过"修改"|"文档"命令可以找到舞台颜色选项,可以修改舞台背景。

(3) 帧频。通过"修改"|"文档"命令可以找到帧频选项,可以修改动画播放的频率。

(4) 对象匹配舞台。在 Animate CC 动画制作中,从库中拉入到舞台的对象可能比较大,那就利用"修改"|"变形"|"任意变形"命令,调整对象大小,同时按住 Shift 键,可以实现等比例缩放。为保证舞台对象的位置相对固定,对象可以通过"修改"|"对齐"|"水平居中"或"垂直居中"等命令调整定位,注意同时勾选"与舞台对齐"的选项,参见图 6-6。

(5) 舞台匹配对象。通过"修改"|"文档"命令可以找到匹配内容,单击即可进行舞台匹配对象。

6.1.4 动画的类型

在 Animate CC 中,可以创建的动画类型主要有逐帧动画、补间形状动画、补间动画、传统补间动画、骨骼动画、引导层动画、遮罩动画等,本案例中先介绍逐帧动画和补间形状动画,其余动画将在下个案例中介绍。

6.1.5 逐帧动画

1. 逐帧动画

由多个连续的关键帧所组成的动画称为逐帧动画。逐帧动画胜任那些难以通过补间动画来自动完成的动画效果,例如模拟书写文字(文字逐帧),在案例 6-1 中"开放"两个字就是利用逐帧方法制作的文字逐帧动画;在案例 6-1 中花盆中植物生长开花的动画部分就是图片逐帧动画。实现动画一定要有关键帧,在关键帧中对象或对象的属性发生变化就形成了动画效果。

2. 创建逐帧动画的步骤

(1) 建立一个新图层,确定逐帧动画开始的位置,在该位置插入一个关键帧,并导入或制作动画对象。

(2) 在该关键帧后面再插入一个新关键帧或空白关键帧,并导入或制作与前一关键帧中稍有差别的动画内容。

(3) 重复步骤(2)的操作,直至动画全部制作完。

(4) 选择"控制"|"测试影片"命令,观看播放的效果。

6.1.6 补间形状动画

1. 补间形状动画

两个关键帧内相应对象的形状发生了变化，Animate CC 根据这种变化而自动生成两个关键帧内渐变帧的动画称为补间形状动画，在时间轴上显示为淡绿色背景，有实心箭头。补间形状是针对矢量图形对象的动画，是画面中点到点的位置、颜色的变化，进行补间形状动画的首、尾关键帧上的图形应该都是分离状态的矢量图形。

2. 创建补间形状动画的步骤

(1) 建立一个新图层，在补间形状动画开始帧中插入一个关键帧。

(2) 在该关键帧中制作对象的内容，除绘制图形外其他对象必须通过“修改”|“分离”命令进行分离。

(3) 在动画结束帧中插入一个空白关键帧，并在该空白关键帧中制作对象的内容。

(4) 选中补间形状动画开始的关键帧，再右击，在打开的快捷菜单中选择“创建补间形状”选项，完成补间形状动画的创建。

(5) 选择“控制”|“测试影片”命令，观看播放的效果。

3. 操作要点提示

补间形状动画的对象可以是同一个对象或两个不同对象，但必须是矢量图形，因此除了使用工具箱中的工具绘制的图形外，其他的对象都必须分离。

对象分离的操作：按 Ctrl+B 组合键或选择“修改”|“分离”命令。

案例 6-2 打开 Animate 6-1-2.fla 文件，按下列要求制作动画，制作结果以 Animate 6-1-2.swf 为文件名导出影片并保存在磁盘上，演示效果参见样张文件夹 Animate 6-1-2.swf。

(1) 设置帧频为 8fps，导入库中的位图 8、背景.jpg 作为背景图。

(2) 插入图层，输入文字“上海欢迎你”，字体为华文行楷、大小为 60、仿粗体、红色。制作每隔 5 帧出现一个字的逐帧动画。第 35 帧到第 55 帧制作文字渐变为图形(元件 2)的补间形状动画。第 61 帧到第 80 帧制作图形渐变为文字的补间形状动画，延续到第 90 帧。

(3) 插入新图层，在第 1 帧中导入库中的影片剪辑元件 1，放置在舞台的左上方，分别在第 4、第 9、第 14、第 19、第 24 和第 29 帧处插入关键帧，每插入一个关键帧，元件实例向右移动一个字的距离。

(4) 导出 Animate 6-1-2.swf 文件。Animate 画面大致如图 6-8 所示。

图 6-8 动画案例 6-2 截图

操作提示：

第(1)题：选择“文件”|“打开”命令，打开文档，选择“窗口”|“库”命令，打开库控制面板。选择“修改”|“文档”命令，在对话框中将帧频设置为每秒 8 帧。选中第 1 帧，将库中的位图 8、背景.jpg 拖动到舞台，作为背景图。选中第 90 帧，按功能键 F5，插入普通帧。

第(2)题：选择“插入”|“时间轴”|“图层”命令，插入图层 2。选中第 5 帧，按功能键

F7,插入空白关键帧,单击工具箱中的“文本工具”,在属性面板中设置字体为华文行楷、大小为60、红色,选择“文本”|“样式”|“仿粗体”命令,输入文字“上海欢迎你”,按Ctrl+B组合键,将文字分离。分别选中第10、第15、第20、第25帧,按功能键F6,插入关键帧。

选中第5帧,留第一个字,将其余的字用“橡皮擦工具”删除。重复此操作,分别选中第10、第15、第20帧,删除三、二、一个字。

选中第35帧,按功能键F6,插入关键帧。选中图层2第55帧,按功能键F7,插入空白关键帧,将库中的图形元件2拖动到舞台,按Ctrl+B组合键,将元件实例分离。选中图层2第35帧右击,在打开的快捷菜单中选择“创建补间形状”,创建补间形状动画。重复上述操作,完成第61帧到第80帧图形渐变为文字的形状渐变动画。选中第90帧,按功能键F5,插入普通帧。

第(3)题:插入图层3,选中第1帧,将库中的影片剪辑元件1拖动到舞台的左上方,分别在第4、第9、第14、第19、第24和第29帧处插入关键帧,每插入一个关键帧,元件实例向右移动一个字的距离,并延续到90帧。

第(4)题:略。

6.2 补间动画及多图层动画

本案例中使用的素材位于“第6章\素材”文件夹,样张位于“第6章\样张”文件夹,本案例的结果文件:Animate6-2-1-1.swf、Animate6-2-1-2.swf,使用的素材:Animate6-2-1-1.fla、Animate6-2-1-2.fla。

创建补间动画要使用到制作元件、对象的运动属性:如改变大小、旋转、翻转、透明度等基本操作,本案例还考查了遮罩层的概念、图层的应用和操作技能。创建补间动画的关键是制作动画的对象必须是元件或经组合的图形和图像。

案例6-3 启动Animate CC,分别打开文件Animate6-2-1-1.fla、Animate6-2-1-2.fla,按下列要求制作动画,制作结果分别以Animate6-2-1-1.swf、Animate6-2-1-2.swf为文件名导出影片并保存在磁盘上。

(1) 设置动画帧频为10fps。图层1中导入库中“荷花.gif”作为背景图层,延续到第130帧。

(2) 图层2中导入库中的影片剪辑元件1,第1帧到第30帧制作元件实例的直线运动的动画,延续到第40帧。

(3) 第41帧元件实例水平翻转,第41帧到第90帧制作元件实例的曲线飞行的动画,延续到第100帧。最后,制作元件实例飞出舞台的动画。

(4) 插入新图层,改名为“荷叶”层。第1帧导入库中“荷叶.gif”,适当缩小,第1帧到第30帧制作对象位置移动的动画;然后制作对象顺时针旋转3次的动画。

(5) 插入新图层,改名为“文字”层。第60帧导入库中图形元件2,第60帧到第110帧制作元件实例由小到大、透明度由0到100%的动画,延续到第130帧。

(6) 测试动画,将操作结果导出为Animate6-2-1-1.swf文件,部分效果如图6-9所示。

(7) 打开文件Animate6-2-1-2.fla,制作如样张所示的遮罩动画,动画延续到第170帧。

(8) 将舞台背景色设置为#CCFFFF,设置动画帧频为10fps。图层1导入库中的影片

图 6-9　案例 6-3 动画截图

剪辑元件“米老鼠”，锁定高宽比例，宽度缩小至 130。图层 2 导入库中图形元件 XSQ。

(9) 插入新图层，第 1 帧到第 30 帧制作文字“江南水乡”的遮罩动画。文字格式为华文行楷、65 磅、仿粗体。

(10) 第 31 帧到第 60 帧制作矩形从左向右扩展的遮罩动画。第 61 帧到第 90 帧制作椭圆从中间向外扩展的遮罩动画。第 91 帧到第 120 帧制作矩形从中间向外扩展的遮罩动画。

(11) 第 121 帧到第 150 帧制作图片由小到大的遮罩动画。第 151 帧到第 170 帧制作图片向左移动的遮罩动画。

(12) 将操作结果导出为 Animate6-2-1-2.swf 文件。部分动画界面如图 6-9 所示。

操作步骤：

第(1)题：选择“文件”|“打开”命令，打开文档，选择“窗口”|“库”命令，打开库控制面板，选择“修改”|“文档”命令，在对话框中将帧频设置为 10fps。

选中第 1 帧，将库中的“荷花.gif”拖动到舞台，适当纵向缩小，在舞台的上方留有一定的空间。右击第 130 帧，在打开的快捷菜单中选择“插入帧”命令，延续背景图。

第(2)题：单击“时间轴”左下角的“新建图层”按钮，插入图层 2。第 1 帧插入空白关键帧，将库中影片剪辑元件 1 拖动到舞台外的右上方，利用任意变形工具，适当缩小(可同时按住 Shift 键保持等比例)，右击第 1 帧，在打开的快捷菜单中选择“创建补间动画”命令。选中第 30 帧，按功能键 F6，插入属性关键帧，将元件 1 实例拖动到荷花的上方，延续到第 40 帧。

第(3)题：选中第 41 帧，按 F6 功能键，插入属性关键帧。按住 Ctrl 键，将光标放在第 41 帧上，右击，选择拆分动画(此处也可以分图层处理)。然后选择“修改”|“变形”|“水平翻转”命令。选择第 90 帧，按 F6 功能键。利用“选择工具”调整运动路径为如样例所示的曲线。(此处也可以自定义笔触作为运动路径来应用：新建辅助图层 3，然后利用铅笔工具绘制蜻蜓元件高低飞行的路径，将其复制到剪贴板，粘贴到图层 2 的第 41～90 帧，并删除辅助图层 3)。选择第 100 帧，按 F6 功能键，右击，选择拆分动画。选中元件进行水平翻转，在第 100 帧到第 130 帧再次做补间动画，移动元件 1 的位置到舞台的左下方，并飞出舞台界面。

第(4)题：插入新图层，双击图层名称，输入“荷叶”。第 1 帧插入空白关键帧，将库中“荷叶.gif”拖动到舞台，按照样张，选择工具箱中的“任意变形工具”，将位图缩小。选择“修改”|“转换为元件”命令，在对话框中的名称文本框中输入“HY”；右击第 1 帧，选择“创建补间动画”，选中第 30 帧，按 F6 功能键，移动元件位置。选中第 31 帧，右击，选择拆分动画。选择第 130 帧，按 F6 功能键，选中元件，在右侧的属性面板中设置顺时针旋转 3 次(也可以通过动画编辑器设置 Z 轴的旋转度数)。

第(5)题：插入新图层，双击图层名称，输入“文字”，第 60 帧插入空白关键帧，将库中图形元件 2 拖动到舞台。选择工具箱中的“任意变形工具”,将其缩小,右击第 60 帧,在快捷菜单中选择“创建补间动画”命令。选中第 110 帧,按 F6 功能键,将图形元件 2 恢复原来大小。选中第 60 帧,单击元件 2 实例,在“属性”面板中“色彩效果”样式下拉列表中的 Alpha 选项中将透明度的值设置为 0。选中第 110 帧,单击元件 2 实例,在“属性”面板中“色彩效果”样式下拉列表中的 Alpha 选项中将透明度的值设置为 100%。

第(6)题：选择“控制”|“测试影片”命令,测试动画。选择“文件”|“导出”|“导出影片”命令,保存影片文件 Animate6-2-1-1.swf。

第(7)题：打开文件 Animate6-2-1-2.fla,注意本书中新建的 Animate 文件均为 ActionScript 3.0 类型。

第(8)题：选择“修改”|“文档”命令,在对话框中设置舞台颜色为＃CCFFFF,设置动画帧频为 10fps。选中第 1 帧,将库中的影片剪辑元件“米老鼠”拖动到舞台,放在舞台的左下侧。选中影片剪辑元件“米老鼠”,在属性面板锁定高宽比例,宽度缩小至 130,在第 170 帧右击插入帧。

单击“时间轴”左下角的“新建图层”按钮,插入图层 2。选中第 1 帧,将库中的图形元件“XSQ”拖动到舞台,在第 170 帧右击插入帧。

第(9)题：插入图层 3,选中第 1 帧,单击工具箱中的“文本工具”,在属性面板设置文字格式为华文行楷、65 磅,输入文字“江南水乡”,并利用“文本”|“样式”制作仿粗体,延续到第 30 帧。

插入图层 4,选中第 1 帧,将库中的位图 BJ 拖动到舞台,同文字的右端对齐；将其转为图形元件后,右击第 1 帧,在打开的快捷菜单中选择“创建补间动画”命令。调整蓝色帧区范围为第 1～30 帧,选中第 30 帧,按 F6 功能键,拖动图片将图片的左端同文字的左端对齐。

向上拖动图层 4,与图层 3 交换位置。右击图层 3,在打开的快捷菜单中选择“遮罩层”命令。注意,遮罩层应放在被遮罩层的上面。

第(10)题：插入图层 5,选中第 31 帧插入空白关键帧,将库中的位图 TP1 拖动到舞台,使用“任意变形工具”将图片适当缩小,右击第 60 帧,在打开的快捷菜单中选择“插入帧”命令。插入图层 6,选中第 31 帧,插入关键帧,选择工具箱中的“矩形工具”,笔触颜色选择无,填充色选择任意颜色,在图片的左边绘制一个与图片高度相同的小矩形,并将其转化为元件。右击第 31 帧,在打开的快捷菜单中选择“创建补间动画”命令。选中第 60 帧,使用“任意变形工具”将图形向右拖动,放大至图片大小。右击图层 6,在弹出的快捷菜单中选择“遮罩层”命令。

插入图层 7,选中第 61 帧,将库中的位图 TP2 拖动到舞台,适当缩小,并将其延续到第 90 帧。插入图层 8,选中第 61 帧,使用“椭圆工具”,笔触颜色选择无,填充色选择任意颜色,在图片的中间绘制一个小椭圆,选中第 90 帧,按功能键 F6,插入关键帧,使用“任意变形工具”将椭圆放大,遮盖整个图片。右击第 61 帧,在打开的快捷菜单中选择“创建补间形状”命令,创建补间形状动画。右击图层 8,在打开的快捷菜单中选择“遮罩层”命令。

重复上述操作,在图层 9 和图层 10 的第 91 帧到第 120 帧中完成矩形从中间向外扩展的遮罩动画。

第(11)题：插入图层 11,选中第 121 帧插入空白关键帧,将库中的位图 TP4 拖动到舞台,使用“任意变形工具”将图片缩小。选择“修改”|“转换为元件”命令,将位图 TP4 转换为图形元件,右击第 121 帧,在打开的快捷菜单中选择“创建补间动画”命令。选中第 150 帧,

使用“任意变形工具”将图片放大至显示屏大小。选中第151帧，使用“任意变形工具”将图片再放大。选中第170帧，将放大的图片向左移动。

插入图层12，选中第121帧，选择工具箱中的“矩形工具”，笔触颜色选择无，填充色选择任意颜色，绘制一个同显示屏大小的矩形。右击图层12，在打开的快捷菜单中选择“遮罩层”命令。

第(12)题：选择“控制”|“测试影片”命令，测试动画。然后选择“文件”|“导出”|“导出影片”命令，保存影片文件Animate6-2-1-2.swf。

6.2.1 元件

1. 元件的类型

Animate CC中的元件有3种，分别是图形元件、按钮元件和影片剪辑元件。

图形元件：通常由在动画中使用多次的静态图形或图像组成，图形元件无法使用行为进行控制，也不能在该元件中直接插入声音。

按钮元件：为动画提供交互性的元件。动画中的按钮实例可以对鼠标的操作作出响应，可以根据添加在按钮上的事件完成交互动作。

影片剪辑元件：一段小的独立的动画，它可以包含动画的各种元素，具有独立的时间轴。在Animate动画中影片剪辑元件相对独立，也就是说假设一段动画有20帧，如果它被设置成影片剪辑元件，那么即使主动画的时间轴停止播放，影片剪辑也会继续播放完全部20帧动画。

影片剪辑元件只有在测试影片中才能显示动画效果。

重复使用的图像、影片剪辑或按钮可以定义为元件，元件最大的优点是可以重复使用，在同一动画中多次使用同一元件基本不影响文件的大小。元件创建以后存放在库中，动画制作时可以直接从库中拖动到舞台。导入到舞台的元件称为实例，实例是库中元件的映射。合理地应用元件和实例可以提高动画制作的速度，缩小Animate文件的体积，加快动画文件在网络上传播的速度。

2. 元件的创建

1）直接创建

(1) 选择“插入”|“新建元件”命令，打开“创建新元件”对话框，在“名称”文本框中输入新创建的元件名，并在“类型”区域中选择元件的类型。

(2) 对于图形元件与影片剪辑元件，它们的编辑窗口与创作普通Animate动画的编辑窗口没有根本性区别，可以在工作区中绘制各种对象，在时间轴上插入层、各种帧，也可以插入其他元件的实例，制作各种动画效果。

(3) 元件编辑完成后，选择“编辑”|“编辑元件”命令，或单击舞台左上角的场景名称，返回当前场景的编辑窗口，此时“库”面板中会列出该元件的名称等信息。

注意：在元件编辑区中央有一个“十”字符号，它表示元件的中心，制作的元件应以十字符号为中心，不然的话，元件会变得很大。

2）将图像或图形转换为图形元件

在舞台中选取一个图像、文字或图形对象，然后选择“修改”|“转换为元件”命令，打开“转换为元件”对话框，输入元件的名称并选择元件的类型为“图形”，单击“确定”按钮后，就

可将选中的对象转换为图形元件，该元件会存放在当前动画文档的库中，同时原来的对象转换为该元件的一个实例。

3）将动画转换成影片剪辑元件

（1）打开要转换为影片剪辑元件的动画文档，按住 Shift 键，单击动画的全部图层，选中这些层和其中的帧。

（2）右击，在打开的快捷菜单中选择“复制帧”命令，将选中的层和帧复制到剪贴板中。

（3）选择“插入”|“新建元件”命令，在“创建新元件”对话框中选择元件的类型为“影片剪辑”，单击“确定”按钮后进入影片剪辑元件编辑窗口。

（4）选中影片剪辑元件编辑窗口中的第 1 帧，右击，在打开的快捷菜单中选择“粘贴帧”命令，将复制在剪贴板中的层与帧粘贴到影片剪辑元件的时间轴上。

（5）单击舞台左上角的场景名称，返回当前场景的编辑窗口。到此为止，动画转换为影片剪辑元件便完成了。

4）元件的编辑

需要编辑某个元件时，选择“窗口”|“库”命令，打开当前动画文档的库面板，双击要编辑的元件，进入元件编辑模式，就可以对该元件进行编辑了。注意编辑完成后要及时保存退出元件编辑状态界面，返回原来的舞台界面。

尤其需要注意的是，当某个元件被编辑后，Animate CC 会同时更新动画中该元件的所有实例。

5）元件的管理

元件创建后保存在库中，库和 Animate 文件一起保存。元件的管理是在“库”面板中进行的。库可以理解为元件的集合，选择“窗口”|“库”命令，可以打开和关闭“库”面板，如图 6-10 所示。

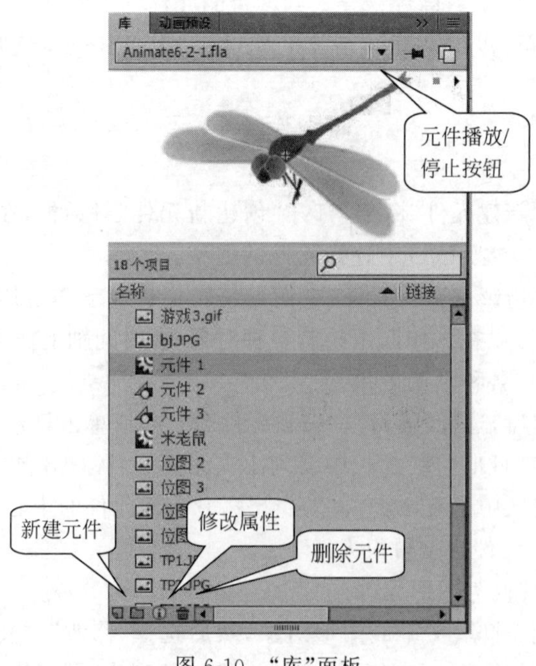

图 6-10 “库”面板

要使用其他动画文件中的元件，可选择“文件”|“导入”|“打开外部库”命令，以库的方式打开后的元件不能直接被编辑。

6.2.2 补间动画

1. 补间动画

通过为不同帧中的对象属性指定不同的值而创建的动画称为补间动画。补间动画功能强大且易于创建。它在 Animate CC 的时间轴上显示为淡蓝色背景，操作的对象是元件，如图 6-11 所示。

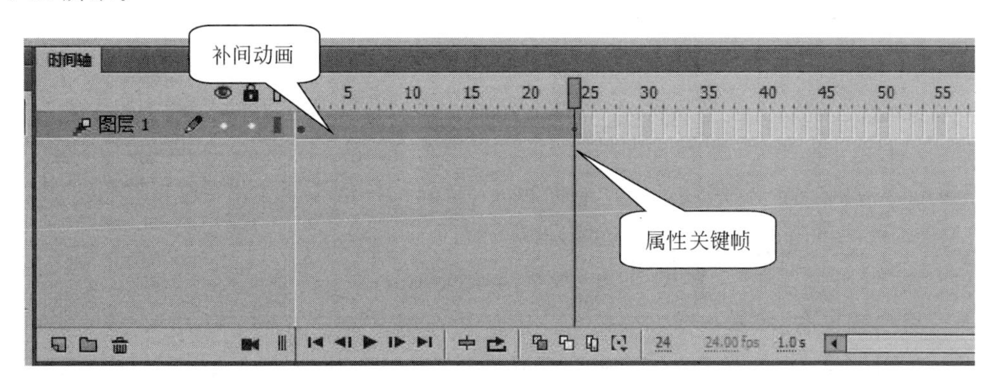

图 6-11 补间动画时间轴效果

补间动画中使用的是属性关键帧而不是关键帧，实现的是同一个元件的大小、位置、颜色、透明度 Alpha 值、旋转等属性的变化。

属性关键帧和关键帧不同，是在补间范围内为目标对象元件定义一个或多个属性值的帧。在时间轴上标记为菱形黑点。

2. 创建补间动画的步骤

(1) 建立一个新图层，确定补间动画开始的位置，在该位置上插入一个关键帧，并导入或制作动画对象(注意：制作的动画对象必须是元件，如果不是元件，动画创建时会弹出对话框提示转换)。

(2) 右击该开始帧，在打开的快捷菜单中选择“创建补间动画”，Animate 会自动生成一段补间帧，可以把鼠标移动到帧区，当鼠标变成双向箭头后，左右拖动鼠标，调整动画的长度；也可右击需要结束的位置，选择“插入帧”或者按 F6 功能键，建立一个属性关键帧。

(3) 选中结束帧，拖动元件，此时将自动生成从开始帧到结束帧的一条直线路径，路径上的每一个点都是一帧移动的距离，元件将沿着该直线路径运动。

如果要生成曲线路径，使用“选择工具”，拖动路径上的控制点即可；也可以自定义笔触作为运动路径，特殊情况是在一个图层中，用铅笔工具画圆或椭圆，然后用橡皮擦稍微擦掉一点，让圆有个小缺口(因为要求路径是不可以闭合的)，然后粘贴到补间动画，这样，就可以完成类似“字母绕圈转动”的例子；另外若要使相对于该路径的对象运动方向保持不变，可在属性面板中选择“调整到路径”选项，参见图 6-12。

(4) 除了可以移动元件的位置外，如果还需要改变元件的大小和色彩效果，选中元件，

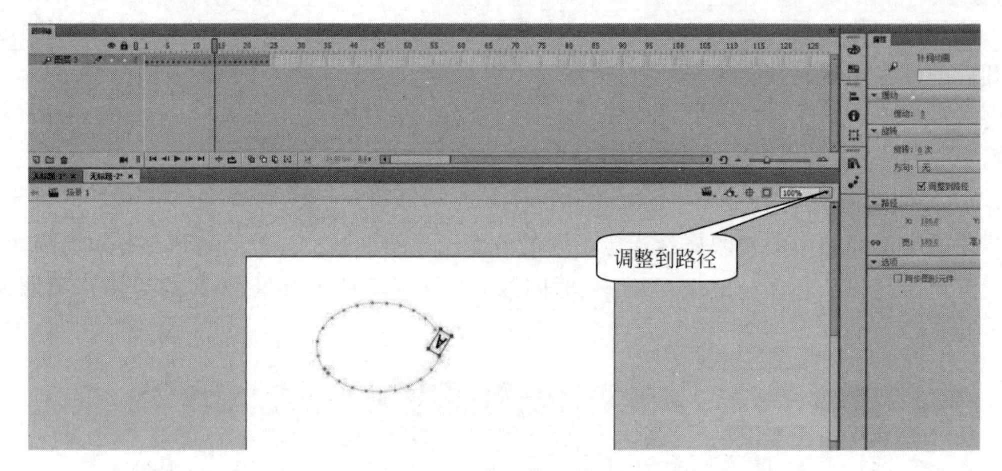

图 6-12　字母绕圈转动

选择“窗口”|“属性”命令，在打开的控制面板中，修改元件的位置大小、色彩效果（例如：其中的 Alpha 属性可用来调整元件的透明度）等属性。

（5）选择“控制”|“测试影片”命令，观看播放的效果。

3.“动画编辑器”面板

创建完补间动画后，双击补间动画其中任意帧，即可在“时间轴”面板中打开“动画编辑器”面板，如图 6-13 所示。“动画编辑器”将在网格上显示属性曲线，该网格表示发生选定补间的时间轴的各个帧。利用该面板可以看到选中的补间动画的各个帧的属性设置，可以以多种不同的形式来调整补间，调整对单个属性的补间曲线形状，向各个属性和属性类别添加不同的预设缓动和自定义缓动等。

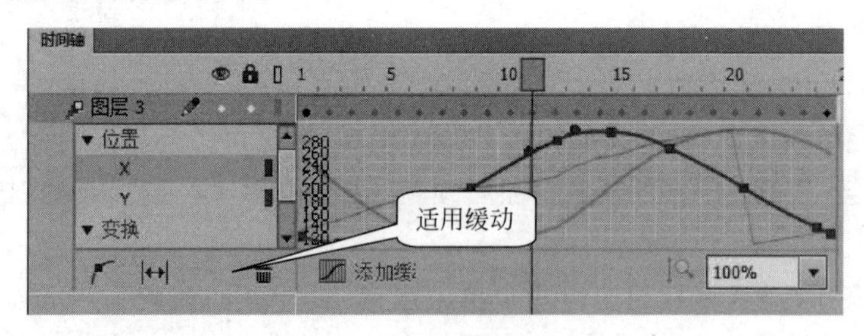

图 6-13　“动画编辑器”面板

基本使用方法如下：

（1）单击▶和▼按钮，可以展开或者收缩属性类别内的各属性行，例如，展开“位置”属性类别，可以设置元件的 X、Y 的曲线；展开“变换”“旋转”属性类别，可以调整旋转 Z 的曲线。

（2）单击◀和▶按钮，可以切换到上一个或者下一个属性关键帧。

4. 设置补间动画的属性

选中一段补间动画，选择“窗口”|“属性”命令，打开“属性”控制面板，在该面板中可进一步设置动画旋转的次数、旋转的方向和速度等选项。

6.2.3 传统补间动画

1. 传统补间动画

传统补间的创建过程与补间形状的创建过程有相同之处，不同的是操作的对象是元件，在时间轴上显示为淡紫色背景、实心箭头。

2. 创建传统补间动画的步骤

(1) 建立一个新图层，确定动画开始的位置，在该位置插入一个关键帧，并导入或制作动画对象(制作的动画对象必须先转换成元件)。

(2) 在动画结束帧中插入一个关键帧，可通过"属性"面板，修改元件的大小、颜色或位置等属性。

(3) 选中动画开始的关键帧，右击，在打开的快捷菜单中选择"创建传统补间动画"选项，完成传统补间动画的创建。

(4) 选择"控制"|"测试影片"命令，观看播放的效果。

6.2.4 多图层动画

1. 曲线动画

移动补间实例在舞台上的位置时，会看到该动画在舞台上显示的一条运动路径。补间路径是一条表示所补间实例空间运动的直线。其中的圆点(有时称为"补间点"或"帧点")表示时间轴中目标对象沿路径的位置。更改补间路径为曲线，就会形成曲线动画。

通常会使用以下工具或方法更改补间路径为曲线：

(1) 使用选取、部分选取或任意变形工具更改路径的形状或大小。

(2) 使用"变形"面板或"属性"检查器更改路径的形状或大小。

(3) 将自定义笔触作为运动路径进行应用。

(4) 使用动画编辑器。

2. 引导层动画

1) 引导层的作用

在传统的补间动画中，对象是直线运动的，引导层的作用可以改变关联图层中对象的运动轨迹。不过，随着补间动画的流行，它的作用已经被大大削弱了。

2) 插入引导层的操作方法

右击需关联运动路径的图层，在打开的快捷菜单中选择"添加传统运动引导层"命令。

3) 引导层的操作要点

(1) 创建的引导层必须位于与其关联的图层之上。

(2) 运动对象的中心点必须锁定在引导路径首、末端点处。

(3) 引导层完成后应将其锁定，以便操作。

(4) 引导层不支持全封闭的引导路径，引导路径应有一个小缺口。

(5) 引导层中引导路径在动画播放时不会显示。

3. 遮罩动画

1) 遮罩层

用于遮盖对象所在的层称为遮罩层，被遮盖对象所在的层称为被遮罩层。利用遮罩层技术可制作出动画的很多特殊效果，例如图像的动态切换、动感效果等。

2）创建遮罩层的操作方法

（1）右击作为遮罩的图层，在打开的快捷菜单中选择“遮罩层”命令。选中的图层转换为遮罩层，其下方的图层自动转换为被遮罩层，并且它们都自动被锁定。

（2）选择“修改”|“时间轴”|“图层属性”命令，在“图层属性”对话框中将选中的层设为遮罩层。

3）取消遮罩效果

（1）双击遮罩图层的名称，打开“图层属性”对话框，选中“一般”单选项。

（2）右击作为遮罩的图层，在打开的快捷菜单中取消选中“遮罩层”命令。

4）分散到图层

可以将同一图层上的多个对象分配到不同的图层中并为图层命名，然后再进行遮罩。例如，选中文字，按 Ctrl＋B 组合键，将英文打散。选择“修改”|“时间轴”|“分散到图层”命令，如图 6-14 所示。

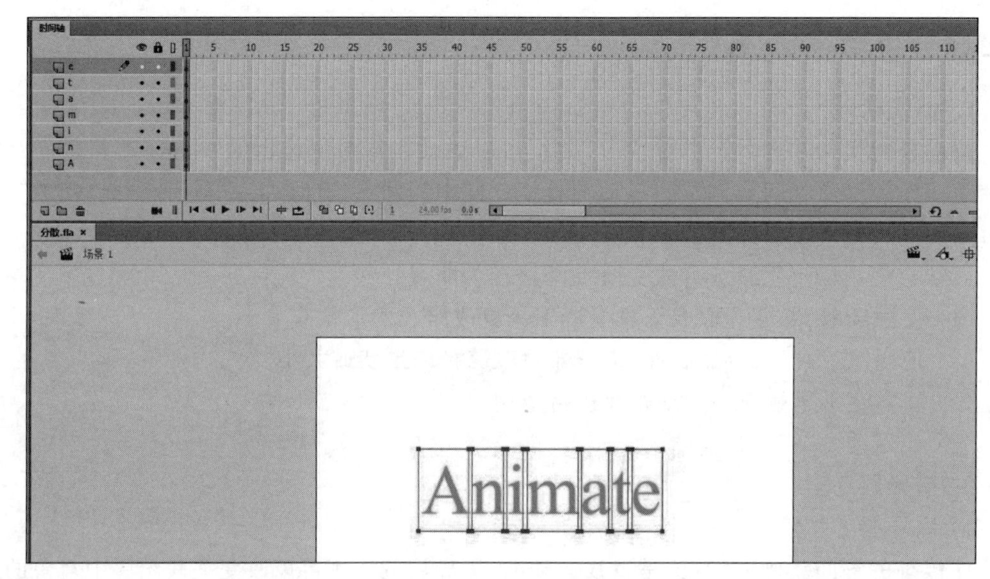

图 6-14　分散到图层

5）遮罩层的操作要点

（1）当某个层被设置为遮罩层后，该层和与其相关联的普通层均被锁定，解锁后不会显示遮罩效果。

（2）遮罩层必须位于与其关联的被遮罩层之上。普通层只需拖到遮罩层下面，并将其锁住，就可转换成被遮罩层。被遮罩层只需拖到遮罩层上面，就可转换为普通层。

（3）如果用于遮罩的是矢量图形，一般建立补间形状动画；如果用于遮罩的是文本对象、图形实例或影片剪辑实例，一般建立补间动画。

6.2.5　综合动画

综合动画是同时包含多种类型的动画，不但有逐帧动画、补间形状动画、补间动画、遮罩动画等，而且后期还需要为动画配音，添加播放按钮，分成更多场景联动等，最终形成一个完整的作品。如经典的“三个和尚没水吃”的动画故事(参见图 6-15)。综合动画做起来,需要更长的时间和整个团队的配合,后期的调试和配置、美工等都需要整体协调。如果发现问题要及时更改。例如在创建复杂的矢量图形时,为了避免图形之间的自动合并,可以对其进行组合,使其作为一个对象来进行整体操作处理。组合后的图形对象也可以进行分离返回原始状态。再比如 Animate CC 中不能录音,只能导入声音,允许导入的声音文件格式有 wav、aiff 和 mp3 等。

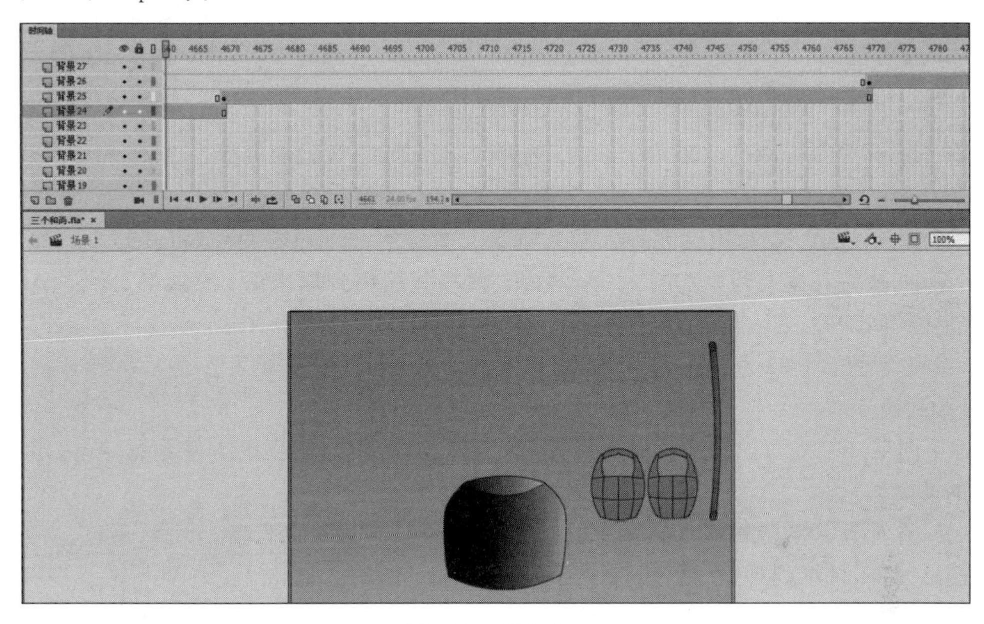

图 6-15　综合动画

6.2.6　修改元件中心动画

1. 修改元件中心点

元件中心移动形成了修改元件中心动画,如钟的摆动、树枝的上下摇摆。操作的要点是选中元件,利用“任意变形工具”调整元件的中心点。

2. 修改元件中心的动画案例

例如制作“灯笼”的摇曳效果,就要选中“灯笼”元件,利用“任意变形工具”调整“灯笼”元件的中心点到横的支架上,否则灯笼就会绕着原来的中心转圈,无法形成摇曳效果,如图 6-16 所示。

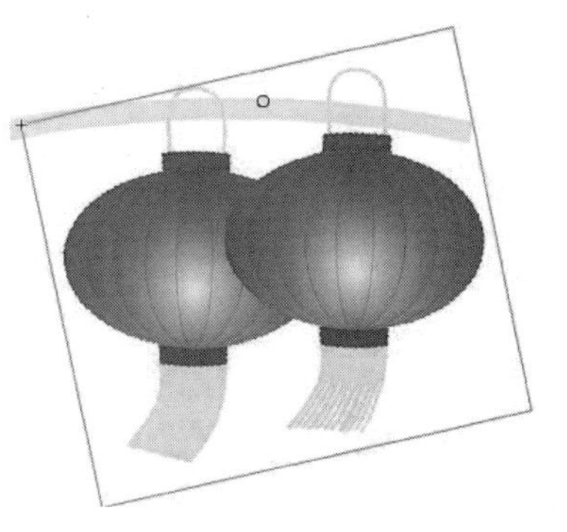

图 6-16　修改元件中心动画

6.2.7　骨骼动画

1. 骨骼动画

在 Animate CC 中,骨骼动画使用骨骼的关节结构,对一个对象或彼此关联的一组对象进行动画处理。例如,通过骨骼动画可以轻松地创建人物的四肢运动等。

2. 骨骼动画例子

例如在第一帧导入库中的影片元件挖掘机前臂、挖掘铲等，然后利用工具箱中的骨骼工具将各部分连接起来，做成骨骼关节。并分别在第20帧、第40帧、第60帧、第80帧右击，利用快捷菜单插入姿势，并利用选择工具拖动设计姿势，测试动画如图6-17所示。

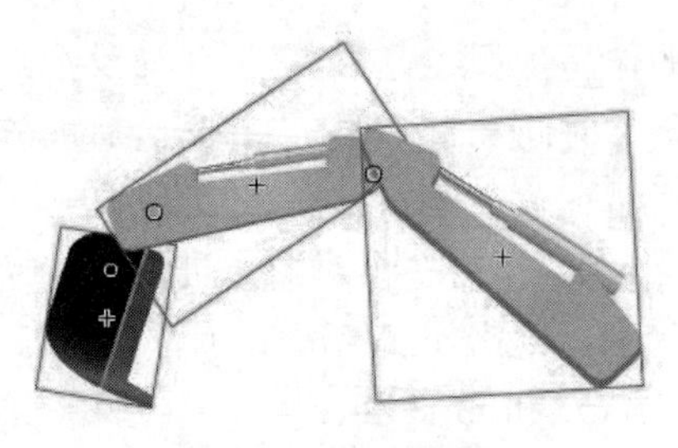

图6-17　骨骼动画

6.2.8　综合练习

扫码观看

打开案例Animate6-2-2.fla文件，按下列要求制作动画，效果参见样张Animate6-2-2.swf，制作的结果以Animate6-2-2.swf为文件名，导出影片并保存到磁盘上。

(1) 制作"星星"影片剪辑元件：第1帧导入库中的star.jpg图片，将其缩小到原来的20%，第10帧将其放大到原来的160%，第45帧将其缩小到原来的60%，第1帧、第10帧分别创建补间动画。

(2) 设置舞台背景为深蓝色#000033，帧频为8fps，图层1导入多个星星影片剪辑元件，延续到第50帧。

(3) 图层2导入"月亮"影片剪辑元件，适当放大，制作"月亮"第1帧到第50帧沿曲线运动的动画。

(4) 插入图层3，竖排输入文字"星月交辉"，字体格式为华文行楷、55磅、黄色。将其转换为图形元件，延续到第50帧。

(5) 插入新图层，导入图形元件，调整位置与图层3中的文字重合，第1帧到第50帧从原位置向左上方移动，透明度由100%到20%。

(6) 重复步骤(5)第1帧到第50帧从原位置向右下方移动，透明度由100%到20%。

将操作结果导出为Animate6-2-2.swf文件。

操作提示：

第(1)题：选择"文件"|"打开"命令，打开文档，选择"窗口"|"库"命令，打开库控制面板。选择"插入"|"新建元件"命令，在对话框中的"名称"框中输入"星星"；"类型"选择"影片剪辑"单选项，单击"确定"按钮，打开元件编辑窗口。选中第1帧，将库中的位图Star拖动到元件编辑区，选择"窗口"|"变形"命令，在"变形"面板中高和宽分别设为20%。选择"修改"|"转换为元件"命令，将其转换为图形元件1。选中第1帧，右击，在打开的快捷菜单中选择"创建补间动画"命令。选中第10帧，在"变形"面板中将高和宽分别设为160%。选中第45帧，在"变形"面板中将高和宽分别输入60%。单击窗口左上角的"场景1"图标返回舞台。

注意：此处也可以利用传统补间动画来进行制作。

第(2)题：选择"修改"|"文档"命令，在对话框中帧频设置为8fps；背景颜色设置为#000033。选择"窗口"|"库"命令，打开库。选中第1帧，将库中的"星星"影片剪辑元件多次拖动到舞台，选中第50帧，按功能键F5，插入普通帧。

第(3)题：选择"插入"|"时间轴"|"图层"命令，插入图层2。选中第1帧，将库中的"月亮"影片剪辑元件拖动到舞台左上角。右击第1帧，在打开的快捷菜单中选择"创建补间动

画”命令，选择第 25 帧，按功能键 F6，移动元件的位置到右上角，利用“选择工具”，调整路径，选择第 50 帧，按功能键 F6，移动元件的位置到左上角，调整路径。

第(4)题：插入新图层，选中第 1 帧，单击工具箱中的“文本工具”，在属性面板中设置文字格式为华文行楷、大小为 55 磅、颜色为黄色，输入文字“星月交辉”。选择“修改”|“转换为元件”命令，将其转换为图形元件 2。

第(5)题：插入新图层，选中第 1 帧，将库中的图形元件 2 拖动到舞台，与图层 3 的文字重合。右击第 1 帧，在打开的快捷菜单中选择“创建补间动画”命令。选中第 50 帧，将元件实例向左上移动，单击元件实例，选择“属性”面板中“色彩效果”样式下拉列表中的 Alpha 选项，将透明度值设置为 20%。

第(6)题：重复第(5)题操作。

测试并导出影片，效果大致如图 6-18 所示。

图 6-18　案例 6-2-2 效果部分截图

习　　题

1. 打开文件素材 donghua-1. fla，按下列要求制作动画，制作结果以 donghua-1.swf 为文件名导出影片并保存在磁盘上。演示效果参见样张 donghua-1. swf。

(1) 设置动画帧频为 8fps。

(2) 图层 1 导入库中的位图 BJ，动画延续到第 70 帧。

(3) 图层 2 每隔 10 帧导入库中的图片，延续到第 70 帧。

(4) 图层 3 导入库中的元件 1“水乡风光”，第 11 帧到第 30 帧形状渐变为“小桥流水”(元件 2)，延续到第 40 帧。第 41 帧到第 60 帧形状渐变为“江南水乡”(元件 3)，延续到第 70 帧。

(5) 测试动画，将操作导出为 donghua-1. swf 文件。

操作提示：

第(1)题：选择“文件”|“打开”命令，打开文档。选择“修改”|“文档”命令，在对话框中将帧频设置为 8fps。

第(2)题：将库中的位图 BJ 拖动到舞台。选中第 70 帧，按功能键 F5，插入普通帧。

第(3)题：选择“插入”|“时间轴”|“图层”命令，插入图层 2。选中第 1 帧，将库中的位图

TP1.jpg 拖动到舞台,使用“任意变形工具”适当缩小位图。选中第 10 帧,按功能键 F7,插入空白关键帧,将库中的位图 TP2.jpg 拖动到舞台,设置其大小。重复上述操作,依次将库中位图导入到舞台。选中第 70 帧,按功能键 F5,插入普通帧,延续第 50 帧中动画的内容。

第(4)题:插入图层 3,选中第 1 帧,将库中的元件 1 拖动到舞台。选中第 11 帧,按功能键 F6,插入关键帧,多次选择“修改”|“分离”命令,将元件实例彻底分离。选中第 30 帧,按功能键 F7,插入空白关键帧,将库中的元件 2 拖动到舞台,多次选择“修改”|“分离”命令,将元件实例彻底分离。选中第 11 帧右击,在打开的快捷菜单中选择“创建补间形状”。重复上述操作,在第 41 帧到第 60 帧中完成“小桥流水”渐变为“江南水乡”的形状渐变动画。

此时,在时间轴上会看到第 11 帧到第 30 帧、第 41 帧到第 60 帧呈绿色区域和从左到右的箭头,这就成功创建补间形状动画。

第(5)题:选择“控制”|“测试影片”命令,测试动画。选择“文件”|“导出”|“导出影片”命令,导出影片 donghua-1.swf。

2. 打开素材 donghua-2.fla 文件,按下列要求制作动画,效果参见样张 donghua-2.swf,制作的结果以 donghua-2.swf 为文件名导出影片并保存在磁盘上。

(1) 设置动画帧频为 8fps。

(2) 制作影片剪辑元件从左往右运动的遮罩动画。

(3) 制作“美丽的草原”文字遮罩动画。文字格式为华文行楷、55 像素、仿粗体、颜色自定。

(4) 制作“我的家”文字每隔 15 帧改变颜色的动画。

(5) 导入音乐 music.mp3。

(6) 测试动画,将操作导出为 donghua-2.swf 文件。

操作提示:

第(1)题:选择“文件”|“打开”命令,打开文档,选择“修改”|“文档”命令,在对话框中将帧频设置为 8fps。

第(2)题:选中第 1 帧,将库中的位图 TP 拖动到舞台。选择“修改”|“转换为元件”命令,将图片转换为图形元件,名称为 TP。选择“属性”面板中“色彩效果”样式下拉列表中的 Alpha 选项,将透明度设置为 50%。选中第 60 帧,按功能键 F5,插入普通帧。

选择“插入”|“时间轴”|“图层”命令,插入图层 2。选中第 1 帧,将库中的位图 TP 拖动到舞台。

插入图层 3,选中第 1 帧,将库中的影片剪辑元件 1 拖动到舞台左边。选择工具箱中的“任意变形工具”使其水平翻转。右击第 1 帧,在打开的快捷菜单中选择“创建补间动画”命令。选中第 60 帧,将元件实例拖动到舞台右边。插入图层 4,选中第 1 帧,选择工具箱中的“椭圆工具”,笔触颜色选择无,填充色选择黑色,在舞台的左边绘制一个椭圆,覆盖图层 3 中的元件实例。选中第 60 帧,按功能键 F6,插入关键帧,使用“任意变形工具”将椭圆放大。选中第 1 帧,选择“插入”|“创建补间形状”命令。右击图层 4,在打开的快捷菜单中选择“遮罩层”命令。

右击图层 2,在打开的快捷菜单中选择“属性”命令,打开“图层属性”对话框,选中“被遮罩”单选项,将图层 2 设置为被遮罩层。

注意:遮罩层只能有一个,被遮罩层可以有多个。

第(3)题：插入图层5，选中第1帧，将库中的图形元件2拖动到舞台，适当放大，选中第60帧，插入普通帧。

插入图层6，选中第1帧，单击工具箱中的“文本工具”，在属性面板中设置文字格式为华文行楷、55像素，利用“文本”|“样式”制作仿粗体，在舞台右边输入文字“美丽的草原”。选择“修改”|“转换为元件”命令，将文字转换为图形元件，名称为WZ1。右击第1帧，在打开的快捷菜单中选择“创建补间动画”命令。选中第30帧，将文字图形元件拖动到舞台左边，选中第50帧，将文字图形元件拖动到舞台中间。右击图层6，在打开的快捷菜单中选择“遮罩层”命令。

第(4)题：插入图层7，选中第1帧，单击工具箱中的“文本工具”，在属性面板设置字体为华文行楷、55像素、红色，输入文字“我的家”，利用“文本”|“样式”制作仿粗体。选择“修改”|“转换为元件”命令，将文字转换为图形元件，名称为WZ2。右击第1帧，在打开的快捷菜单中选择“创建补间动画”命令。分别在第15帧、第30帧、第45帧、第60帧单击元件实例，选择“属性”面板中“色彩效果”样式下拉列表中的“色调”选项中改变元件实例的颜色。

第(5)题：选择“文件”|“导入”|“导入到库”命令，将music声音文件导入到库，插入新图层，选中第1帧，将库中的声音文件拖动到舞台。在属性面板的“同步”下拉列表中选择“数据流”选项。

选择“控制”|“测试影片”命令，测试动画。导出影片donghua-2.swf。

第7章 网页制作(Dreamweaver)

目的与要求

(1) 熟练掌握用 Dreamweaver 新建本地站点的方法。

(2) 掌握站点的编辑、复制和删除等操作。

(3) 熟练掌握在站点中新建网页及表格布局网页的方法。

(4) 掌握网页中各种元素的应用和属性设置的方法。

(5) 熟练掌握网页中各种超链接的设置的方法。

(6) 熟练掌握网页中表单的制作的方法。

(7) 了解网页中多媒体的插入和动态字幕的制作。

7.1 网页制作基础及基本操作

案例 7-1 中使用的素材位于“第 7 章\素材\案例 7-1”文件夹,样张位于“第 7 章\样张\案例 7-1”文件夹。

本案例主要对表格布局的网页插入各种元素,如文字、图片、项目列表、编号列表、水平线、半角空格、特殊字符和日期等,主要涉及文字的样式,图片的大小,项目和编号列表的应用,水平线、半角空格、特殊字符和日期等元素的插入及编辑操作。

案例 7-1 启动 Dreamweaver,按要求完成以下各小题的操作。

(1) 将“第 7 章\素材\案例 7-1\wy”文件夹复制到 C:\KS 下,启动 Dreamweaver,创建站点名称为 Mysite,本地根文件夹指向 C:\KS\wy。

(2) 打开 index.html 网页,将表格 1 第 3 行第 2 列单元格中文字设置为华文新魏、18px,加粗,颜色为#FFFFFF,水平左对齐;为“2005 年成都·温江——2021 年上海·崇明”添加编号列表,并在段首“中国花卉博览会……”前添加 4 个半角空格。

(3) 在表格 1 第 3 行第 1 列单元格中,插入鼠标经过图像,原始图像为站点文件夹中 images/mengmeng.jpg,鼠标经过图像为 images/yuanyuan.jpg,调整图片大小为 120px×150px(宽×高);在表格 2 第 2 行第 1 列单元格中,插入站点文件夹 images/img1.jpg,并调整图片大小为 200px×250px(宽×高)。

(4) 在表格 2 下方插入颜色为#FFFF00 的水平线,宽度设为 90%,高度为 5,带阴影,居中对齐。

(5) 在水平线下方输入文字“版权所有”,后面插入版权符号和“中国”二字,居中对齐;另起一行,插入能自动更新的日期和时间,格式如“2021 年 5 月 21 日星期五”,居中对齐。保存 index.html 页面,并浏览页面。

提示：网页制作中页面效果图仅供参考。由于显示器分辨率或窗口大小的不同，网页中文字的位置可能略有差异，图文混排效果大致相同即可；由于显示器颜色差异，做出的结果与参考图存在色差也属正常。

操作步骤如下：

第(1)题：将“第 7 章\素材\范例 3\wy”文件夹复制到 C:\KS 下，启动 Dreamweaver，选择“站点”|“新建站点”菜单命令，打开“站点设置对象”对话框，单击“站点”，并在右侧“站点名称”中输入“Mysite”，单击“本地站点文件夹”右边的“浏览文件夹”按钮，选择 C:\KS\wy 路径，然后单击“保存”按钮。

第(2)题：在文件面板区域双击打开 index. html 网页，选择“窗口”|“属性”菜单命令，打开“属性”面板。选中表格 1 第 3 行第 2 列单元格所有文字，单击“属性”面板中的 CSS 标签，选择“字体”|“管理字体”命令，弹出“管理字体”对话框，单击“自定义字体堆栈”标签，在右下角“可用字体”列表中搜索或输入华文新魏，单击向左添加按钮 << ，则将字体添加到字体列表中，单击“完成”按钮；再次选择“字体”命令，就可找到刚添加的“华文新魏”选项(见图 7-1)。在“大小”中选择 18，单位 px(像素)；在“字体粗细”中选择 bold(表示加粗)；在“颜色”中输入＃FFFFFF，然后按 Enter 键。在属性面板中，水平设置左对齐。

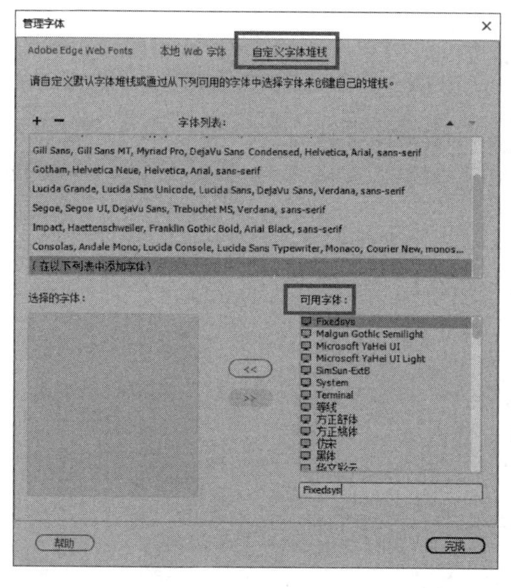

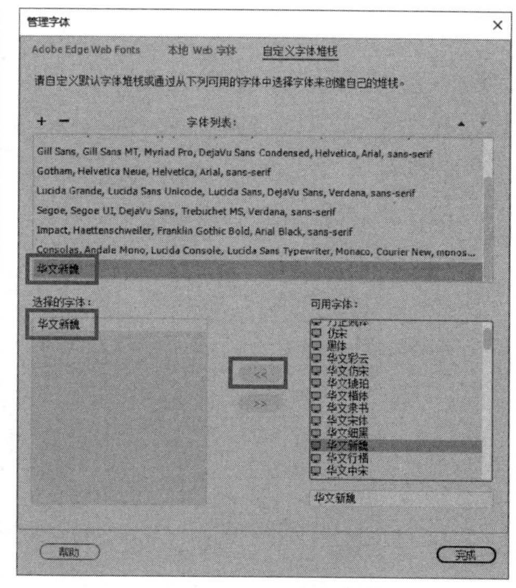

图 7-1　字体设置

将光标分别放置在 2005 年、2009 年、2013 年、2017 年和 2021 年前面，按 Enter 键，使得它们分段落显示(注意：项目列表和编号列表都是针对段落而言的，所以需对它们进行分段)。接着，选中上述 5 个段落，单击“属性”面板中的 HTML 标签，选择编号列表按钮。

再将光标放在“中国花卉博览会”前，单击插入面板区域，选择 HTML 中倒数第二项，不换行空格，在光标所在位置连续单击 4 次，即添加了 4 个半角空格(此时，将设计视图切换至拆分视图：上方为设计视图，下方为代码视图；对应设计视图“中”字前面，在代码视图中出现了 4 个半角空格代码“ ”，见图 7-2)。本题也可以选择“编辑”|“首选项”菜单命令，在常规类右侧勾选“允许多个连续的空格”复选框，单击“应用”按钮；然后在“中”字前面按 Space 空格键 4 次，结果也是添加 4 个半角空格。

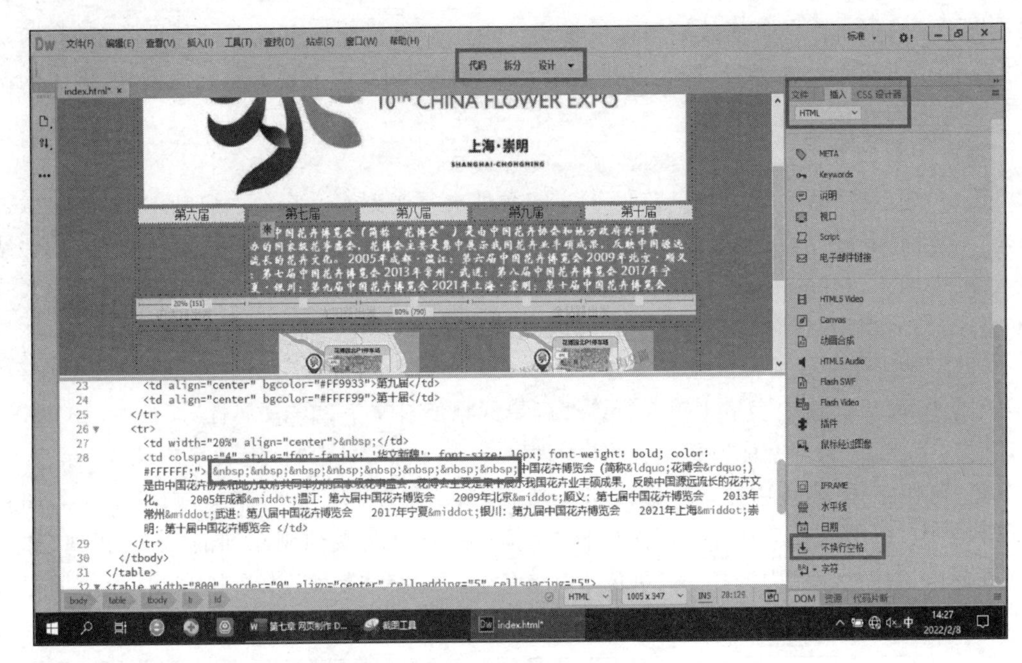

图 7-2　拆分视图

第(3)题：切回设计视图，将光标定位在表格 1 第 3 行第 1 列单元格中，单击插入面板区域，选择 HTML 中倒数第六项，鼠标经过图像，弹出“插入鼠标经过图像”对话框，原始图像选择站点文件夹中的“images/mengmeng. jpg”，鼠标经过图像选择“images/yuanyuan. jpg”，单击“确定”按钮(见图 7-3)。

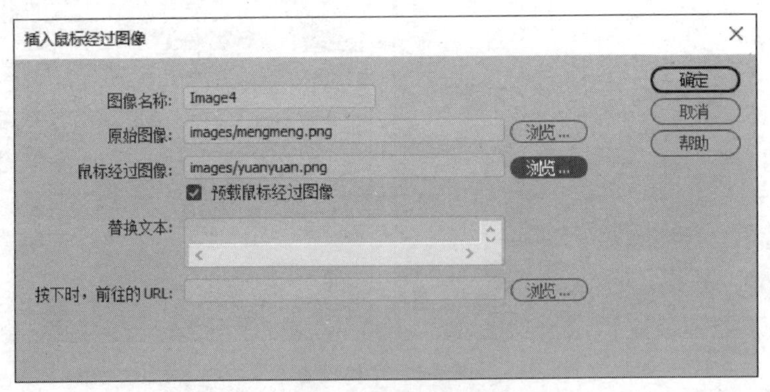

图 7-3　鼠标经过图像

再次选择所插入图像，在属性面板中需要确保宽和高旁的“锁”按钮为解锁状态，然后设置 120px×150px(宽×高)，单击“√”以提交图像大小(见图 7-4)，在弹出的对话框中单击

图 7-4　图像设置

"确定"按钮。

再将光标定位在表格 2 第 2 行第 1 列单元格中，将站点文件夹中"images/img1.jpg"图像拖曳其中，确保宽和高旁的"锁"按钮为解锁状态，设置 200px×250px(宽×高)，单击"√"以提交图像大小，在弹出的对话框中单击"确定"按钮。

第(4)题：将光标定位在表格 2 右边，单击插入面板区域，选择 HTML 中倒数第四项，水平线，此时表格 2 下方出现一根水平线，在"属性"面板中宽度设为 90、单位设为百分比，高度设为 5，对齐设置为居中对齐，勾选阴影复选框(默认是勾选的)。

切换至拆分视图，单击水平线，会看到代码窗口< hr align="center" width="90%" size="5">，将光标放在 size="5"后面，输入一个空格出现代码，选择 color 后出现 color=""，在双引号内输入颜色值 color="#FFFF00"，完成水平线颜色设置(见图 7-5)。只有预览时，才能看到水平线的颜色。

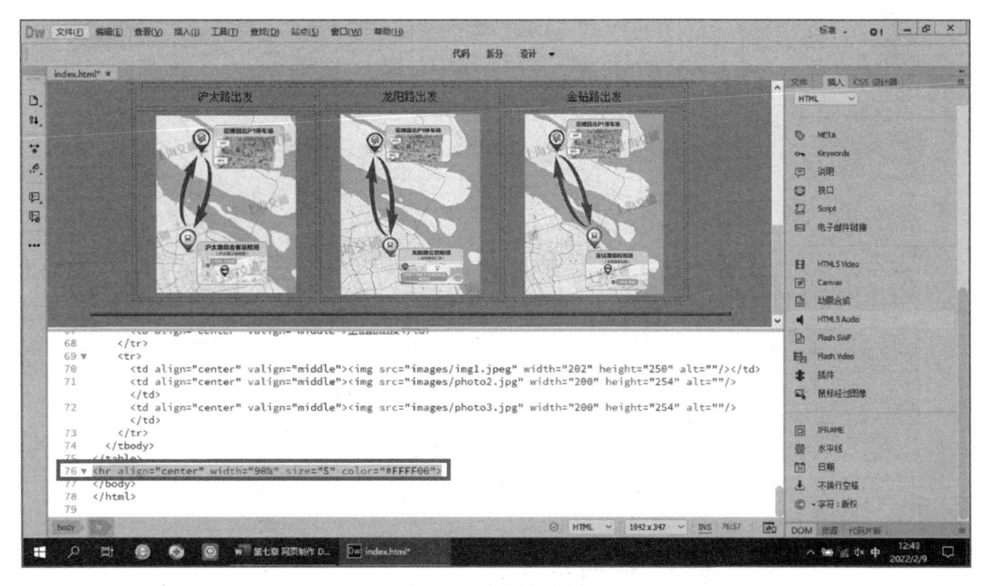

图 7-5　水平线设置

第(5)题：切换至设计视图，将光标定位在水平线右边，按 Enter 键。输入文字"版权所有"，单击插入面板，选择 HTML 中倒数第一项，特殊字符，插入版权符号©，再输入"中国"。单击"属性"面板中 CSS 标签，选择居中对齐按钮；按 Enter 键另起一行，单击插入面板，选择 HTML 中倒数第三项，日期，弹出"插入日期"对话框，选择年、月、日、星期的格式，勾选"储存时自动更新"复选框(见图 7-6)。

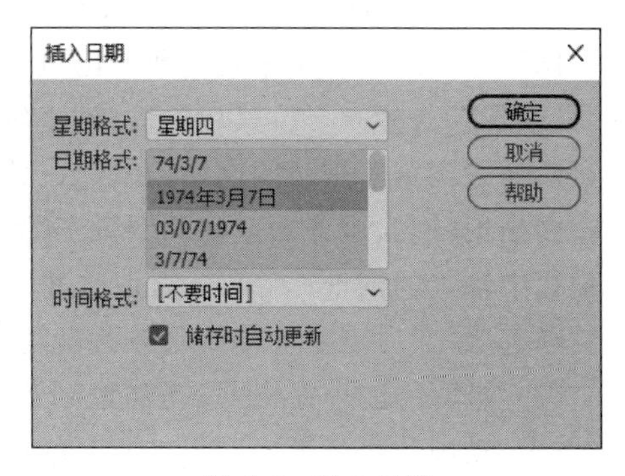

图 7-6　插入日期

选择"文件"|"保存"菜单命令，再选择"文件"|"实时预览"|"360 安全浏览器/Internet Explorer"菜单命令进行网页浏览。样张如图 7-7 所示。

图 7-7　案例 7-1 样张

7.1.1　网站概述和操作界面介绍

1. 网站和网页

网站是网络中一个站点内所有网页的集合。简单地说，网站是一种借助于网络的通信工具，就像公告栏一样，可以通过网站来发布信息，或者利用网站来提供相关的服务。故人们可以通过浏览器来访问网站，获取自己需要的信息或者享受网络服务。

网站由域名、服务器空间和网页三部分组成。网站的域名就是在访问网站时在浏览器地址栏中输入的网址；而网页则是通过 Dreamweaver 等软件编辑出来，多个网页由超级链接关联起来，然后需要上传到服务器空间中，供浏览器访问网站中的内容。

(1) 网页：也叫 Web 页，是通过浏览器所看到的每一个页面，包含了很多的内容，如文字、图像、动画和声音等。网页中所有的这些内容都是通过 HTML 语言描述的，HTML 的全称是 Hypertext Markup Language，中文称为“超文本标记语言”。网页文件的扩展名通常是 htm 或 html。

(2) 网站：也叫站点，是指在 Internet 上，将一组网页组织规划，彼此相连，通过发布，使其在 Internet 上能看到这些网页信息，这样一个完整的结构就叫站点。一个网站对应一个文件夹，它其中可能还包含各种分门别类的子文件夹。

2. 操作界面介绍

Dreamweaver 是由美国 Adobe 公司推出的一款专业的网页编辑软件，集网页制作和网站管理于一体，并提供网页的可视化编辑和 HTML 代码编辑两种操作界面，能够有效地开发和维护基于 Web 标准的网站和应用程序。

(1) 创建类型：可以新建 HTML、CSS、PHP 等文档类型(见图 7-8)，这里我们选择创建 HTML 文档。

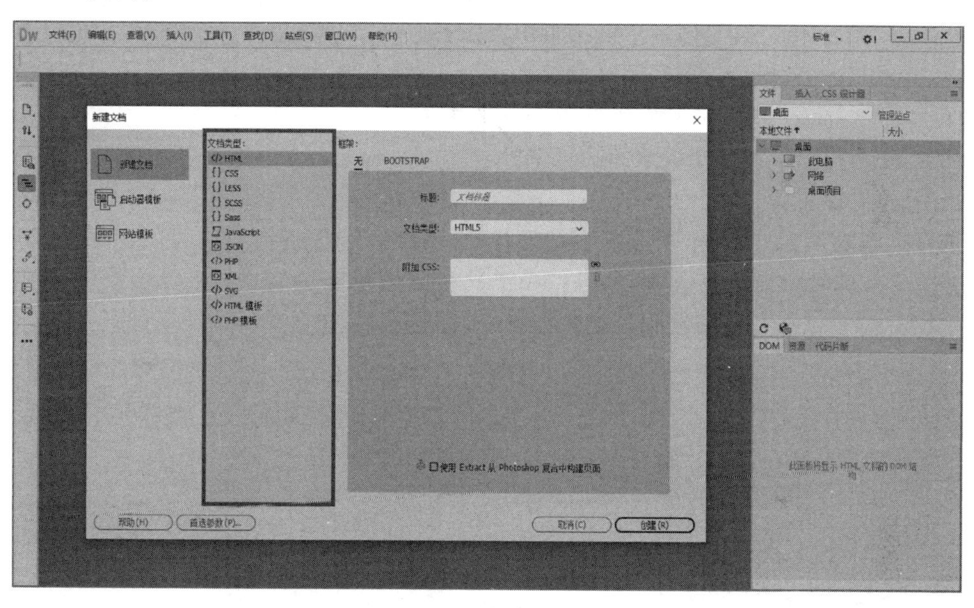

图 7-8　创建类型

(2) 编辑窗口：有菜单栏、工具栏、视图区、编辑区和面板区等(见图 7-9)。

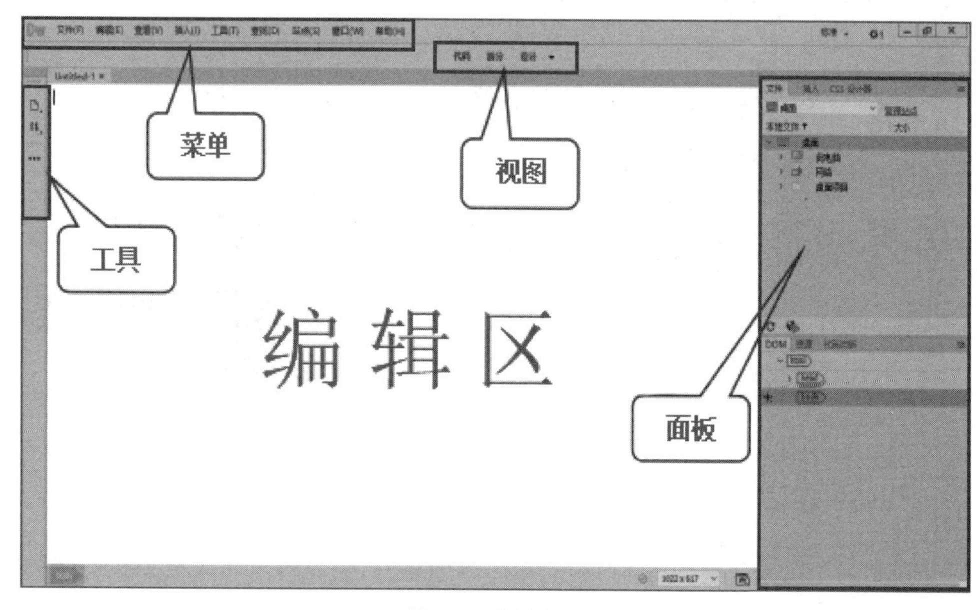

图 7-9　编辑窗口

提示：视图区由代码视图、拆分视图（也叫代码与设计视图）和设计视图三部分组成，三者可切换使用。作为初学者，一般选择设计视图作为编辑区；作为编程者，需要知道代码视图中都是首尾成对出现的HTML代码，用来标记文档的相关内容，代码也可嵌套表示。常见的HTML代码如下。

- <html></html>：表示这是一个HTML文档。
- <head></head>：表示这是文档的头部，通常作为文档的相关说明。
- <title></title>：用来定义网页的标题。
- <body></body>：用来定义网页中的内容。
- <table></table>：用来定义表格。
- <tr></tr>：用来定义表格内的行。
- <td></td>：用来定义表格内的列。

3. 操作界面重置

有的同学在编辑网页时，不小心会把工具栏、面板区等进行拖曳或关闭。那么，解决的办法就是：选择“窗口”菜单选项，进行相应工具栏或面板区的勾选；或者单击“标准”下拉列表，选择“重置标准”，以恢复到最初的编辑窗口（见图7-10）。

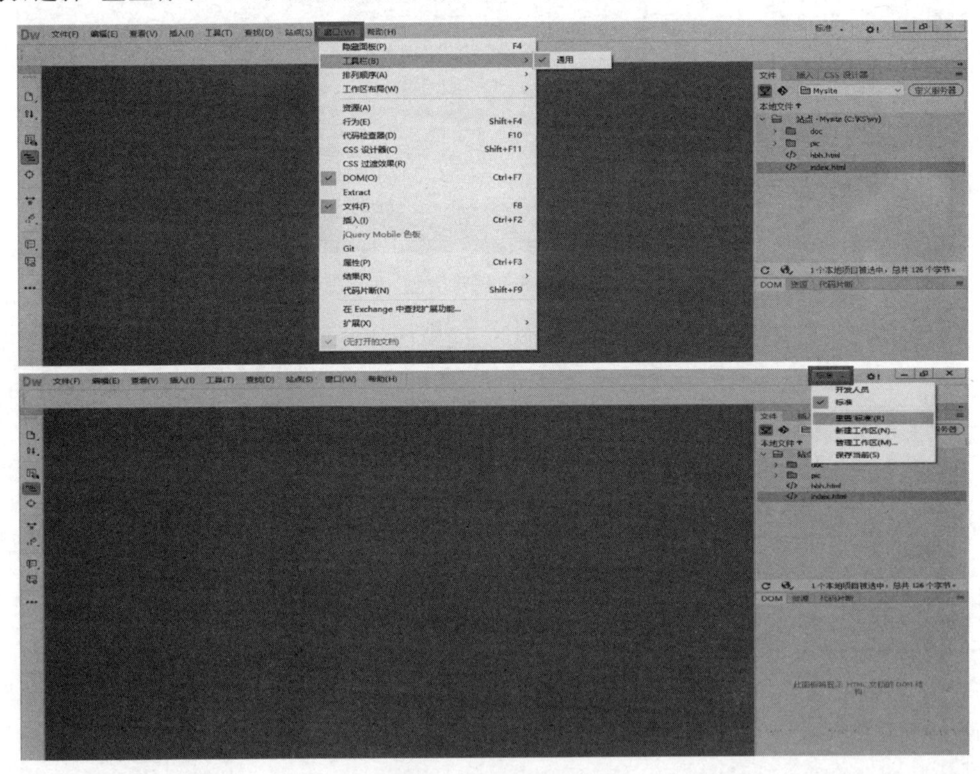

图7-10 操作界面重置

7.1.2 创建站点和站点的管理

网站是根据一定的规则将网页有机组织起来的集合，可以通过超级链接实现网页的相互访问。网站一般为一个多文件整体，用来描述一组完整的信息或达到某种期望的宣传效果。网页是构成网站的基本元素，是一个文件，网页里可以包含文字、图片、声音、视频等。在进行网页设计时，通常需要先建立站点，以方便管理相关文件。

扫码观看

例 7-1 创建一个新的站点，并对站点进行管理。站点所需的素材文件位于“第 7 章\素材\例 7-1”文件夹中，样张位于“第 7 章\样张\例 7-1”文件夹中。要求：

(1) 使用 Dreamweaver，以 C:\FL 为站点文件夹，定义一个名为 test 的本地站点。

(2) 复制 test 站点，将站点名称更名为 Mysite，本地根文件夹设置为 C:\KS\wy，并在管理站点中删除 test 站点。

(3) 在站点文件夹 C:\KS\wy 下新建两个子文件夹，分别是 doc 和 pic；并在 pic 文件夹下再新建两个子文件夹，分别是 images 和 photo。

(4) 在站点文件夹 C:\KS\wy 下新建文件，文件名为 index.html。

(5) 将“第 7 章\素材\例 7-1”文件夹中的“花博会.html”文件导入到站点文件夹 C:\KS\wy 下，并更名为“hbh.html”。

(6) 将“第 7 章\素材\例 7-1”文件夹中所有“.jpg”或“.jpeg”图片导入到站点文件夹 C:\KS\wy\pic 中，并移动到 images 子文件夹里。

操作步骤如下：

• 方法一

(1) 启动 Dreamweaver，选择“站点”|“新建站点”菜单命令，打开“站点设置对象”对话框，单击“站点”，并在右侧“站点名称”文本框中输入“test”，在“本地站点文件夹”中输入“C:\FL”(见图 7-11)，然后单击“保存”按钮。

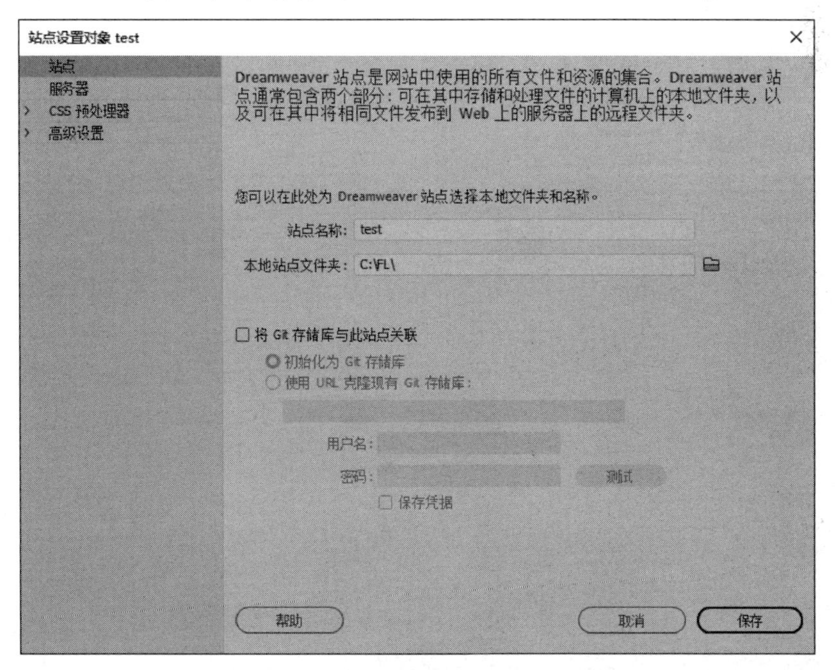

图 7-11 新建站点

注意：这里若是新建站点文件夹，则不需要单击右边的“浏览文件夹”按钮，而是直接输入本地路径；若是资源管理器中已有站点文件夹，则可以通过单击右边的“浏览文件夹”按钮，选择站点文件夹所对应的本地路径即可，千万不能再输入一遍。

(2) 在 Dreamweaver 中,选择“站点”|“管理站点”菜单命令,打开“管理站点”对话框,选中 test 站点,单击“复制当前选定的站点”按钮 ,则复制出站点“test 复制”,再单击“编辑当前选定的站点”按钮 ,回到“站点设置对象”对话框,将“站点名称”修改为 Mysite,“本地站点文件夹”修改为 C:\KS\wy,单击“保存”按钮。回到“管理站点”对话框,选中 test 站点,单击“删除当前选定的站点”按钮 ,在弹出的提示对话框中单击“是”按钮,再单击“完成”按钮(见图 7-12)。

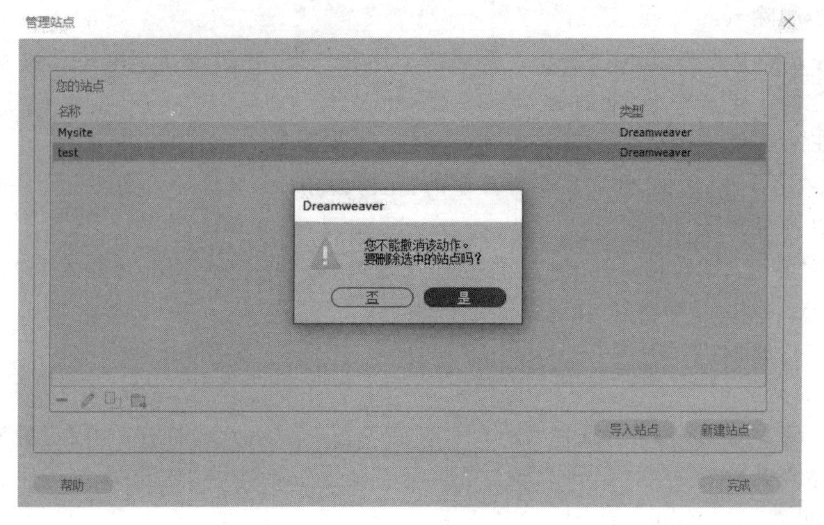

图 7-12　管理站点

(3) 在文件面板区域,选中“站点-Mysite(C:\KS\wy)”右击,在弹出的快捷菜单中选择“新建文件夹”命令(见图 7-13),新建 doc 和 pic 两个文件夹;同理,选中 pic 文件夹右击,新建 images 和 photo 两个子文件夹。

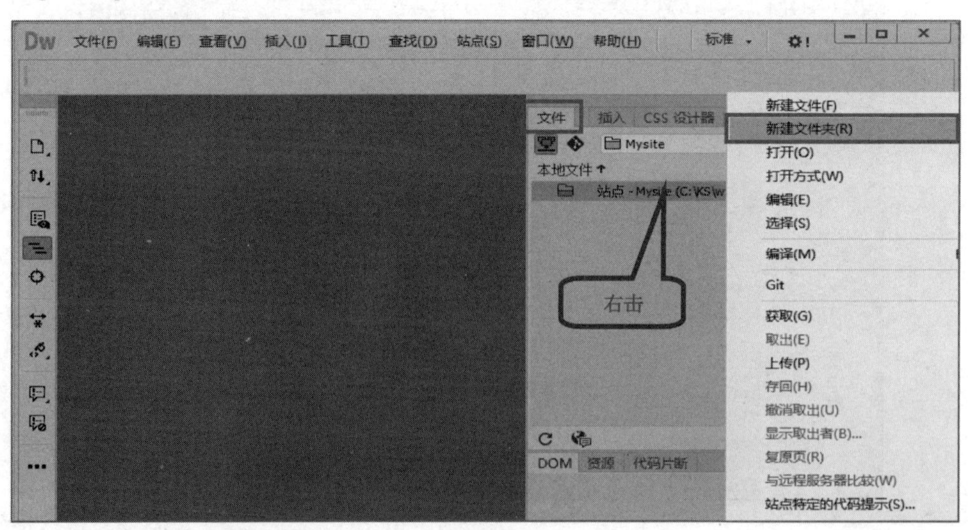

图 7-13　新建文件夹

(4) 在文件面板区域,选中“站点-Mysite(C:\KS\wy)”右击,在弹出的快捷菜单中选择“新建文件”命令,新建 index.html 文件。

(5) 在文件面板 Mysite 站点的下拉列表中选择配套素材存放的位置(这里选择桌面)，打开“第 7 章\素材\例 7-1”文件夹，选中“花博会. html”文件，右击，在弹出的快捷菜单中选择“编辑/拷贝”命令，然后在站点名称下拉列表中重新选中 Mysite 站点(见图 7-14)，右击“站点-Mysite(C:\KS\wy)”，在弹出的快捷菜单中选择“编辑/粘贴”命令；选中“花博会. html”文件右击在弹出的快捷菜单中选择“编辑/重命名”命令，更名为“hbh. html”。

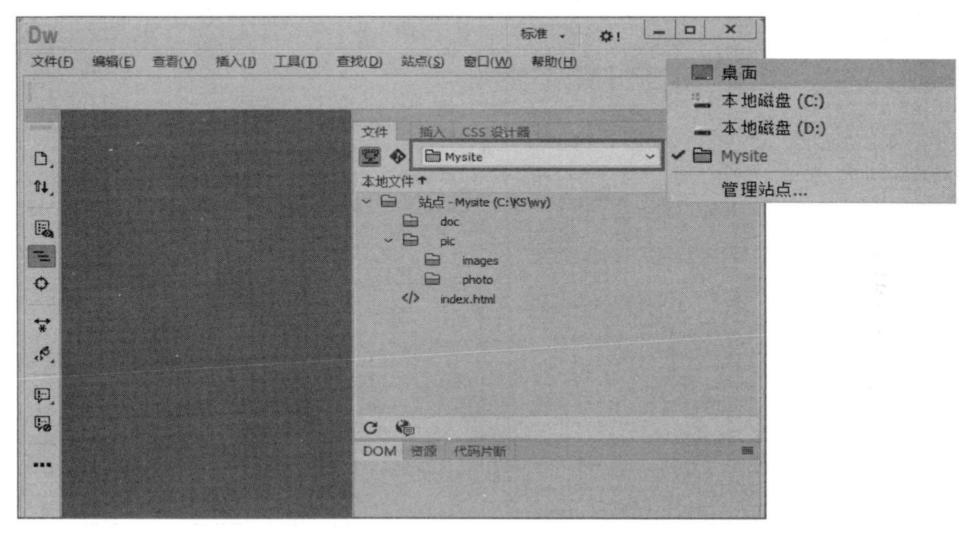

图 7-14　创建站点

(6) 重复第(5)步，将“第 7 章\素材\例 7-1”文件夹中的所有“. jpg 或. jpeg”图片导入到站点文件夹 C:\KS\wy\pic 中(按住 Shift 键选择连续文件，按住 Ctrl 键选择不连续文件)；然后，选中所有图片文件拖曳到 images 文件夹上松开鼠标，操作结果如图 7-15 所示。

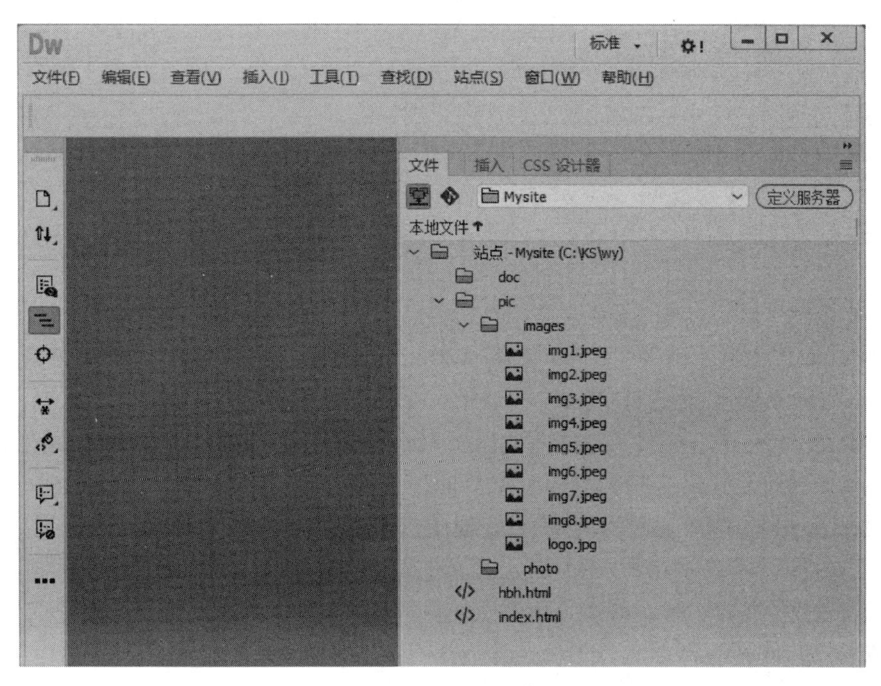

图 7-15　导入文件

此时，打开资源管理器，上述站点 Mysite 所包含的站点文件夹和文件如图 7-16 所示。

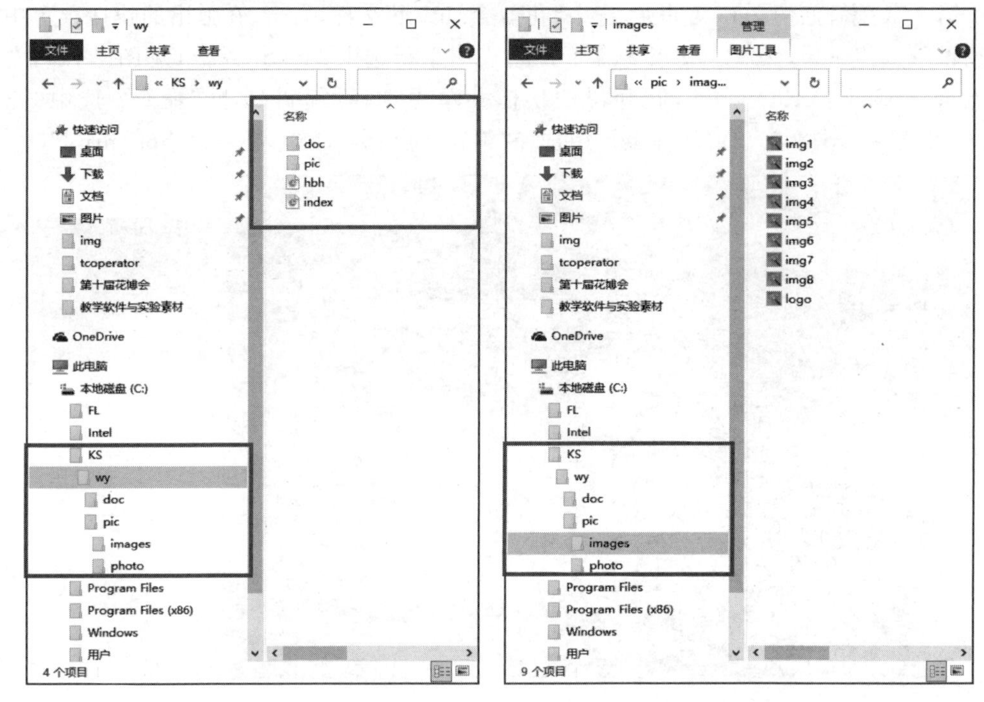

图 7-16 站点文件夹和文件

扫码观看

• 方法二

(1) 打开资源管理器，在 C 盘根目录中建立 KS 文件夹，并在 KS 文件夹下新建 wy 子文件夹，然后在 wy 文件夹中新建 doc 和 pic 两个子文件夹，最后在 pic 文件夹中新建 images 和 photo 两个子文件夹。将“第 7 章\素材\例 7-1”文件夹中“花博会. html”文件复制到 C:\KS\wy 下，重命名为“hbh. html”，将“第 7 章\素材\例 7-1”文件夹中所有“. jpg”或“. jpeg”图片复制到 C:\KS\wy\pic\images 文件夹中。

(2) 启动 Dreamweaver，选择“站点”|“新建站点”菜单命令，打开“站点设置对象”对话框，单击“站点”，并在右侧“站点名称”中输入“Mysite”，单击“本地站点文件夹”右边的“浏览文件夹”按钮，选择 C:\KS\wy 路径(上述第(1)步站点文件夹已建)，单击“保存”按钮。

(3) 选择“文件”|“新建”菜单命令，打开“新建文档”对话框，单击“新建文档”，文档类型为“</> HTML”，单击“创建”按钮(见图 7-17)；选择“文件”|“另存为”菜单命令，弹出“Dreamweaver 另存为”对话框，选择 C:\KS\wy，保存为 index. html。

通过上述方法一和方法二，都能完成网页制作中站点的创建和管理。在后续的网页制作范例讲解中，将以方法二进行站点的创建和管理。

在 Dreamweaver 中，通过“站点”|“管理站点”进行“删除当前选定站点”，其结果只是 Dreamweaver 中没有该站点，并不是真正意义上删除了该站点。只有在资源管理器中删除站点的根文件夹，才是彻底地删除了该站点。后续范例讲解时，都是基于已删除前面范例所创建的站点根文件夹而言的。

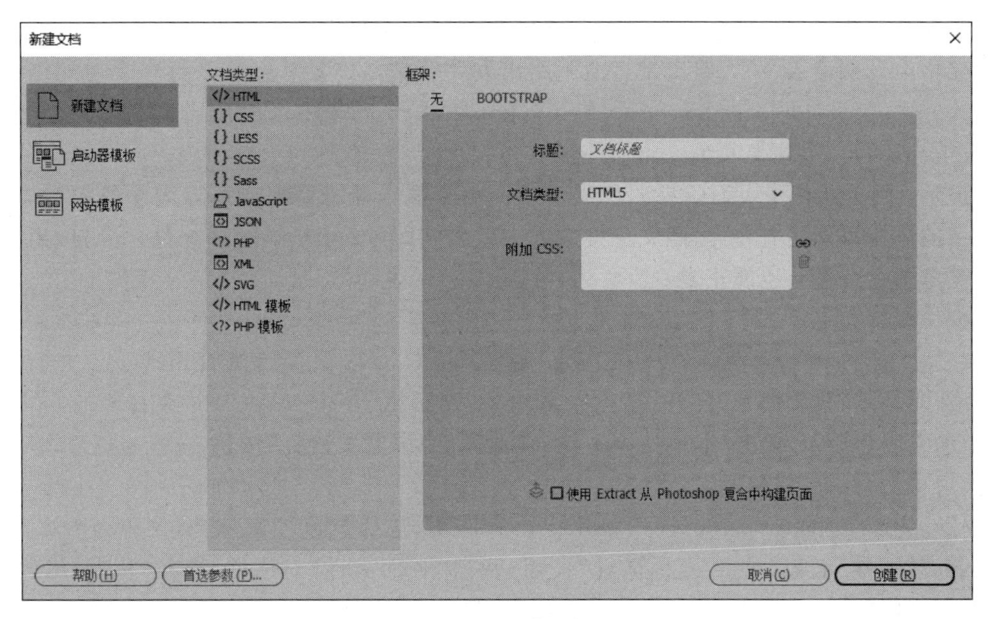

图 7-17　新建文档

7.1.3　创建主页和表格布局网页

主页(Home Page),也被称为首页,是用户打开浏览器时默认打开的网页。网站的主页是一个文档,通过网站主页可以了解该网站提供的主要信息,并引导互联网用户浏览网站其他部分的内容。常用的网页设计布局方法有表格布局、软件设计布局、框架布局、层布局和Div+CSS 布局。其中表格布局是最常用的布局方式,表格布局的优点是简单直接,方便页面内容定位和对齐,且表格内可以嵌套。

例 7-2　创建一个网页和带表格布局的主页,并对网页进行属性的设置、表格的创建及编辑。范例所需的素材文件位于“第 7 章\素材\例 7-2”文件夹中,样张位于“第 7 章\样张\例 7-2”文件夹中。要求:

扫码观看

(1) 将“第 7 章\素材\例 7-2\wy”文件夹复制到 C:\KS 下,启动 Dreamweaver,创建站点名称为 Mysite,本地根文件夹指向 C:\KS\wy。

(2) 打开 index. html 网页,将网页标题设置为“中国花博会”,背景颜色设置为＃FF7C80,对 index. html 网页进行保存和浏览。

(3) 在 index. html 页面中插入一个 3 行 2 列的表格,宽度为 80%;表格居中对齐,边框和填充均为 0,间距为 5。将表格第 1 行所有单元格合并,第 2 行第 2 列单元格拆分为 4 列,第 3 行第 1 列单元格的宽设置为 20%。

(4) 将表格中所有单元格的内容设置为水平居中对齐;在表格第 1 行插入站点中的 pic/images/logo. jpg 文件;在表格第 2 行 5 个单元格中分别输入文字“第六届”“第七届”“第八届”“第九届”“第十届”,并将这些单元格的背景色间隔设置为＃FFFF99 和＃FF9933;在表格第 3 行第 1 列单元格中插入 pic/images/img. jpg 文件,在第 2 列单元格中导入站点下的 doc/hbh. docx 文件。

(5) 在表格下方插入一个 2 行 3 列的表格,宽度为 800 像素;表格居中对齐,边框为 0,

填充和间距均为 5。表格中所有的单元格内容设置为水平垂直均居中；在表格的第 1 行 3 个单元格中分别输入"沪太路出发""龙阳路出发""金钻路出发"，在第 2 行 3 个单元格中分别插入 pic/photo/photo1. jpg、pic/ photo/photo2. jpg、pic/ photo/photo3. jpg 文件。保存 index. html 页面，并浏览页面。

提示：网页制作中页面效果图仅供参考。由于显示器分辨率或窗口大小的不同，网页中文字的位置可能略有差异，图文混排效果大致相同即可；由于显示器颜色差异，做出的结果与参考图存在色差也属正常。

操作步骤如下：

(1) 将"第 7 章\素材\例 7-2\wy"文件夹复制到 C:\KS 下，启动 Dreamweaver，选择"站点"|"新建站点"菜单命令，打开"站点设置对象"对话框，单击"站点"，并在右侧的"站点名称"中输入"Mysite"，单击"本地站点文件夹"右边的"浏览文件夹"按钮，选择 C:\KS\wy 路径，然后单击"保存"按钮。

(2) 在文件面板区域双击打开 index. html 网页，选择"窗口"|"属性"菜单命令(Ctrl+F3)，打开"属性"面板，单击"页面属性"按钮，弹出"页面属性"对话框，选择"标题/编码"分类，在右侧标题栏输入"中国花博会"，选择"外观(CSS)"分类，在右侧背景颜色框输入"#FF7C80"，单击"确定"按钮。然后选择"文件"|"保存"菜单命令(Ctrl+S)，再选择"文件"|"实时预览"|"360 安全浏览器/InternetExplorer(F12)"菜单命令进行网页浏览。

(3) 在 index. html 页面，选择"插入"|Table 菜单命令(Ctrl+Alt+T)，弹出 Table 对话框，输入行 3、列 2，表格宽度 80、单位选择百分比，Border 边框为 0，单击"确定"按钮(见图 7-18)；在属性面板中，设置 Align 对齐为居中对齐，CellPad 填充为 0，CellSpace 间距为 5；将鼠标放在表格第 1 行左边，出现向左箭头可选中第 1 行两列(或者用鼠标从左往右拖曳)，在属性面板中选择"合并所选单元格"按钮 ；将光标定位在表格第 2 行第 2 列单元格中，在属性面板中选择"拆分所选单元格"按钮 ，弹出"拆分单元格"对话框，选择列，输入 4，单击"确定"按钮；将光标定位在表格第 3 行第 1 列单元格中，在属性面板上选择"宽"输入"20%"，按 Enter 键。(注意：表格插入也可用插入面板，如图 7-19 所示)

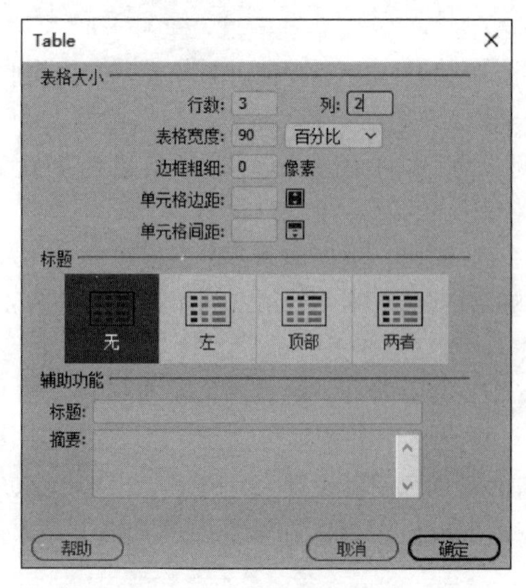

图 7-18 插入表格设置

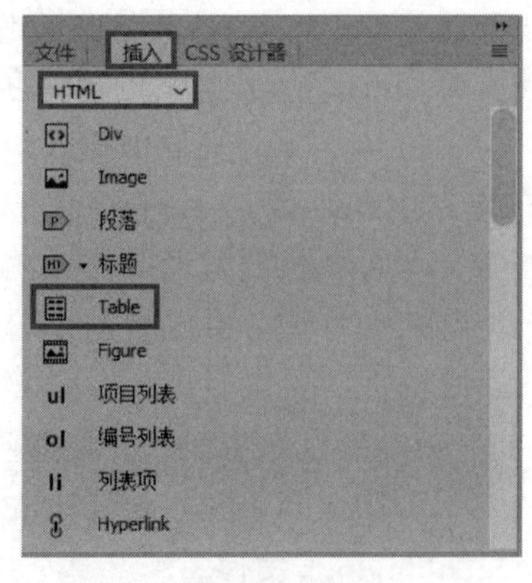

图 7-19 用插入面板插入表格

(4) 用鼠标拖曳的方式选中表格中所有的单元格(即从表格左上角向右下角拖曳),在属性面板中设置"水平/居中对齐";在文件面板站点中找到 pic/images/logo.jpg 文件,将其拖曳到表格第 1 行的单元格中;在表格第 2 行 5 个单元格中分别输入文字"第六届""第七届""第八届""第九届"、"第十届",分别将光标定位在表格第 2 行第 1 列、第 3 列和第 5 列,在属性面板中设置单元格背景颜色为#FFFF99,同理设置第 2 列和第 4 列单元格背景颜色为#FF9933;在文件面板站点中找到 pic/images/img.jpg 文件,将其拖曳到表格第 3 行第 1 列的单元格中,在文件面板站点中找到 doc/hbh.docx 文件,将其拖曳到表格第 3 行第 2 列的单元格中,在弹出的"插入文档"对话框中选择插入内容为"仅文本"选项,单击"确定"按钮。

(5) 在表格下方,选择"插入"|Table 菜单命令,弹出 Table 对话框,输入行 2、列 3,表格宽度 800、单位选择像素,Border 边框为 0,单击"确定"按钮;在属性面板中,设置 Align 对齐为居中对齐,CellPad 填充、CellSpace 间距均为 5;用鼠标拖曳的方式选中表格中所有的单元格,在属性面板中设置"水平/居中对齐、垂直/居中";在表格第 1 行 3 个单元格中分别输入文字"沪太路出发""龙阳路出发""金钻路出发",在文件面板站点中找到 pic/photo/photo1.jpg、pic/ photo/photo2.jpg、pic/ photo/photo3.jpg 文件,分别拖曳到表格第 2 行的 3 个单元格中。选择"文件"|"保存"菜单命令,再选择"文件"|"实时预览"|"360 安全浏览器/InternetExplorer"菜单命令进行网页浏览,样张如图 7-20 所示。

图 7-20　样张

下面汇总一下文例 7-2 的技能与要点。

(1) 站点路径设置。通过方法二资源管理器创建站点文件夹后，在 Dreamweaver 新建站点时“本地站点文件夹”只需指向该站点文件夹所在的本地路径，不可手动输入。

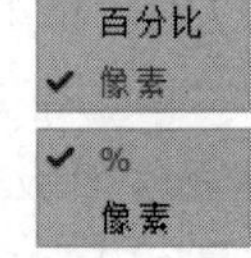

图 7-21　选择

(2) 表格设置。在网页中插入表格，单位是像素或是百分比，一定要选择或输入正确。如图 7-21 所示是用来选择，而图 7-22 则是用来输入。在 Dreamweaver 中默认单位是像素(px)一般省略，只有百分比需要输入。

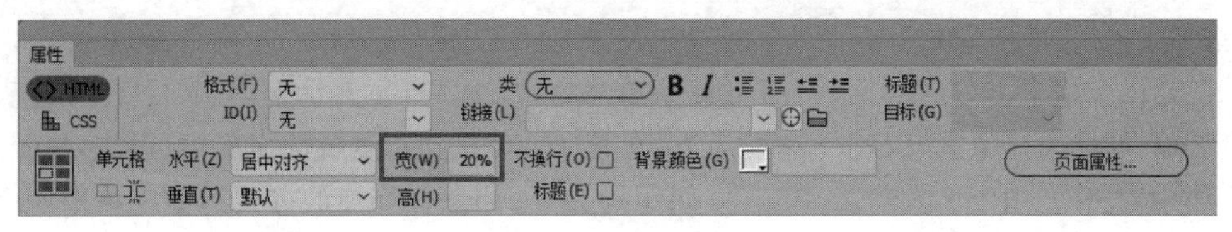

图 7-22　输入

(3) 增加和删除列。在表格中若要增加或删除行或列，只需选中相应行或列，右击，在弹出的快捷菜单中选择“表格”|“插入行或列”或选择“表格”|“删除行”或“删除列”即可。

(4) 居中设置。要注意区分表格居中和单元格内容居中：表格居中是选中表格，在属性面板设置 Align 对齐为居中对齐即可；单元格内容居中是选中单元格，在属性面板中设置水平/居中对齐和垂直/居中对齐(根据题目要求设置)。

(5) 颜色设置。在 Dreamweaver 中，颜色值往往用十六进制表示，单位是“#”。常见的标准色有白色#FFFFFF、黑色#000000、红色#FF0000、绿色#00FF00、蓝色#0000FF、黄色#FFFF00 等。

7.1.4　网页中的各种元素

在 Dreamweaver 网页制作中，除了插入文字图片等，还可以插入其他元素，如特殊字符、空格和水平线等。

1. 文字属性设置

Dreamweaver 中，也可以通过新建 CSS 规则对文字进行字体、字号、字形、颜色、下画线等的设置。步骤如下：将光标置于文字之前，选择“插入”|Div 菜单命令，弹出“插入 Div”对话框，单击“新建 CSS 规则”按钮，打开“新建 CSS 规则”对话框(见图 7-23)，在选择器名称框中输入新建的 CSS 规则名称“. style”，单击“确定”按钮。在弹出的“. style 的 CSS 规则定义”对话框(见图 7-24)中完成格式设置，单击“确定”按钮。回到“插入 Div”对话框，这里 Class 显示的就是刚才定义的规则名称(见图 7-25)。这时，单击“属性”面板中的 CSS 标签，在目标规则下拉框中新增了 style 规则(见图 7-26)，该规则可以应用于目标文字。

2. 半角空格

  表示半角空格，可以在代码视图中查看。半角空格有两种插入方法：一种方法是通过插入面板区域，选择 HTML 中倒数第二项，不换行空格，在光标所在位置单击即可；另一种方法是选择“编辑”|“首选项”菜单命令，在常规类右侧勾选“允许多个连续的空格”复选框，单击“应用”按钮，然后在光标所在位置按 Space 空格键即可。

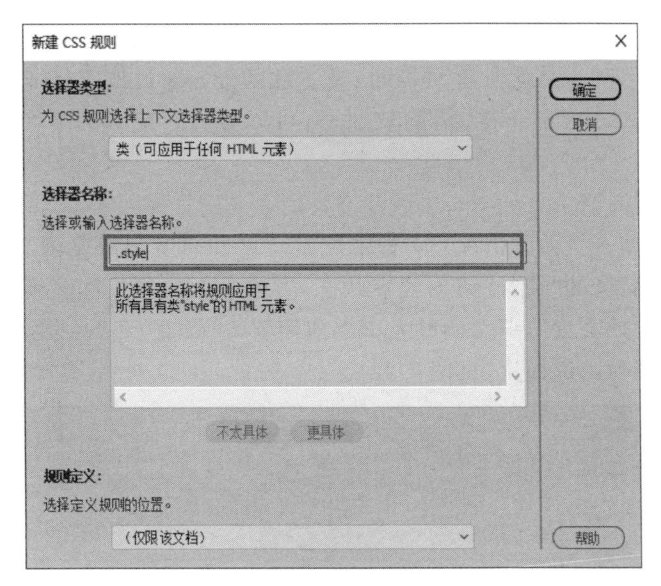

图 7-23　新建 CSS 规则

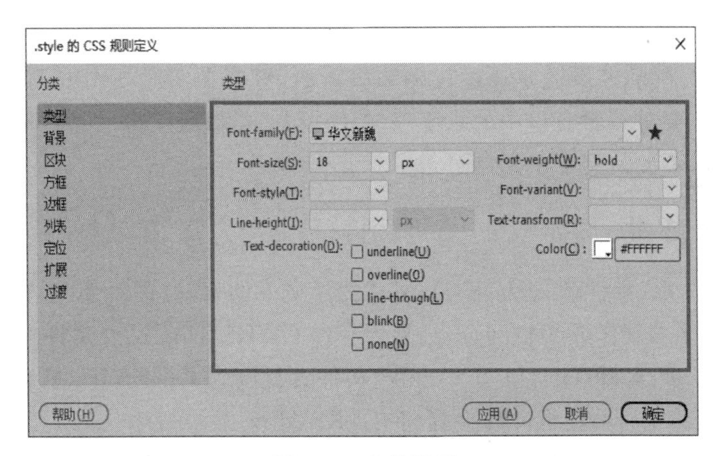

图 7-24　字体设置

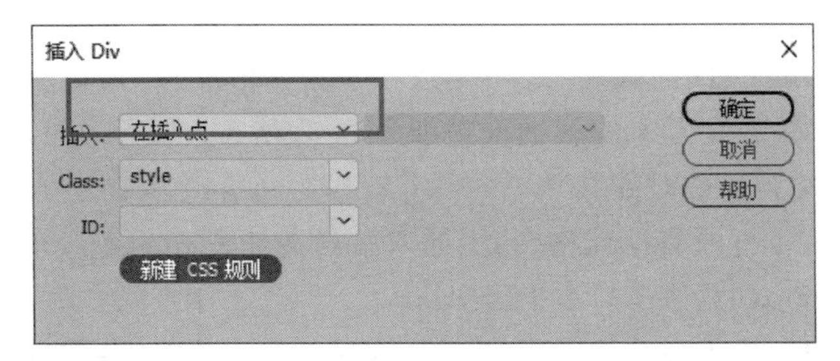

图 7-25　新增规则

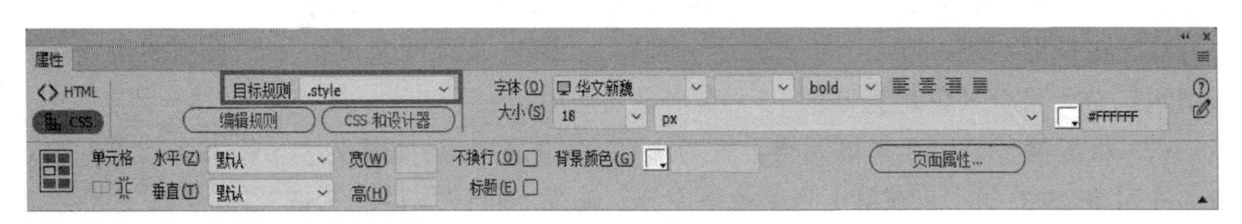

图 7-26　目标规则

3. 项目列表

项目列表或编号列表是就段落而言的，要注意区分。通过按 Enter 键，俗称硬回车，可以分段；通过按 Shift＋Enter 键，俗称软回车，可以分行。前者为多个段落，后者为一个段落。

4. 图像大小的调整

图像大小的调整涉及两种情况：一种情况是宽度和高度都需要调整，则调整大小之前需要确保“宽”和“高”旁的“锁”按钮为解锁状态，再输入新的宽度和高度；另一种情况是只需要调整一项“宽度或高度”，那么调整大小之前需要确保“宽”和“高”旁的“锁”按钮为加锁状态，以保持原来图像的纵横比（见图 7-27）。

图 7-27　图像设置

5. 水平线

代码 hr 指水平线，其颜色是通过代码来编辑的，只有在实时视图或浏览器预览时才能看到应用效果，不要被编辑窗口中的水平线颜色误导；类似版权符号©这种特殊字符，应通过插入面板进行，不要从文本中复制过来。

扫码观看

7.1.5　综合练习

1. 利用“第 7 章\素材\综合练习 1\zhlx”文件夹下的素材（图片素材在 zhlx\images 文件夹下），按以下要求制作或编辑网页，结果保存在 C:\KS\zhlx 站点文件夹中。

（1）将“第 7 章\素材\综合练习 1\zhlx”文件夹复制到 C:\KS 下，启动 Dreamweaver，创建站点名称为 zhsite，本地根文件夹指向 C:\KS\zhlx。

（2）打开 index. html 网页，将网页标题设置为“2022 北京冬奥运动会”，背景颜色设置为＃99CCFF。

（3）在 index. html 页面插入三个表格：表格 1 为 3 行 4 列，宽度为 900px，边框粗细为 0；表格 2 为 5 行 3 列，宽度为 900px，边框粗细为 1；表格 3 为 1 行 1 列，宽度为 900px，边框粗细为 0，三个表格均为居中对齐。

（4）将表格 1 第 1 行所有单元格合并，插入站点文件夹 images/logo. jpg 文件，调整图片大小为 900px×260px（宽×高），水平居中。

（5）将表格 1 第 2 行所有单元格合并，输入文字“第二十四届冬季奥林匹克运动会隆重开幕！”，字体设置为华文中宋，18px，加粗，颜色为＃FF0000，水平居中。

（6）在表格 1 第 3 行 4 个单元格中分别输入“短道速滑”“速度滑冰”“自由式滑雪”“单板滑雪”，单元格背景色均为＃FFFFFF，水平均居中。

（7）将表格 2 第 1、2 列单元格设置为水平、垂直居中，列宽均为 80px，第 3 列单元格设置为左对齐、垂直居中；在第 1 列单元格中分别输入“项目”“STK”“SSK”“FRS”和“SBD”；在第 2 列单元格中分别输入“赛标”“images/img1. jpg”“images/img2. jpg”“images/img3. jpg”和

“images/img4.jpg”；在第 3 列单元格中分别输入“简介”(居中)“doc/STK.docx”“doc/SSK.docx”“doc/FRS.docx”和“doc/SBD.docx”的内容。

(8) 为表格 3 添加 2 行，并将表格 3 第 1 行拆分为 2 列。设置表格 3 第 1 行第 1 列单元格列宽为 80%，并导入 doc/bjdah.docx 文件，参照样张为后面 4 段文字添加编号列表，并在第 1 段文字前添加 4 个半角空格。

(9) 在表格 3 第 1 行第 2 列单元格中插入鼠标经过图像，原始图像为 images/img5.jpg，鼠标经过图像为 images/img6.jpg，调整图片大小为 180px×200px(宽×高)，“按下时，前往的 URL 为 https://www.beijing2022.cn”，水平居中对齐。

(10) 在表格 3 第 2 行单元格中插入水平线，宽度设为 90%，高度为 5，带阴影，颜色为 #FF0000，居中对齐。

(11) 在表格 3 第 3 行单元格中输入版权符号和文字“北京 2022 年冬奥会和冬残奥会组织委员会”，水平居中对齐。

(12) 保存 index.html 页面，并浏览该页面。

注意：样张仅供参考，相关设置按题目要求完成即可。由于显示器分辨率或窗口大小的不同，网页中文字的位置可能与样张略有差异，图文混排效果与样张大致相同即可；由于显示器颜色差异，做出效果与样张图片中存在色差也是正常的。

操作提示如下：

第(1)题：选择“站点”|“新建站点”命令，打开“站点设置”对话框，在对话框“站点名称”项中输入“zhsite”，在“本地站点文件夹”项中选择站点根路径为 C:\KS\zhlx，单击“保存”按钮。

第(2)题：选择“窗口”|“属性”命令，在“文档标题”项输入“2022 北京冬奥运动会”，选择“页面属性”命令，在“外观”|“背景颜色”项中输入“#99CCFF”，单击“确定”按钮。

第(3)题：选择“设计”页面，选择“插入”|Table 命令，打开 Table 对话框，在对话框的“行”项输入“3”，“列”项输入“4”，“表格宽度”项输入“900”，选择“像素”命令，“边框宽度”项输入“0”，单击“确定”按钮。在页面下方选择 Table 属性，在 Align 项中选择“居中对齐”。同样方法设置表格 2 和表格 3。

第(4)题：选中表格 1 第 1 行所有单元格，单击 ⊡ 图标，将光标放到合并好的单元格内，选择“插入”|Image 命令，选择站点文件夹 images/logo.jpg 文件，单击“确定”按钮。选中插入的图片，在下方“属性”栏中将“宽”设置为 900，“高”设置为 260，且设置为水平居中。

第(5)题：选中表格 1 第 2 行所有单元格，单击 ⊡ 图标，将光标放在合并好的单元格，输入文字“第二十四届冬季奥林匹克运动会隆重开幕!”，然后单击上方的“拆分”按钮，在代码片段输入如图 7-28 所示的代码。

第(6)题：将光标放在表格 1 第 3 行第 1 列单元格中，输入文字“短道速滑”，选中此单元格，在下方“属性”栏中“水平”和“垂直”均设置为“居中对齐”，在“背景颜色”中输入“#FFFFFF”，同理编辑表格 1 第 3 行第 2、3、4 列单元格。

第(7)题：选中表格 2 第 1 列，在下方“属性”栏中“水平”和“垂直”均设置为“居中对齐”，“宽”输入“80”；选中表格 2 第 2 列，在下方“属性”栏中“水平”和“垂直”均设置为“居中对齐”，“宽”输入“80”；选中表格 2 第 3 列，在下方“属性”栏中“水平”设置为“左对齐”，“垂

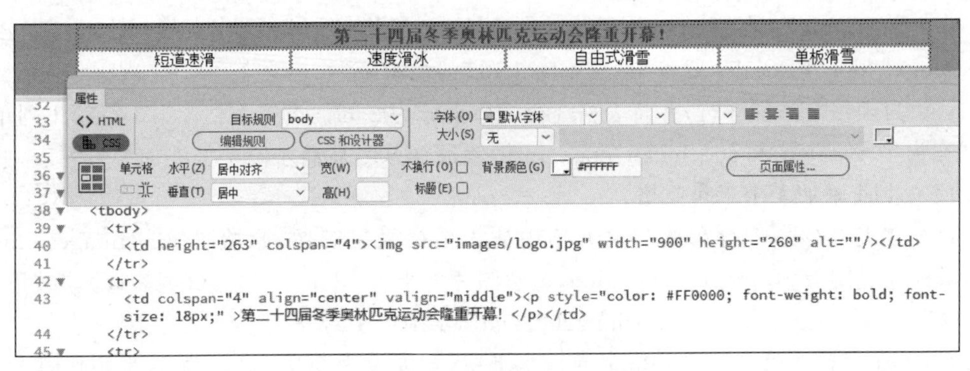

图 7-28　合并单元格并输入文字

直”设置为“居中对齐”；在第 1 列单元格分别输入“项目”“STK”“SSK”“FRS”和“SBD”；在第 2 列单元格分别输入“赛标”、插入 images/img1.jpg、images/img2.jpg、images/img3.jpg 和 images/img4.jpg；在第 3 列第 1 行单元格输入“简介”，在下方“属性”栏中“水平”设置为“居中对齐”，在第 3 列第 2、3、4、5 行分别输入“doc/STK.docx”“doc/SSK.docx”“doc/FRS.docx”和“doc/SBD.docx”的内容。

第(8)题：选中表格 3，在下方“属性”栏中选中 Table 窗口，将“行”设置为 3，选中表格 3 第 1 行，在下方“属性”栏中单击 图标，将“列”设置为“2”，单击“确定”按钮。选中表格 3 第 1 行第 1 列单元格，在下方“属性”栏中将“宽”设置为 80%，在此单元格输入 doc/bjdah.docx 文件内容，单击上方的“拆分”命令，将光标放在文字“冬季”之前，在代码部分输入“   ”，然后将光标放在文字“1998”之前，在代码部分输入“   1.”同样的方法进行其他设置，结果如图 7-29 所示。

```
冬季奥林匹克运动会(Olympic Winter Games)，简称为冬季奥运会、冬奥会。主要由全世界地区举行，世界规模最大的冬季综合性运动会，每四年举办一届，1994年起与夏季奥林匹克运动会相间举行。第24届冬奥会于2022年02月04日至02月20日在中国北京和张家口以及延庆举行。
1.1998年冬奥会将冰壶和女子冰球列为比赛项目。
2.1995年12月5日，国际冰联决定滑板滑雪列为比赛项目。
3.1998年2月19日，美国盐湖城冬奥会增设女子雪车、女子跳台滑雪项目。
4.1999年10月6日，国际奥委会增加五个比赛项目，分别是男女骨架雪橇、男女1500米短道速滑 男女短道越野滑雪、男子北欧两项短道和女子雪橇。

58    </table>
59 ▼ <table width="900" border="0" align="center">
60 ▼   <tbody>
61 ▼     <tr>
62 ▼       <td width="80%"><p >     冬季奥林匹克运动会(Olympic Winter Games)，简称为冬季奥运会、冬奥会。主要由全世界地区举行，是世界规模最大的冬季综合性运动会，每四年举办一届，1994年起与夏季奥林匹克运动会相间举行。第24届冬奥会于2022年02月04日至02月20日在中国北京和张家口以及延庆举行。 <br>
63              1.1998年冬奥会将冰壶和女子冰球列为比赛项目。 <br>
64              2.1995年12月5日，国际冰联决定滑板滑雪列为比赛项目。 <br>
65              3.1998年2月19日，美国盐湖城冬奥会增设女子雪车、女子跳台滑雪项目。 <br>
66              4.1999年10月6日，国际奥委会增加五个比赛项目，分别是男女骨架雪橇、男女1500米短道速滑、男女短道越野滑雪、男子北欧两项短道和女子雪橇。 </p></td>
67       <td> </td>
68     </tr>
69 ▼   <tr>
```

图 7-29　输入空格

第(9)题：将光标放在表格 3 第 1 行第 2 列，选择“插入”|HTML|“鼠标经过图像”命令，在“鼠标经过图像”窗口中，设置“原始图像”为 images/img5.jpg，“鼠标经过图像”为 images/img6.jpg，“按下时，前往的 URL”为 https://www.beijing2022.cn，单击“确定”按钮。选中图像，在下方“属性”栏中设置“宽”为 180，“高”为 200。

第(10)题：将光标放在表格 3 第 2 行，选择“插入”|HTML|“水平线”命令，在下方“属

性”栏中设置“宽”为 90%,“高”为 5,勾选“阴影”,“对齐”设为“居中对齐”。

第(11)题：将光标放在表格 3 第 3 行,选择“插入”|HTML|“字符”|“版权”,然后输入文字“北京 2022 年冬奥会和冬残奥会组织委员会”,下方“属性”栏中“水平”和“垂直”均设置为“居中对齐”。

第(12)题：选择“文件”|“保存”命令,然后选择“文件”|“实时预览”,再选择自己合适的浏览器预览,效果如图 7-30 所示。

图 7-30　样张

7.2　各种超链接及表单的制作

这里的案例 7-2 主要是掌握网页中各种超链接的方法及其属性,案例所需素材文件位于“第 7 章\素材\案例 7-2”文件夹中,样张位于“第 7 章\样张\案例 7-2”文件夹中。

本案例主要说明如何在网页中插入各种超链接。主要涉及空链接、外部链接、本地链接、邮箱链接、图片链接和热点链接等的应用,掌握超链接颜色、已访问超链接颜色的设置。

案例 7-2　启动 Dreamweaver,按要求完成以下各小题的操作。

(1) 将“第 7 章\素材\案例 7-2\wy”文件夹复制到 C:\KS 下,启动 Dreamweaver,创建

站点名称为 Mysite，本地根文件夹指向 C:\KS\wy。

(2) 打开 index.html 网页，为表格 1 第 2 行的 5 个单元格分别创建超链接。为“第六届”预留一个空链接；为“第七届”做外部链接 http://www.china.com.cn；为“第八届”做本地链接“yinchuan.html”；为“第九届”做本地链接“wujin.html”，并在新窗口中打开；为“第十届”做邮箱链接 shcm@huabohui.com。

(3) 为 index.html 网页中表格 1 第 3 行第 1 列单元格中的图片设置超链接，链接到站点中的 chongming.html 页面。

(4) 打开 chongming.html 文件，为网页中表格第 1 行图片上“花开中国梦”5 个字设置矩形热点链接，链接到站点中的 index.html 页面。保存 chongming.html 页面，并浏览页面。

(5) 设置 index.html 页面的超链接颜色为 #FF0000，已访问超链接颜色为 #00FF00，活动链接颜色为 #0000FF。保存 index.html 页面，并浏览页面。

操作步骤如下：

第(1)题：将“第 7 章\素材\案例 7-2\wy”文件夹复制到 C:\KS 下，启动 Dreamweaver，选择“站点”|“新建站点”菜单命令，打开“站点设置对象”对话框，单击“站点”，并在右侧“站点名称”中输入“Mysite”，单击“本地站点文件夹”右边的“浏览文件夹”按钮，选择 C:\KS\wy 路径，然后单击“保存”按钮。

第(2)题：在文件面板区域双击打开 index.html 网页，选择“窗口”|“属性”菜单命令，打开“属性”面板。

选中表格 1 第 2 行第 1 列单元格中的文字“第六届”，在属性面板 HTML 标签下链接栏内输入“#”后按 Enter 键，表示为后续内容预留了一个空链接。

接着，选中第 2 列单元格中的文字“第七届”，在属性面板链接栏输入“http://www.china.com.cn”后按 Enter 键，做外网链接，即外部链接。

然后，选中第 3 列单元格中的文字“第八届”，单击属性面板链接栏右侧的“指向文件”按钮，拖曳到文件面板站点中 wujin.html 文件上放手，即链接到该文件(本地链接)。

同理，选中第 4 列单元格中的文字“第九届”，单击属性面板链接栏右侧的“指向文件”按钮，拖曳到文件面板站点中的 yinchuan.html 文件上放手(本地链接)，在右侧“目标”下拉列表中选择“_blank”，表示链接的网页在新窗口中打开。

图 7-31　电子邮件

最后，选中第 5 列单元格中的文字“第十届”，单击插入面板区域，选择 HTML 中电子邮件链接，弹出“电子邮件链接”对话框，在“电子邮件”栏输入邮箱地址“shcm@huabohui.com”(见图 7-31)；或者直接在属性面板链接栏内输入“mailto:shcm@huabohui.com”，完成邮箱链接。

第(3)题：单击 index.html 网页中表格 1 第 3 行第 1 列单元格中的图片，在属性面板中，单击“浏览文件”按钮，在弹出的“选择文件”对话框中，选择文件 chongming.html，单击“确定”按钮，设置超链接，如图 7-32 所示。

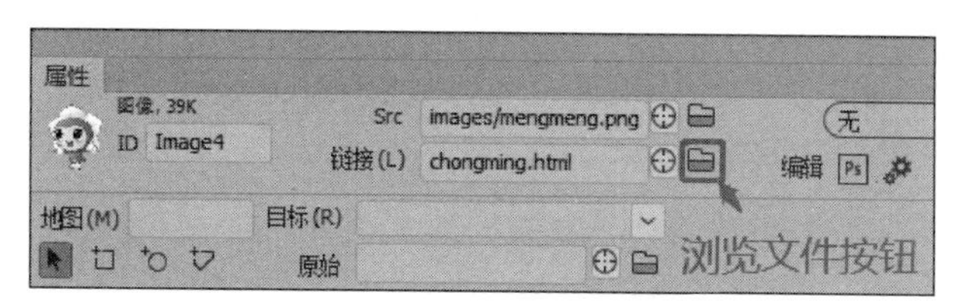

图 7-32　添加本地文件超链接

第(4)题：打开 chongming.html 文件，单击选中网页中表格第 1 行图片，在属性面板中单击"矩形热点工具"按钮，拖曳鼠标，用矩形框选"花开中国梦"5 个字，在属性工具栏中设置超链接，如图 7-33 所示。选择"文件"|"保存"菜单命令，再进行网页浏览，如图 7-34 所示。

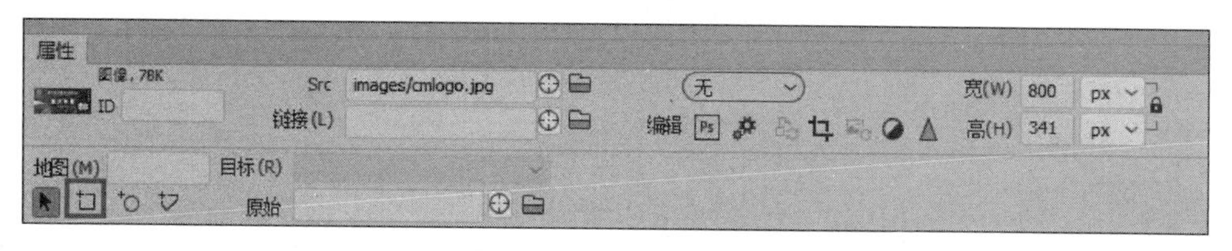

图 7-33　设置热点超链接

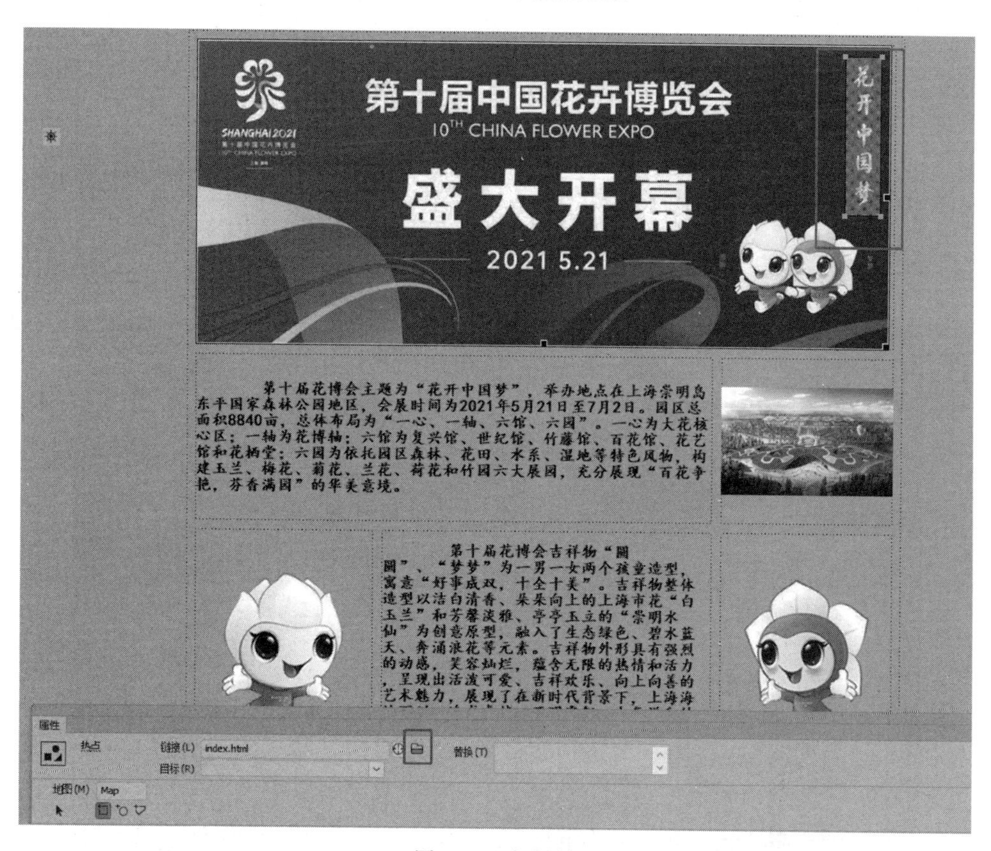

图 7-34　超链接

第(5)题：在文件面板区域双击打开 index.html 网页，在属性面板中单击"页面属性"按钮，在弹出的"页面属性"对话框中选择分类"链接(CSS)"，在右侧设置超链接颜色为

＃FF0000，已访问超链接颜色为＃00FF00，活动超链接颜色为＃0000FF，单击“确定”按钮（见图 7-35）。选择“文件”|“保存”菜单命令，再进行网页浏览。

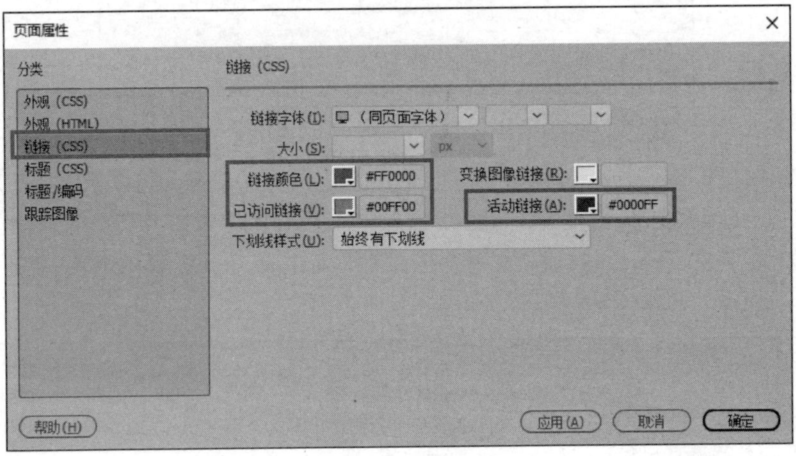

图 7-35　颜色设置

样张如图 7-36～图 7-38 所示。

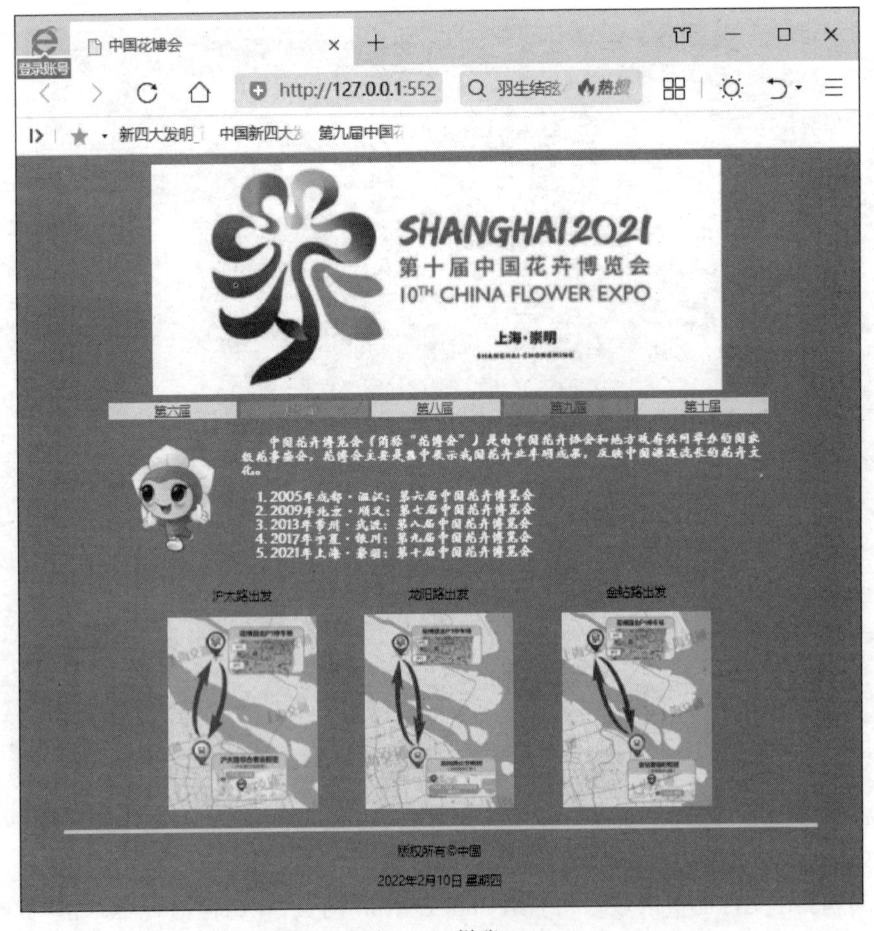

图 7-36　样张 1

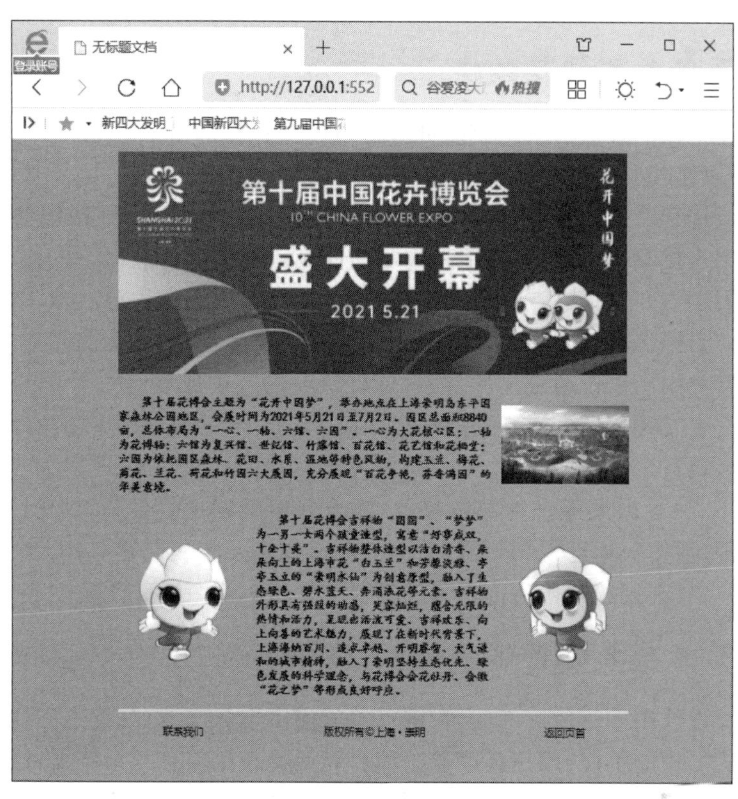

图 7-37　样张 2

图 7-38　样张 3

7.2.1 网页中的各种超链接

网页中的超链接一般是指从一个网页指向另一个目标的链接关系，这个目标可以是另一个网页，也可以是相同网页上的不同位置，还可以是一个图片、一个电子邮件地址、一个文件甚至是一个应用程序。能合理、协调地把网站中的各个元素以及网站中的各个页面通过超链接构成一个有机整体，使浏览者能快速地访问到想要访问的页面。

超链接由源端点和目标端点组成，其中设置了链接的一端称为源端点，跳转到的页面或对象称为链接的目标端点，同样，超级链接也是网页中最重要、最基本的元素之一。

而在一个网页中用来作超链接的对象，可以是一段文本或者是一个图片。当浏览者单击已经链接的文字或图片后，链接目标将显示在浏览器上，并且根据目标的类型，选择合适的方式打开或者运行。

通常情况下，设置网站地址为超链接的，需要在地址栏中设置以“http://”开头；设置邮箱为超链接的，需要在地址栏中设置以“mailto:”开头。应用超链接时，若要链接网页在“新窗口中打开”，务必在超链接后选择属性面板链接栏右侧“目标”下拉列表中的“_blank”。

7.2.2 网页中表单的制作

表单是网页设计中重要的一部分，在网页中的应用十分广泛，如搜索和注册等。它可以提供一种交互式操作的手段，用户可以通过填写和提交表单信息与服务器进行动态交流，是网站管理员与浏览者之间沟通的桥梁。在网页中，常见的表单形式主要包括：文本框、单选按钮、复选框、下拉菜单和按钮等。

扫码观看

例 7-3 按照要求制作带有表单的网页。本例主要掌握网页中表单的插入及其属性的设置，本例中所需素材文件位于“第 7 章\素材\例 7-3”文件夹中，样张位于“第 7 章\样张\例 7-3”文件夹中。制作要求如下：

(1) 将“第 7 章\素材\例 7-3\wy”文件夹复制到 C:\KS 下，启动 Dreamweaver，创建站点名称为 Mysite，本地根文件夹指向 C:\KS\wy。

(2) 打开站点文件夹下的 chongming.html 网页，为表格第 5 行单元格插入表单。

(3) 表单内，输入“姓名:”后插入文本，字符宽度为 20，必填项；输入“性别:”后插入单选按钮，选项为“男”和“女”，其中“女”为默认选项；输入“手机号码:”后插入文本，字符宽度为 20，必填项。

(4) 表单内另起一行，输入“参观场馆:”后插入复选框，选项依次为“复兴馆”“世纪馆”“竹藤馆”“花栖馆”“花艺馆”和“百花馆”。

(5) 表单内另起一行，输入“出发路线:”后插入选择，列表值为“沪太路出发”“龙阳路出发”和“金钻路出发”，其中“龙阳路出发”为默认选项。

(6) 表单内另起一行，输入“证件上传:”后插入文件。

(7) 表单内另起一行，输入“您的建议:”后插入文本区域，高度为 5，宽度为 45。

(8) 表单内另起一行，插入“提交”和“重置”两个按钮。保存 chongming.html 页面，并浏览页面。

操作步骤如下：

(1) 将“第 7 章\素材\例 7-3\wy”文件夹复制到 C:\KS 下，启动 Dreamweaver，选择“站

点”|“新建站点”菜单命令，打开“站点设置对象”对话框，单击“站点”，并在右侧“站点名称”中输入“Mysite”，单击“本地站点文件夹”右边的“浏览文件夹”按钮，选择 C:\KS\wy 路径，然后单击“保存”按钮。

（2）在文件面板区域双击打开 chongming. html 网页，选择“窗口”|“属性”菜单命令，打开“属性”面板。将光标定位在表格第 5 行单元格内，单击插入面板，选择“表单”中正数第一项 表单。这时，单元格内会出现一个红色虚线框，后面介绍的表单项都将插入在这个表单框内(见图 7-39)。

图 7-39　表单

（3）在表单框内输入“姓名:”后，单击插入面板，选择“表单”中正数第二项 文本。选中文本框，在属性面板勾选 Required(必填项)，在 Size(字符宽度)中输入“20”(见图 7-40)。将文本前的“Text Field:”选中，按 Delete 键删除。

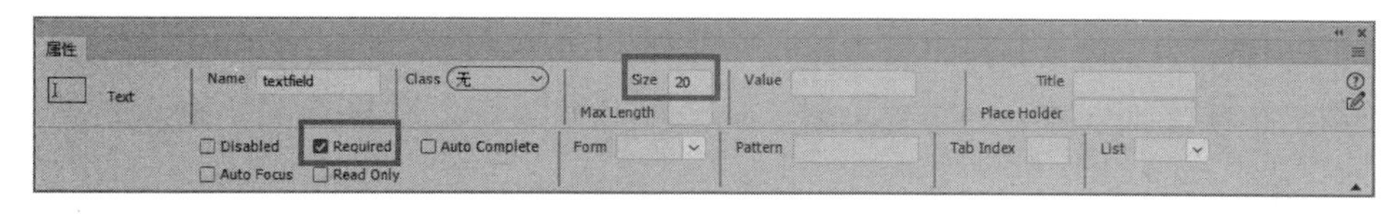

图 7-40　表单设置

再输入“性别:”后，单击插入面板，选择“表单”中倒数第 5 项 单选按钮组。弹出“单选按钮组”对话框，在单选按钮中输入“男”和“女”，通过“+”和“−”可以增减选项，单击“确定”按钮(见图 7-41)。根据样张将纵排的单选按钮组通过鼠标选中拖曳显示在一行。选中“女”前面的单选按钮，在属性面板中勾选 Checked，作为默认选项。

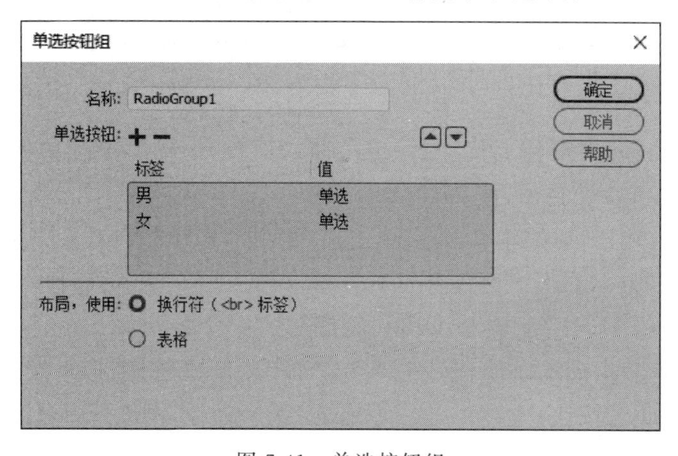

图 7-41　单选按钮组

最后输入“手机号码:”后，同上述“姓名:”操作插入文本，字符宽度为 20，必填项。

（4）另起一行，输入“参观场馆:”后，单击插入面板，选择“表单”中倒数第三项 复选框组。弹出“复选框组”对话框，在复选框中输入“复兴馆”“世纪馆”“竹藤馆”“花栖馆”“花艺馆”和“百花馆”，通过“+”和“-”可以增减选项，单击“确定”按钮(见图 7-42)。根据样张将纵排的复选框组通过鼠标选中拖曳显示在一行。

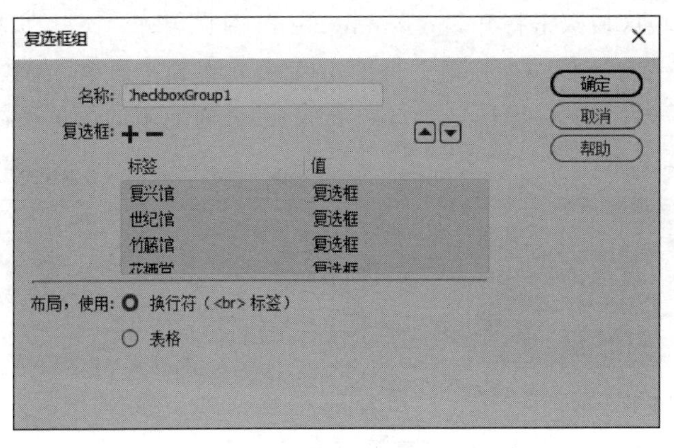

图 7-42　复选框组

(5) 另起一行，输入“出发路线:”后，单击插入面板，选择“表单”中倒数第 7 项选择。单击选择框，在属性面板中选择“列表值”，弹出“列表值”对话框，在项目标签中输入“沪太路出发”“龙阳路出发”和“金钻路出发”，通过“+”和“-”可以增减选项，单击“确定”按钮(见图 7-43)。在属性面板 Selected 中选择“龙阳路出发”，作为默认选项。将选择框前的“Select:”选中，按 Delete 键删除。

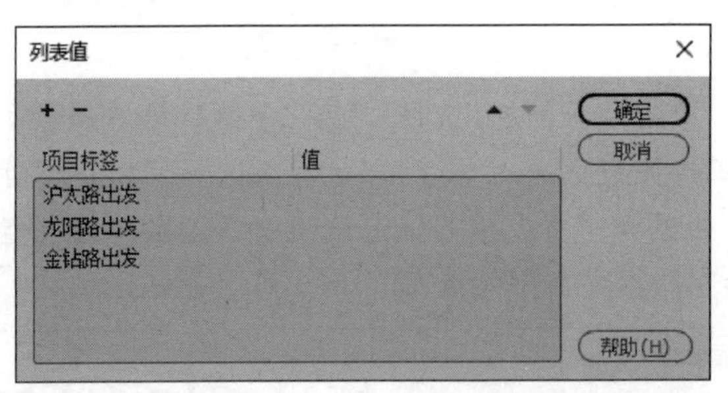

图 7-43　列表值设置

(6) 另起一行，输入“证件上传:”后，单击插入面板，选择“表单”中倒数第 10 项文件。将文件框前的“File:”选中，按 Delete 键删除。

(7) 另起一行，输入“您的建议:”后，单击插入面板，选择“表单”中倒数第 14 项文本区域。单击文本区域框，在属性面板 Rows(行/高)中输入“5”，Cols(列/宽)中输入“45”。将文本区域前的“Text Area:”选中，按 Delete 键删除。

(8) 另起一行，单击插入面板，选择“表单”中倒数第 12 项提交按钮，再选择“表单”中倒数第 13 项重置按钮。选择“文件”|“保存”菜单命令，再进行网页浏览。

编辑页面如图 7-44 所示。

样张如图 7-45 所示。

注意:

(1) 在网页中制作表单，如果表单项是组成表单的元素，那么这些表单项必须插在一个

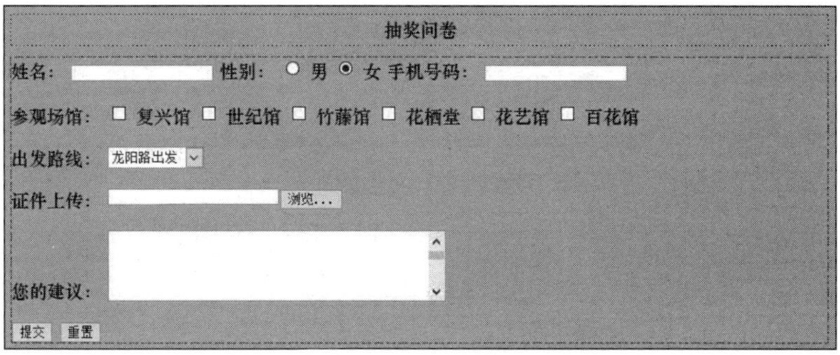

图 7-44　表单样张

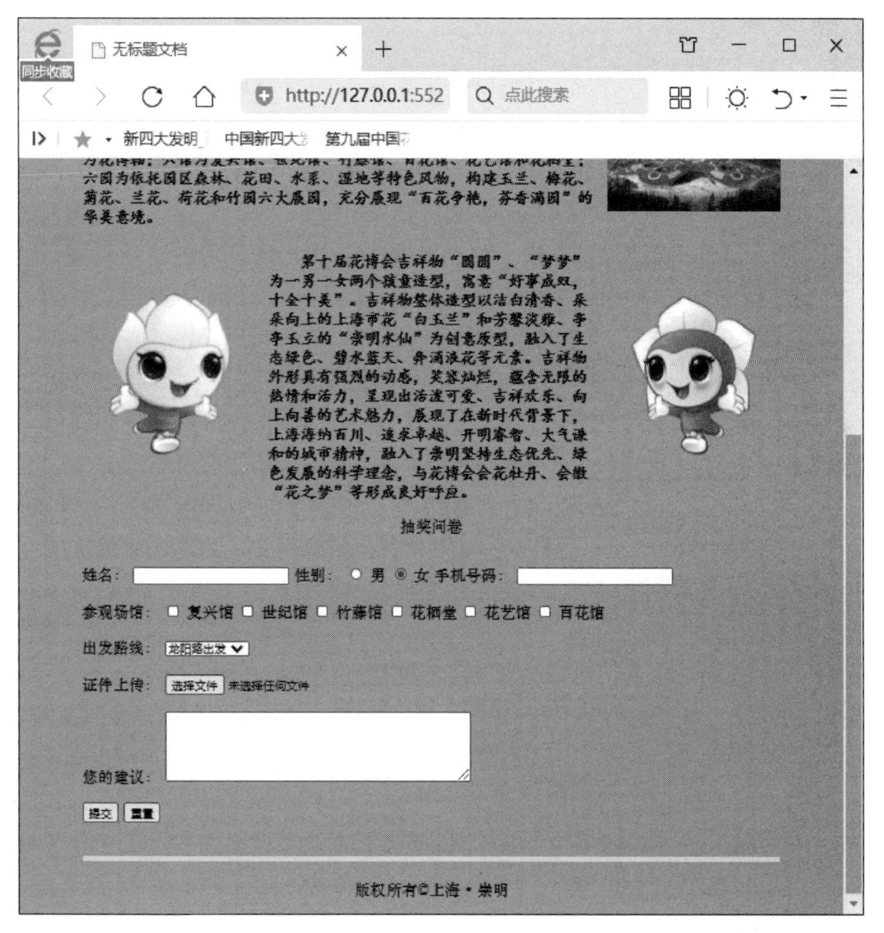

图 7-45　样张

表单框里(即都在一个红色虚线框内),而不能插在多个表单框里。

(2) 关于单选按钮：一般建议插入单选按钮组,这样单选按钮组名就统一了；如果是一个个插入单选按钮的话,则必须给每一个单选按钮修改成统一的组名。如图 7-46 所示,选中每一个单选按钮,在属性面板 Name 中修改为 radio,这样才具备了单选的性质。

(3) 关于重置按钮：经常会把重置按钮重命名为“清除”,则是选中重置按钮,在属性面板 Value 中将“重置”修改为“清除”即可(见图 7-47)。

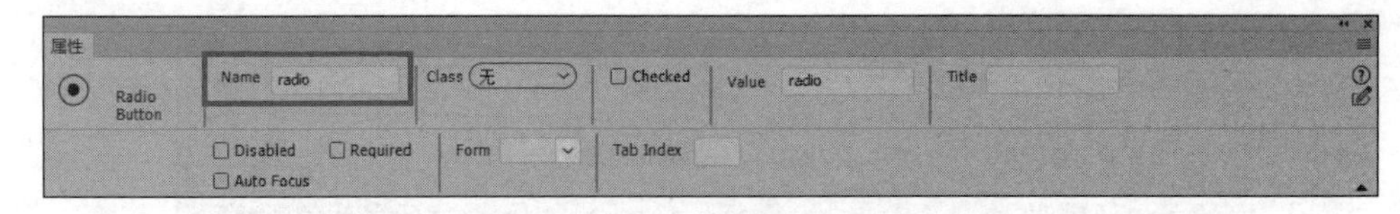

图 7-46　单选按钮

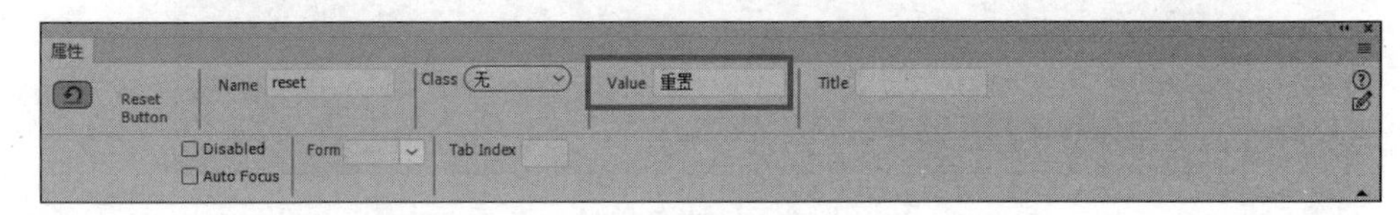

图 7-47　重置按钮

扫码观看

7.2.3　综合练习

1. 利用“第 7 章\素材\综合练习 2\zhlx”文件夹下的素材(图片素材在 zhlx\images 文件夹下),按以下要求制作或编辑网页,结果保存在 C:\KS\zhlx 站点文件夹中。

(1) 将“第 7 章\素材\综合练习 2\zhlx”文件夹复制到 C:\KS 下,启动 Dreamweaver,创建站点名称为 zhsite,本地根文件夹指向 C:\KS\zhlx。

(2) 打开 index.html 网页,为表格 1 第 3 行的 4 个单元格分别创建超链接。为“短道速滑”预留一个空链接;为“速度滑冰”做外部链接 https://www.beijing2022.cn;为“自由式滑雪”做本地链接“FRS.html”,并在新窗口中打开;为“单板滑雪”做邮箱链接 2022daydh@dbhx.com。

(3) 为 index.html 网页中表格 2 第 4 行第 2 列单元格中的图片设置超链接,链接到站点中的 FRS.html 页面。

(4) 打开 FRS.html 文件,为网页中表格第 1 行图片上“冰墩墩”吉祥物设置圆形热点链接,链接到站点中的 index.html 页面。保存 FRS.html 页面,并浏览页面。

(5) 打开 SBD.html 文件,在表格第 4 行上面添加一行,并在单元格中插入表单,内容水平左对齐。

(6) 在表单内,输入“姓名:”后插入文本,字符宽度 20,必填项。

(7) 表单内另起一行,输入“性别:”后插入单选按钮,选项为“男”和“女”,其中“男”为默认选项。

(8) 表单内另起一行,输入“密码:”后插入密码,字符宽度为 15。

(9) 表单内另起一行,输入“喜欢项目:”后插入选择,列表值为“短道速滑”“速度滑冰”“自由式滑雪”“单板滑雪”,其中“单板滑雪”为默认选项。

(10) 表单内另起一行,输入“您的留言:”后插入文本区域,高度为 5,宽度为 45。

(11) 表单内另起一行,插入“提交”和“重置”两个按钮。保存“SBD.html”页面,并浏览页面。

(12) 设置 index.html 页面的超链接颜色为 #00FF00,已访问超链接颜色为 #0000FF,活动链接颜色为 #FF0000。保存 index.html 页面,并浏览页面。

Index.html 样张如图 7-48 所示。

FRS.html 样张如图 7-49 所示。

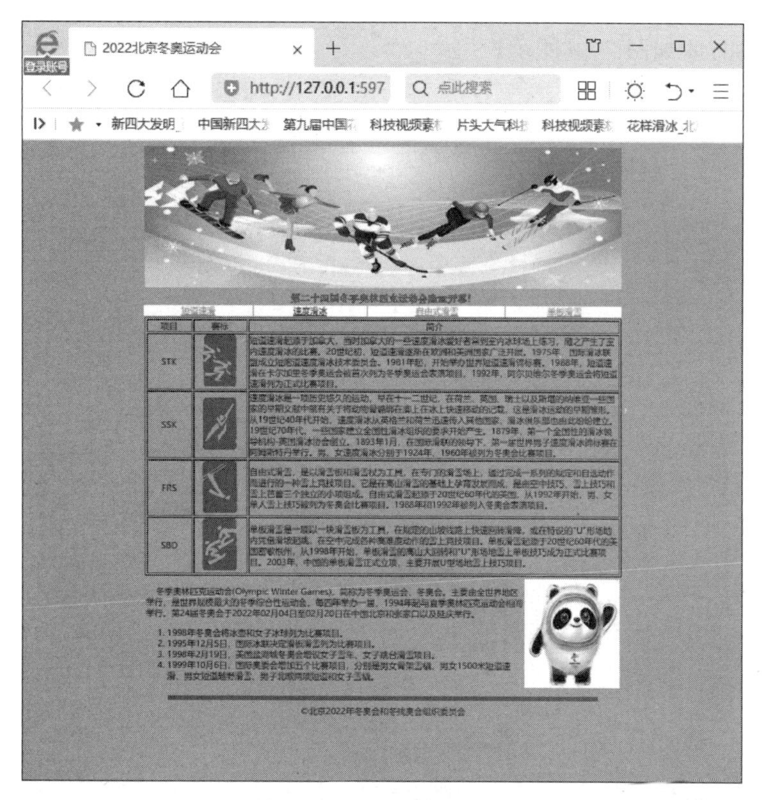

图 7-48　Index. html 样张

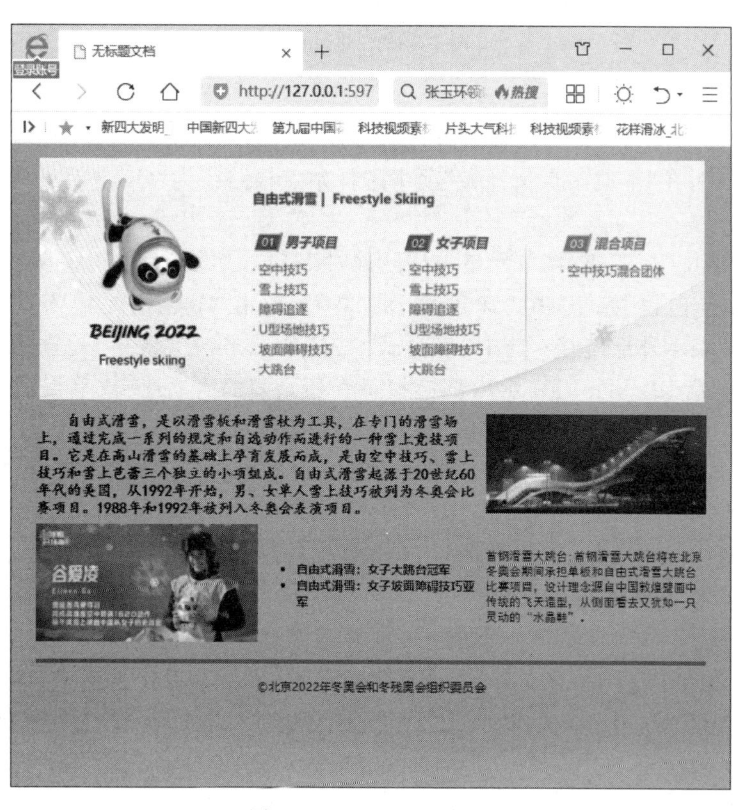

图 7-49　FRS. html 样张

SBD. html 样张如图 7-50 所示。

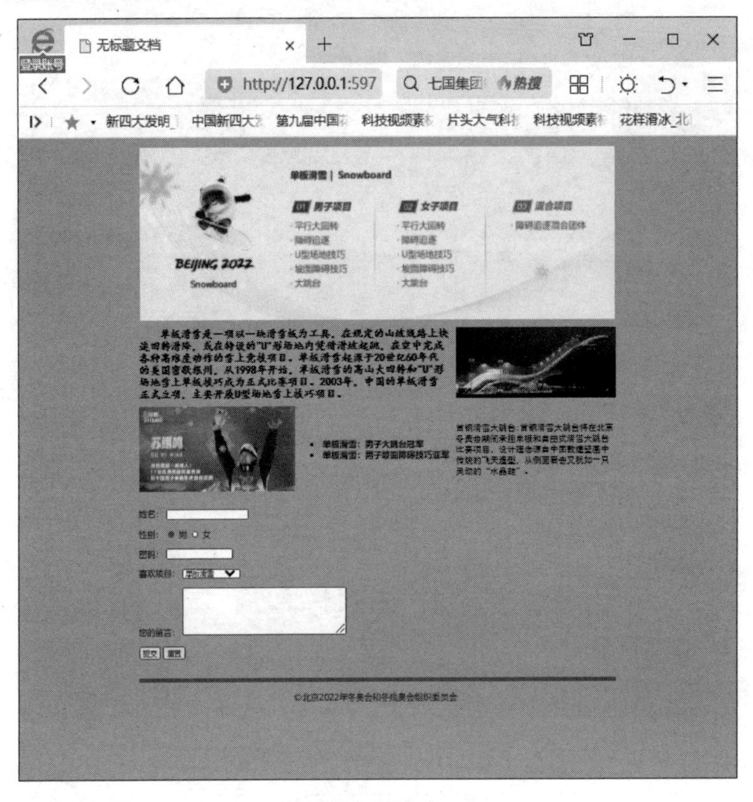

图 7-50　SBD. html

操作提示如下。

第(1)题：选择“站点”|“新建站点”命令，打开“站点设置”对话框，在对话框“站点名称”项中输入“zhsite”，在“本地站点文件夹”项中选择站点根路径为“C:\KS\zhlx”，单击“保存”按钮。

第(2)题：选中“短道速滑”单元格，打开“属性”窗口，切换到 HTML 界面，在“链接”处输入“#”表示空白链接；选中“速度滑冰”单元格，在“链接”处输入“https://www.beijing2022.cn”表示外部链接；选中“自由式滑雪”单元格，在“链接”处输入“FRS. html”，并在“目标”处设置为“_blank”表示内部链接且在新窗口打开；选中“单板滑雪”单元格，在“链接”处输入“2022daydh@dbhx. com”表示电子邮箱链接。

第(3)题：选中表格 2 第 4 行第 2 列单元格中的图片，打开“属性”窗口，在“链接”处输入“FRS. html”。

第(4)题：打开 FRS. html 文件，单击表格第 1 行图片，打开“属性”窗口，选择 图标，在“冰墩墩”吉祥物处绘制圆形热点链接，并在“属性”窗口“链接”处输入“index. html”，如图 7-51 所示。

第(5)题：打开 SBD. html 文件，选中表格第 4 行，右击，选择“表格”|“插入行”命令，将光标放在新插入的单元格中，选择“插入”|“表单”|“表单”命令，打开“属性”窗口，在“水平”处设置为“左对齐”。

第(6)题：将光标放在表单内，输入“姓名：”，选择“插入”|“表单”|“文本”命令，打开“属

图 7-51　热点链接

性”窗口,在 Size 处输入“20”,勾选 Required。

第(7)题:表单内另起一行,输入“性别:”,选择“插入”|“表单”|“单选按钮”命令,打开“属性”窗口,在 name 处输入“男”,同理插入“女”的单选按钮。

第(8)题:表单内另起一行,输入“密码:”,选择“插入”|“表单”|“密码”命令,打开“属性”窗口,在 Size 处输入“15”。

第(9)题:表单内另起一行,输入“喜欢项目:”,选择“插入”|“表单”|“选择”命令,打开“属性”窗口,在“列表值”中输入“短道速滑”“速度滑冰”“自由式滑雪”“单板滑雪”。

第(10)题:表单内另起一行,输入“您的留言:”,选择“插入”|“表单”|“文本区域”命令,打开“属性”窗口,在 Rows 中输入“5”,在 Cols 中输入“45”。

第(11)题:表单内另起一行,选择“插入”|“表单”|““提交”按钮”命令,同理选择“插入”|“表单”|““重置”按钮”命令。选择“文件”|“保存”命令保存 SBD. html 页面,并浏览页面。

第(12)题:打开 index. html 页面,选择“文件”|“页面属性”命令,选择“链接”页面,在“链接颜色”中输入“＃00FF00”,在“已访问链接”中输入“＃0000FF”,在“活动链接”中输入“＃FF0000”,单击“确定”按钮并保存浏览该页面。

7.3　多媒体网页及动态字幕

7.3.1　在网页中插入音频和视频

网页中除了使用文本与图像表现网页内容以外,还离不开网页多媒体,如 Flash 动画、声音、视频等,这些多媒体元素的加入,使得网页表现更丰富多彩,在文本和图像的基础上,多媒体的加入更是锦上添花。

例 7-4　学习掌握网页中插入音频和视频的方法及其属性,本例中所需素材文件位于“第 7 章\素材\例 7-4”文件夹中,样张位于“第 7 章\样张\例 7-4”文件夹中。要求如下:

(1) 将“第 7 章\素材\例 7-4\wy”文件夹复制到 C:\KS 下,启动 Dreamweaver,创建站点名称为 Mysite,本地根文件夹指向 C:\KS\wy。

(2) 打开站点文件夹下 yinchuan. html 网页,在表格第 4 行单元格插入站点文件夹下的“audio/我的青春. mp3”文件,大小设置为 60px×32px(宽×高)。

(3) 打开站点文件夹下 yinchuan. html 网页,在表格第 5 行单元格插入站点文件夹下的“video/科技创造. mp4”文件,大小设置为 800px×450px(宽×高)。保存并浏览 yinchuan. html 页面。

操作步骤如下:

第(1)题:将“第 7 章\素材\例 7-4\wy”文件夹复制到 C:\KS 下,启动 Dreamweaver,选择“站点”|“新建站点”菜单命令,打开“站点设置对象”对话框,单击“站点”,并在右侧“站点名称”中输入“Mysite”,单击“本地站点文件夹”右边的“浏览文件夹”按钮,选择 C:\KS\wy 路径,然后单击“保存”按钮。

第(2)题:在文件面板区域双击打开 yinchuan. html 网页,选择“窗口”|“属性”菜单命令,打开“属性”面板。将光标定位在表格第 4 行单元格内,单击插入面板,选择 HTML 中倒数第 7 项 插件。弹出“选择文件”对话框,选中站点文件夹下的“audio/我的青春. mp3”文件,单击“确定”按钮。用鼠标单击刚插入的插件,在属性面板中输入“60px×32”(宽×高)。

第(3)题:将光标定位在表格第 5 行单元格内,单击插入面板,选择 HTML 中倒数第 7 项 插件。弹出“选择文件”对话框,选中站点文件夹下的“video/科技创造. mp4”文件,单击“确定”按钮。用鼠标单击刚插入的插件,在属性面板中输入“800px×450px”(宽×高)。选择“文件”|“保存”菜单命令,再进行网页浏览。

样张如图 7-52 所示。

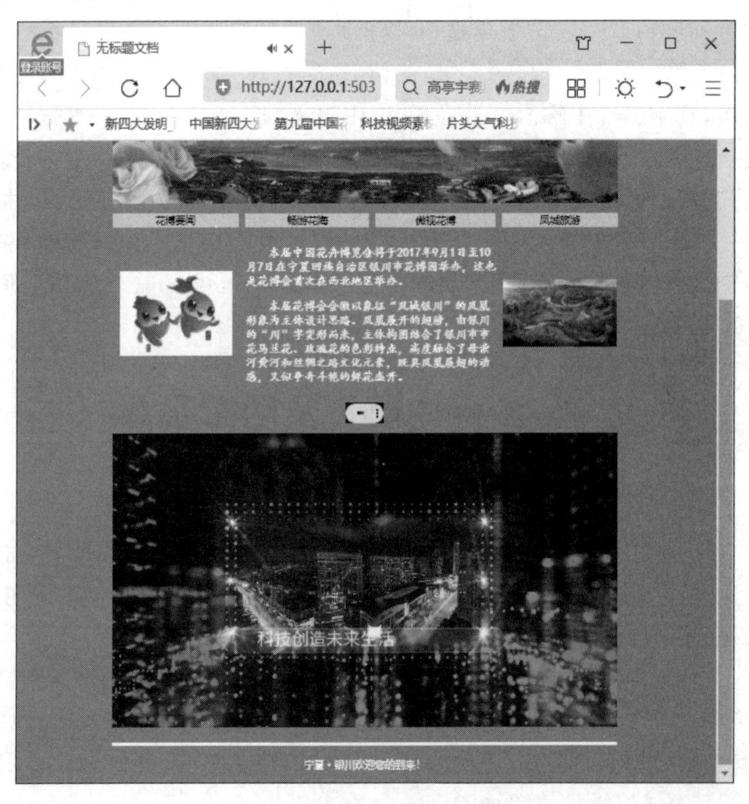

图 7-52　样张

网页中插入音频或视频，应根据文件类型采用对应的选项。例 7-4 中音频文件 MP3 和视频文件 MP4 均采用了“插件”；如果文件是 FLV 流媒体格式，则应选择 Flash Video；如果文件是 HTML5 格式，则应选择 HTML5 Video 或 HTML5 Audio（见图 7-53）。

图 7-53　插入音频或视频

7.3.2　网页中动态字幕的制作

例 7-5 学习掌握网页中动态字幕的插入方法，本例所需素材文件位于“第 7 章\素材\例 7-5”文件夹中，样张位于“第 7 章\样张\例 7-5”文件夹中。具体要求如下。

扫码观看

（1）将“第 7 章\素材\例 7-6\wy”文件夹复制到 C:\KS 下，启动 Dreamweaver，创建站点名称为 Mysite，本地根文件夹指向 C:\KS\wy。

（2）打开站点文件夹下的 yinchuan.html 网页，对表格最后一行文字“宁夏 · 银川欢迎您的到来！”做双向循环、向右滚动，背景色为黄色的字幕效果。保存并浏览 yinchuan.html 页面。

操作步骤如下：

（1）将“第 7 章\素材\例 7-5\wy”文件夹复制到 C:\KS 下，启动 Dreamweaver，选择“站点”|“新建站点”菜单命令，打开“站点设置对象”对话框，单击“站点”，并在右侧“站点名称”中输入“Mysite”，单击“本地站点文件夹”右边的“浏览文件夹”按钮，选择 C:\KS\wy 路径，然后单击“保存”按钮。

（2）在文件面板区域双击打开 yinchuan.html 网页，选择“窗口”|“属性”菜单命令，打开“属性”面板。选中表格最后一行文字“宁夏 · 银川欢迎您的到来！”，右击，在弹出的快捷菜单中选择“环绕标签”进行动态字幕的代码编辑（见图 7-54）。

```
环绕标签: <marquee behavior="alternate"
bgcolor="#ffff00" direction="right">
```

图 7-54　代码

动态字幕是以< marquee >…</marquee >表示的一组代码，中间可以增加如 behavior（行为）三个选项 alternate（双向循环滚动）、scroll（单向循环滚动）、slide（滚动一次），direction（方向）四个选项：down（向下）、left（向左）、right（向右）、up（向上），bgcolor（背景颜色）等效果。利用环绕标签，在英文输入状态，输入空格后会出现上述代码选项，可根据要求进行输入。如果需要修改，建议切换到拆分视图，进行相应代码的修改（见图 7-55）。选择“文件”|“保存”菜单命令，再进行网页浏览。

样张如图 7-56 所示。

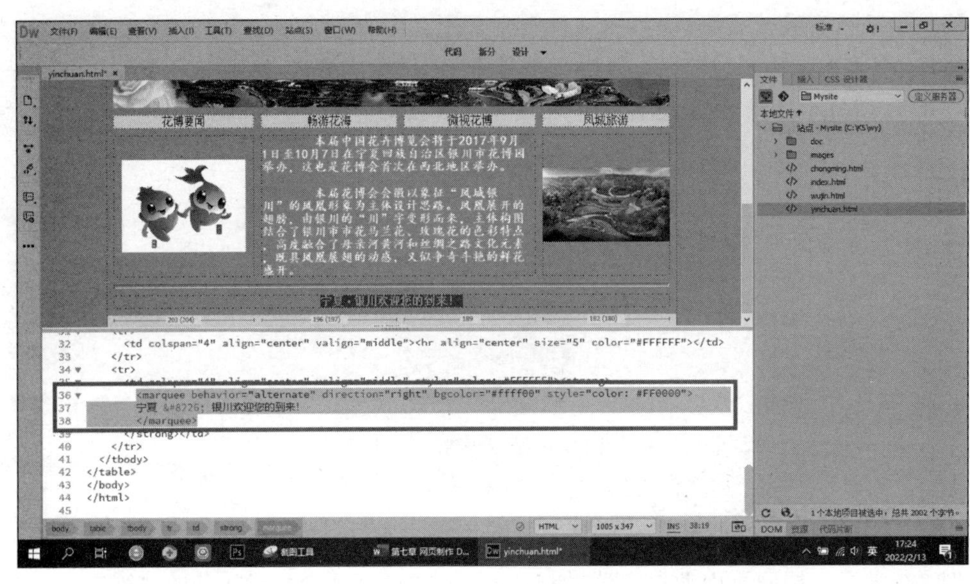

图 7-55　代码修改

图 7-56　样张

注意：

（1）网页中编辑动态字幕，建议在拆分视图中进行，而且是英文输入状态下。

（2）marquee 表示动态字幕，和后续的行为标签如 behavior、direction、bgcolor 之间必须有空格，每个行为的子选项必须用英文状态的双引号括出来。

7.3.3 综合练习

扫码观看

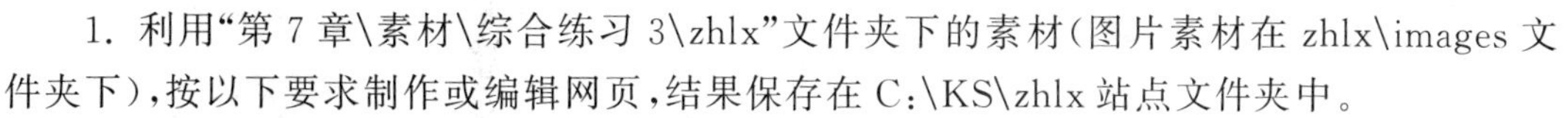

1. 利用“第 7 章\素材\综合练习 3\zhlx”文件夹下的素材（图片素材在 zhlx\images 文件夹下），按以下要求制作或编辑网页，结果保存在 C:\KS\zhlx 站点文件夹中。

（1）将“第 7 章\素材\综合练习 3\zhlx”文件夹复制到 C:\KS 下，启动 Dreamweaver，创建站点名称为 zhsite，本地根文件夹指向 C:\KS\zhlx。

（2）打开 FRS. html 网页，在表格第 4 行单元格上面插入两行，增加的第一行插入站点文件夹下“audio/灌篮高手. mp3”文件，大小设置为 60px×32px（宽×高）。

（3）增加的第二行插入站点文件夹下“video/科技大国. mp4”文件，大小设置为 900px×450px（宽×高）。保存并浏览 FRS. html 页面。

（4）打开 index. html 网页，对表格 1 第 2 行文字“第二十四届冬季奥林匹克运动会隆重开幕!”做双向循环、向右滚动的字幕效果。保存并浏览 index. html 页面。

index. html 样张如图 7-57 所示。

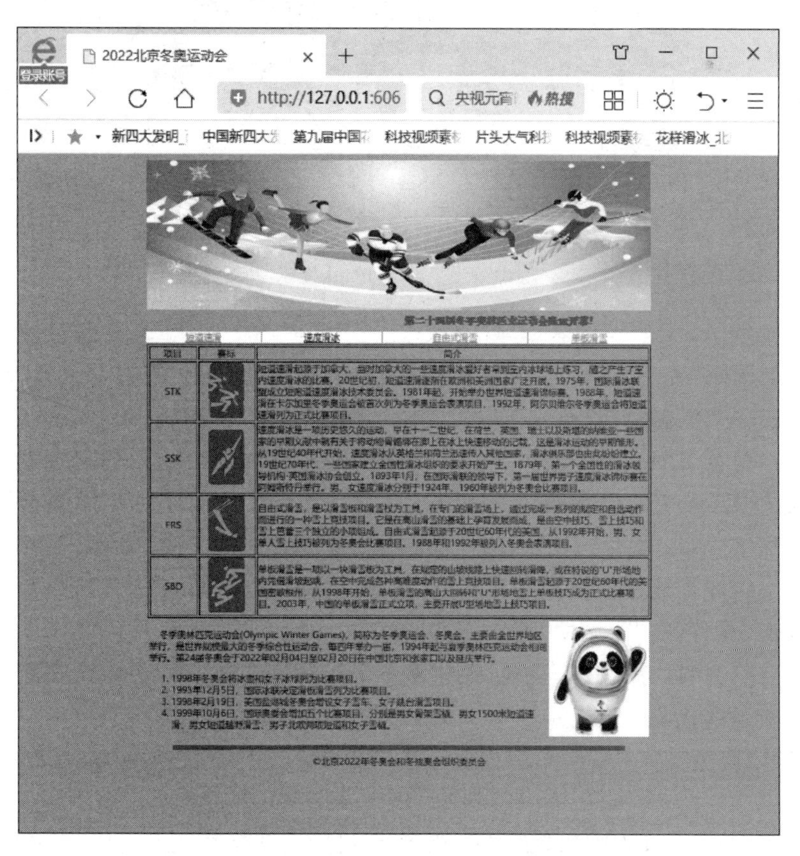

图 7-57 index. html 样张

FRS.html 样张如图 7-58 所示。

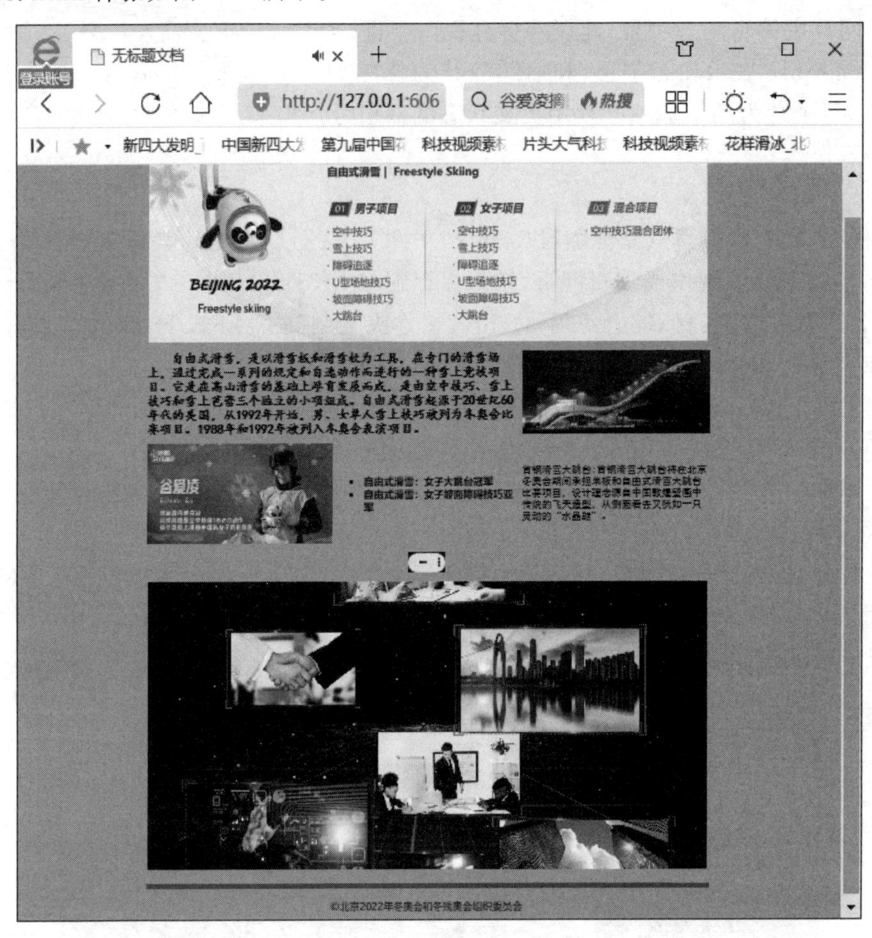

图 7-58　FRS.html 样张

操作提示：

第(1)题：选择“站点”|“新建站点”命令，打开“站点设置”对话框，在对话框“站点名称”项中输入“zhsite”，在“本地站点文件夹”项中选择站点根路径为 C:\KS\zhlx，单击“保存”按钮。

第(2)题：打开 FRS.html 网页，选中表格第 4 行单元格，右击，选择“表格”|“插入行”命令，再重复一次，将光标放在新插入的第一行，选择“插入”|HTML|“插件”命令，选择“audio/灌篮高手.mp3”文件，打开“属性”窗口，设置“宽”为 60，“高”为 32。

第(3)题：将光标放在新插入的第二行，选择“插入”|HTML|“插件”命令，选择“video/科技大国.mp4”文件，打开“属性”窗口，设置“宽”为 900，“高”为 450。保存并浏览该页面。

第(4)题：打开“拆分”视图，找到文字“第二十四届冬季奥林匹克运动会隆重开幕!”，输入如图 7-59 所示的代码。

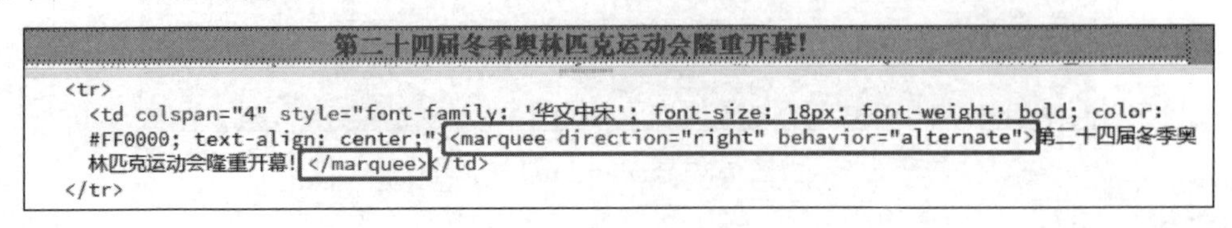

```
第二十四届冬季奥林匹克运动会隆重开幕!
<tr>
  <td colspan="4" style="font-family: '华文中宋'; font-size: 18px; font-weight: bold; color:
  #FF0000; text-align: center;"><marquee direction="right" behavior="alternate">第二十四届冬季奥
  林匹克运动会隆重开幕!</marquee></td>
</tr>
```

图 7-59　输入代码

习　　题

1. 利用“第 7 章\素材\习题 1\wy”文件夹下的素材(图片素材在 wy\images 文件夹下),按以下要求制作或编辑网页,结果保存在 C:\KS\wy 站点文件夹中。

扫码观看

(1) 打开主页 index. html,设置网页标题为“中国国际进口博览会”,网页背景颜色为 #CCFF99,表格居中对齐,宽度为 90%,填充、间距和边框均为 0。设置表格第 1 行中的文字为华文新魏,36px,颜色为 #CC0000。

(2) 在表格第 2 行第 1 列,插入图片 jkblh. jpg,调整图片大小为 250px×140px(宽×高),将图片设置超链接到 https://www. ciie. org,并在新窗口中打开。为第 2 行第 2 列单元格中的文字添加项目列表。

(3) 在第 3 行第 1 列的表单中,插入一个名为 radio 的单选按钮组,标签分别为“参观过”和“暂未参观”,并添加“提交”和“重置”按钮。在表格第 3 行第 2 列插入水平线,宽度 600px,高为 5px,并在文字“版权所有”后面插入版权符号,居中对齐。

样张如图 7-60 所示。

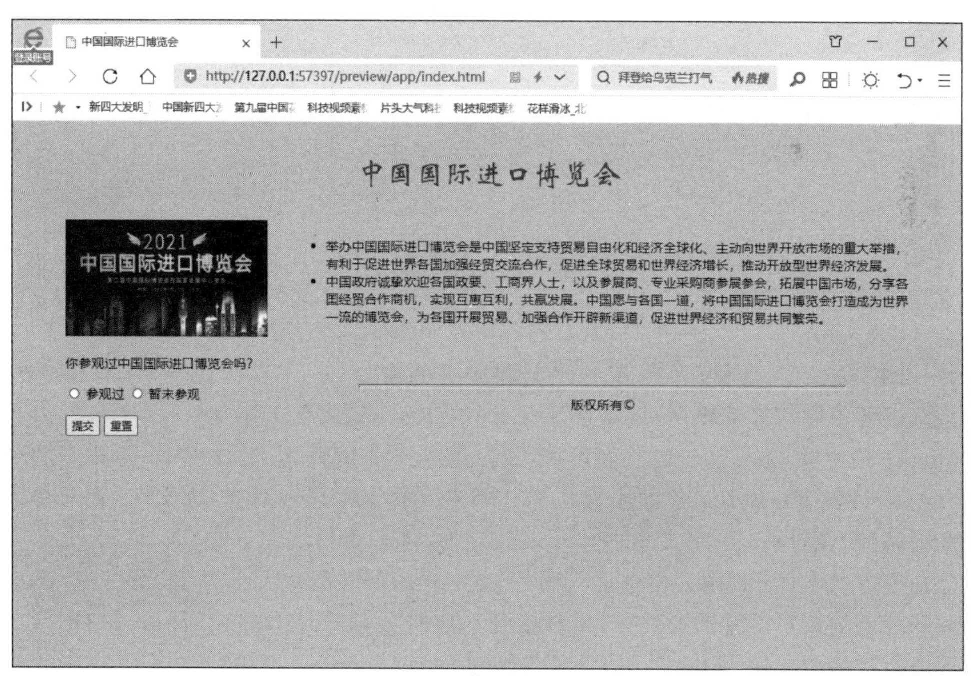

图 7-60　样张

扫码观看

2. 利用“第 7 章\素材\习题 2\wy”文件夹下的素材(图片素材在 wy\images 文件夹下),按以下要求制作或编辑网页,结果保存在 C:\KS\wy 站点文件夹中。

(1) 打开主页 index. html,设置网页标题为“第四届进口博览会”,网页背景图片为 jb. png,设置图像重复模式为 repeat-y。设置表格的宽度为 800px,填充、间距为 5,边框为 0,居中对齐。表格第 1 行背景颜色为 #FFFF99,文字“中国进口博览会”设为华文行楷、36px,加粗。

(2) 在第 2 行第 1 列段首添加 8 个半角空格。在第 2 行第 2 列插入鼠标经过图像,原始图像 img1.jpg，鼠标经过图像 img2.png，调整图片大小为 380px×200px（宽×高）。为第 3 行第 1 列“友情链接”中设置超链接到网站 https://www.ciie.org，并在新窗口中打开。

(3) 在第 3 行第 2 列的表单文字“进博会举办场馆：”后面插入 1 个文本域，字符宽度为 30；在文字“进博会展区：”后面插入 1 个选择菜单，列表值为“汽车展区”“农产品展区”“医药保健展区”。在表格第 3 行第 1 列文字下方插入存储时可以自动更新的日期。

样张如图 7-61 所示。

图 7-61　样张

扫码观看

3. 利用“第 7 章\素材\习题 3\wy”文件夹下的素材（图片素材在 wy\images 文件夹下），按以下要求制作或编辑网页，结果保存在 C:\KS\wy 站点文件夹中。

(1) 打开主页 index.html，设置网页标题为“疫情防控工作”，网页背景颜色为 #FF9999。设置表格属性：边框线为 0，第 1 行单元格水平居中对齐，为文字“新形势下，常态化疫情防控”设置格式：华文隶书，36px，颜色为 #FFFF00。

(2) 在第 2 行第 1 列单元格中插入图片 yqfy.jpg，调整图片大小为 200px×280px（宽×高），对图片上的口罩设置圆形热点，超链接到本地网页 fk.html，并在新窗口中打开。在表格最后一行文字上方插入水平线，高为 5，颜色为 #660066。

(3) 在第 2 行第 2 列文字“问卷调查”下面的表单中插入“年龄：”文本域，字符宽度为 10；“接种疫苗：”为选择菜单，列表值分别为“第一针”“第二针”“第三针”。在“版权所有”文字后面插入版权符号，为文字“联系我们”设置电子邮件链接：abc@163.com。

样张如图 7-62 所示。

扫码观看

4. 利用“第 7 章\素材\习题 4\wy”文件夹下的素材（图片素材在 wy\images 文件夹下），按以下要求制作或编辑网页，结果保存在 C:\KS\wy 站点文件夹中。

(1) 打开主页 index.html，设置网页标题为“疫情防控不放松”，网页背景颜色为 #FFFFCC。表格居中对齐，合并第 1 行两个单元格，插入图片 logo.jpg。

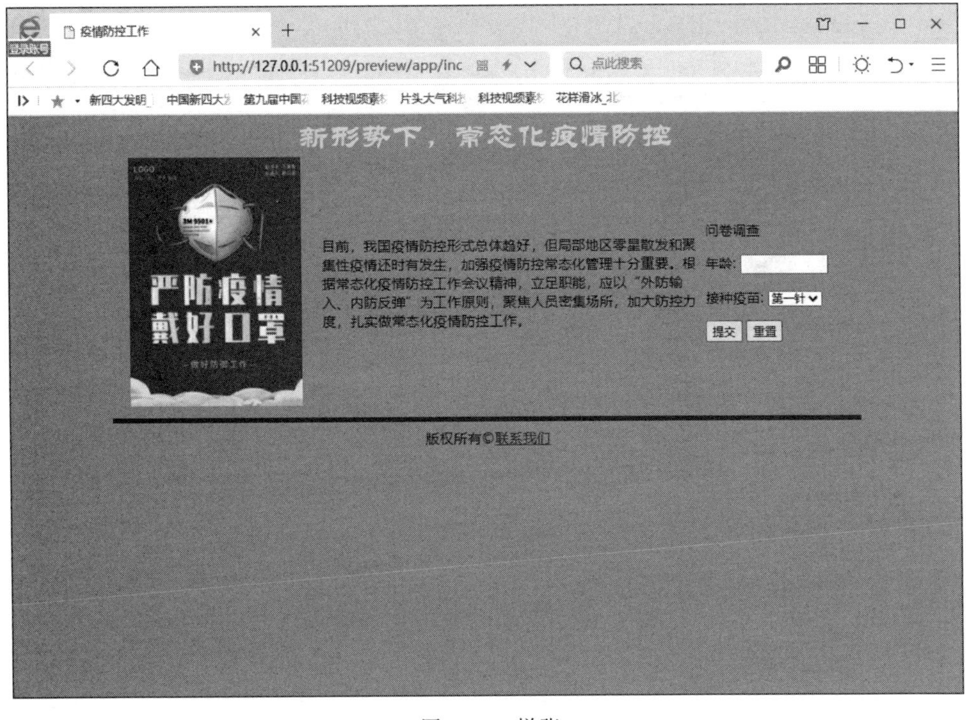

图 7-62 样张

(2) 将表格第 2 行第 1 列中文字设置为 24px，颜色为＃FF0000；设置“>>>更多”文本超链接到 https://www.baidu.com。为第 2 行第 2 列内容添加编号列表。在表格第 3 行第 2 列文字上方插入水平线，为“联系我们”设置邮件链接：abc@163.com。

(3) 在第 3 行第 1 列表单中，插入一个名为 radio 的单选按钮组，标签分别为“疫苗已接种”和“疫苗未接种”；在“您的建议:”后插入文本区域，高度为 3，字符宽度为 25；最后添加“提交”和“清除”按钮。

样张如图 7-63 所示。

5. 利用“第 7 章\素材\习题 5\wy”文件夹下的素材(图片素材在 wy\images 文件夹下)，按以下要求制作或编辑网页，结果保存在 C:\KS\wy 站点文件夹中。

(1) 打开主页 index.html，设置网页标题为“2022 冬奥运动会”，背景颜色为＃99CCFF。表格居中对齐，第 1 行文字“第二十四届冬季奥运会”设置格式为：36px，华文隶书，加粗，颜色为＃FF0000。

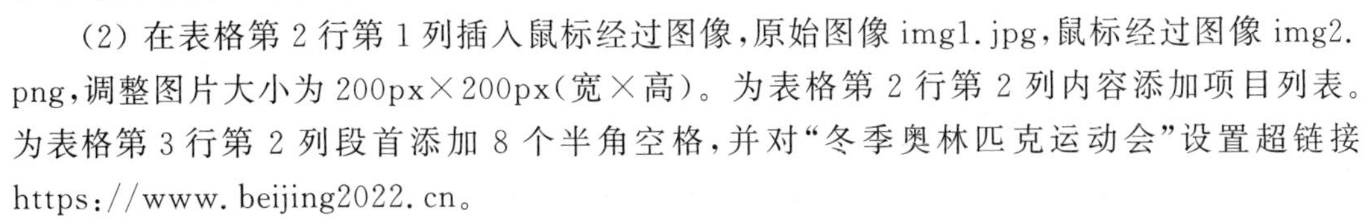

(2) 在表格第 2 行第 1 列插入鼠标经过图像，原始图像 img1.jpg，鼠标经过图像 img2.png，调整图片大小为 200px×200px(宽×高)。为表格第 2 行第 2 列内容添加项目列表。为表格第 3 行第 2 列段首添加 8 个半角空格，并对“冬季奥林匹克运动会”设置超链接 https://www.beijing2022.cn。

(3) 在第 3 行第 1 列表单中“你的年龄:”后面添加选择菜单，列表值分别为“20 岁以下”“20～30 岁”“30 岁以上”；在“你的性别:”后插入名为 gd 的单选按钮组，标签分别为“男”和“女”，并添加“提交”和“重置”按钮。

样张如图 7-64 所示。

图 7-63　样张

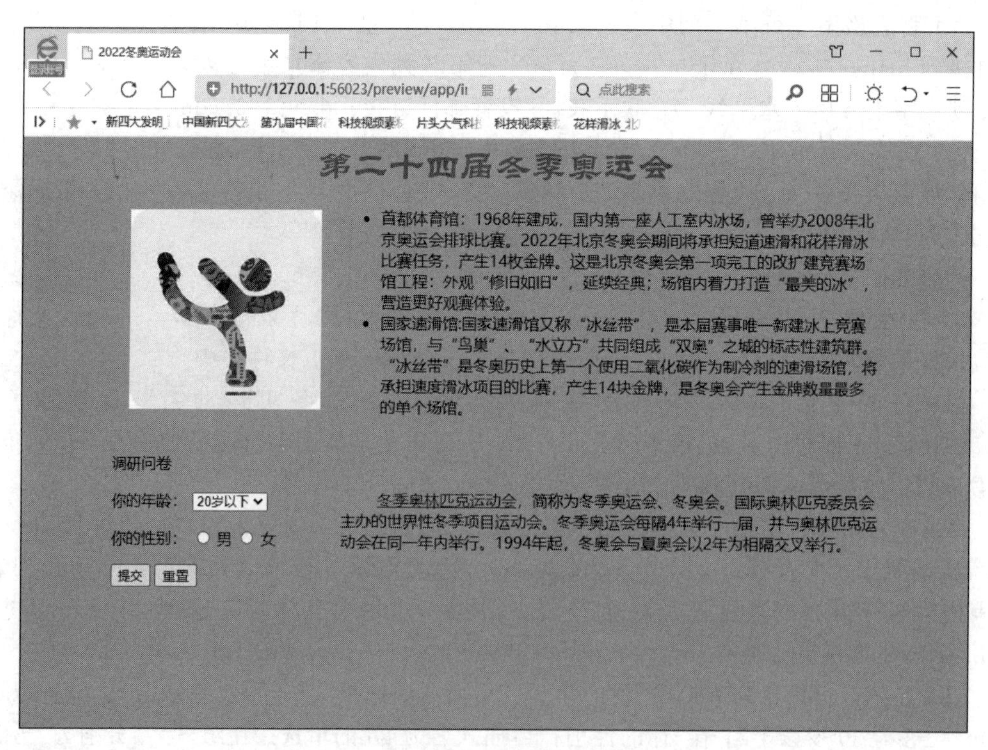

图 7-64　样张

第8章 网络基础概念

目的与要求

(1) 掌握局域网的基本概念。

(2) 了解计算机网络系统结构。

(3) 掌握相关的网络设置及命令的使用。

(4) 了解网络的常用设备。

8.1 网 络 基 础

案例 8-1 本案例将学习建立一种重要的 Internet 接入方式——对等局域网络。要创建局域网，一般要求入网计算机有一个网络适配器(网卡)，并配置相应的驱动程序和 TCP/IP 协议。

案例 8-1 操作要求如下：

将网络适配器安装到计算机，并以双绞线实现硬件上的网络连接后，需要安装网络适配器相应的驱动程序和配置 TCP/IP 协议。

操作步骤如下：

选择“开始”|“控制面板”|“网络和 Internet”|“网络和共享中心”选项，在“网络和共享中心”界面中查看已连接的网络，单击“连接：已连接的网络”，选择“属性”，对“Internet 协议版本(TCP/IPv4)”进行设置，包括修改和添加 IP 地址、子网掩码、默认网关、DNS 服务器的设置。

计算机技术和现代通信技术相结合形成了计算机网络。在现代社会，计算机网络已经渗透到社会的各个领域。从功能结构上，计算机网络可以划分为两层结构：外层为由主机构成的资源子网，资源子网主要提供共享资源和相应的服务；内层为由通信设备和通信线路构成的通信子网，通信子网主要提供网络的数据传输和交换。本节介绍有关计算机网络的一些基本知识。

8.1.1 计算机网络的分类

计算机网络的分类标准有很多，可以按网络的覆盖范围、使用范围、传输介质、拓扑结构、传播方式、交换功能和用途等进行分类。

1. 按网络的覆盖范围分类

按网络的覆盖范围分类，实际上是按网络传输的距离进行分类。传输技术随信息传输距离的不同而不同。按网络覆盖的范围可把网络分成局域网、城域网、广域网和因特网。

• 局域网(Local Area Network,LAN)

局域网的地理分布范围在几千米以内,作用范围小,通常分布在一个房间、一个建筑物或一个企事业单位。局域网是当前计算机网络发展中最活跃的分支,可把单位组织内的计算机和共享设备连接在一起,实现组织内的资源共享。局域网的特点为:覆盖范围小,通常由一个部门或单位组建,数据传输率高(10~1000Mb/s),信息传输的过程中延迟小、差错率低;易于安装、便于维护,局域网可以实现文件管理、应用软件共享、打印机共享、扫描仪共享等功能。局域网是封闭型的,可以由一个办公室内的几台计算机组成,也可以由一个公司内的上千台计算机组成。

• 城域网(Metropolitan Area Network,MAN)

城域网采用类似于局域网的技术,但规模比局域网大,地理分布范围在10~100千米,一般覆盖一个城市或地区。一个城域网网络通常连接着多个局域网网,如连接政府机构的局域网、医院的局域网、电信的局域网、公司企业的局域网等。城域网多采用ATM(Asynchronous Transfer Mode,异步传输模式)技术做骨干网,实现数据、语音图像、视频等多媒体信息的传输,也可作为公共设施来运作。能够满足政府机构、金融保险、大中小学校、公司企业等单位对高速率、高质量数据通信业务日益旺盛的需求,特别是快速发展起来的互联网用户群对宽带高速上网的需求。

• 广域网(Wide Area Network,WAN)

广域网的覆盖范围很大,它能连接多个城市或国家,或横跨几个洲并能提供远距离通信,形成国际性的远程网络,规模庞大而复杂。在我国,广域网通信的线路和设备是由电信部门提供的,它可以把多个局域网和城域网连接起来,也可以把世界各地的局域网连接起来,实现远距离资源共享和低价的数据通信。

• 因特网(Internet)

因其英文单词Internet的谐音,又称为“因特网”。因特网本身就是一个特殊的广域网,是利用高速的光纤主干网把现有的多个广域网互连起来,形成了今天的互联网。主干网分为三部分:传输网、交换网、接入网。因特网由数量极大的各种计算机网络互连起来,连接着所有的计算机,人们可以通过搜索技术从网上找到各自所需的信息。在互联网应用飞速发展的今天,它已是人们每天都要打交道的一种网络,无论从地理范围还是从网络规模来讲,它都是最大的一种网络。

2. 按网络的使用范围分类

网络按使用范围可分为公用网和专用网。

• 公用网,又称公众网

该网络是向公众开放、为社会提供服务的网络。一般由电信部门组建、管理和控制,网络内的传输和交换装置可以租赁给任何部门和单位使用,只要符合用户的要求就能使用。

• 专用网

为一个或几个部门所拥有,它只为拥有者提供服务。由某个组织(企业、政府部门或联合体)建设、管理和拥有,具有内部资源的安全性和保密性效应。

3. 按网络的传输介质分类

网络按传输介质(媒体)的不同可分为有线网与无线网。

• 有线网

有线网是采用如双绞线、同轴电缆或光纤等物理介质传输数据的网络。

• 无线网

无线网是采用无线电波、微波、红外线、卫星或激光等形式来传输数据的网络。

4. 按网络的拓扑结构分类

计算机网络的拓扑结构是把网络中的计算机和通信设备抽象为一个点,把传输介质抽象为一条线,由点和线组成的几何图形。计算机网络按拓扑结构可分为:总线型网、环状网、星状网、树状网和网状型网等。计算机网络的拓扑结构不同,所采用的传输方式和通信控制协议也不同。

• 总线型网

在一条单线上连接着所有的工作站(网络上的计算机常称为工作站)和共享设备(文件服务器、打印机等),采用广播式的数据传输方式,其特点是结构简单、便于扩充,如图 8-1 所示。

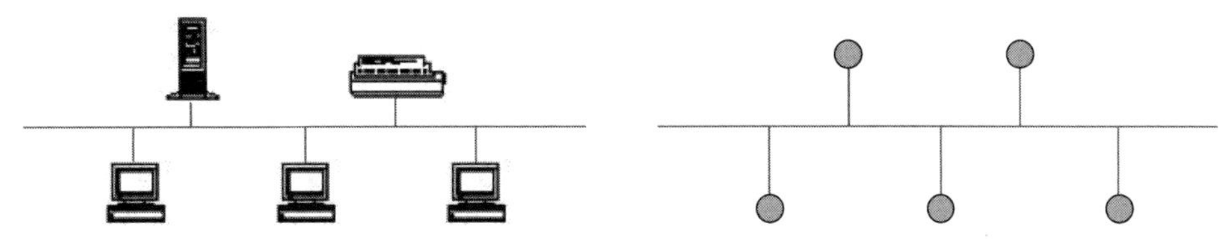

图 8-1　总线型网的示意图和拓扑图

• 环状网

通过传输介质将工作站、共享设备连接成一个闭合的环,采用点对点的数据传输方式,如图 8-2 所示。其特点是信息在网络中沿固定方向流动,两个节点间有唯一的通路,可靠性高。它安装容易,费用较低,电缆故障容易查找和排除,在局域网中常被采用。由于整个网络构成闭合的环,当节点发生故障时,整个网络就不能正常工作,故网络扩充起来不太方便。

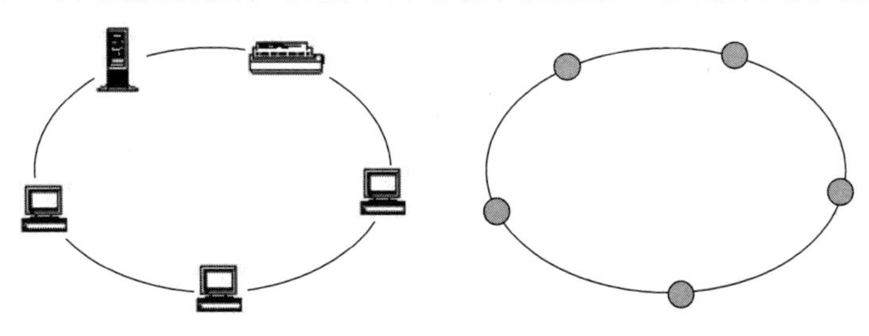

图 8-2　环状网的示意图和拓扑图

• 星状网

以中央节点为中心与各节点连接,采用点对点的数据传输方式。其特点是系统稳定性好,故障率低。由于任意两个节点间的通信都要经过中央节点,中央节点一旦出现故障会导致全网瘫痪,所以要求中央节点具有很高的可靠性。目前的局域网大多数采用星状结构,中央节点大多采用可靠性很高的交换机(Switch),节点间则以廉价的双绞线相连,如图 8-3 所示。

• 树状网

树状结构是从星状结构变化而来的,各节点按一定层次连接起来,形状像一棵"根"朝上

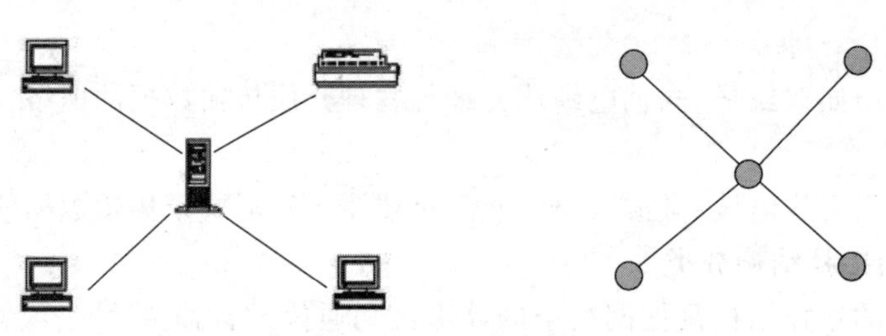

图 8-3　星状网的示意图和拓扑图

的树，最顶端只有一个节点。在树状结构的网络中有多个中心节点，形成一种分层级管理的集中式网络。树状结构网络的传输介质一般采用同轴电缆，用于军事单位、政府部门等上下界限相当严格和层次分明的单位或部门，如图 8-4 所示。树状拓扑结构容易扩展、故障也容易处理，但是整个网络对根的依赖性很大，一旦网络的根发生故障，整个系统将不能正常工作。

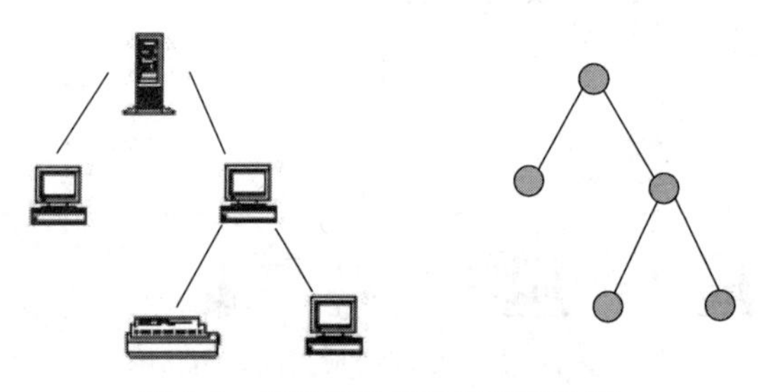

图 8-4　树状网的示意图和拓扑图

• 网状型网

网状结构的网络是由分布在不同地理位置的计算机经传输介质和通信设备连接而成的，每两个节点之间的通信链路可能有多条。网状结构的优点是系统可靠性高，缺点是结构复杂，联网成本较高，如图 8-5 所示。

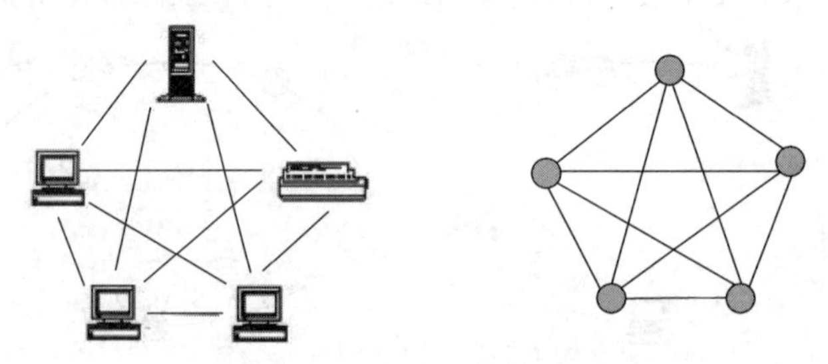

图 8-5　网状型网的示意图和拓扑图

5. 按通信的传播方式分类

网络按通信的传播方式可分为点对点式网络与广播式网络。

• 点对点式网络

它是以点对点的连接方式，把各个计算机连接起来的。这种传播方式的网络主要用于局域网中，其主要结构有环状、星状、树状和网状。信息沿着经过的每台计算机或通信设备进行传输。

• 广播式网络

它是用一个共同的传输介质把各个计算机连接起来的。主要有通过同轴电缆连接起来的总线型网络；以微波、卫星方式传播的广播式网络，适用于远程网。在广播式网络中，仅有一个公共通信信道供网络上所有用户共享。任一时间内某用户计算机利用通信信道发送数据时，其他网络节点只能接收而不能发送，且仅指定的用户计算机才能接收信息。

6. 按网络的交换功能分类

网络按交换功能可分为电路交换网、报文交换网、报文分组交换网和混合交换网。

• 电路交换网

电路交换网在通信期间始终使用该信道，并且不允许其他用户使用，通信结束后方才释放所建立的信道。电路交换的通信过程分为三个阶段：信道建立阶段、数据通信阶段和信道释放阶段。

• 报文交换网

报文交换网基于存储转发机制，当源主机和目的主机通信时，不管目的主机是否接通，都让源主机发送信息。网络中的中继节点（交换器）只起传递信息的作用，即先将源主机发来的一份完整信息做适当处理，报文存储在交换器的缓冲区中，然后再根据报头中的目的地址，选择一条相应的输出链路。若该链路空闲，便将报文按报头中的目的地址发送至目的主机。若输出链路忙，则将信息在缓冲区中暂存，待链路有空即行发送。

• 报文分组交换网

报文分组交换网与报文交换网一样，采用存储转发的方式。为避免报文过长导致发送时的线路交换延迟效应，它先将一份长的报文划分成若干定长的报文分组，以报文分组作为传输的基本单位进行传输，每个分组自行寻找路由，在目的节点再组装成报文。

• 混合交换网。

混合交换网在一个数据网中同时采用电路交换和报文分组交换两种方式进行数据交换。既有实时效应，又融合存储转发机制。

7. 按网络的用途分类

• 资源共享网。

在该网络系统中，中心计算机的资源可被其他系统共享，使得用户可以共享网络中的各种资源。

• 分布式计算机网。

各计算机进程可以相互协调工作和进行信息交换，以此共同完成一个大的、复杂的任务。

• 远程计算机网。

主要起数据传输的作用，目的是使用户能够用远程主机。

8.1.2 计算机网络体系的结构

计算机网络将多个计算机系统用传输介质互连起来，以达到数据共享的目的，其中贯穿着数据通信的实现、各通信节点间数据信息和控制信息的流动、各通信数据交换的规则与层次化运作机制等相关内容。网络体系结构也就是构成计算机网络的软硬件产品的标准。

1. 网络协议

网络协议（Network Protocol）是计算机网络中相互通信的对等实体间为进行数据通信而建立的规则、标准或约定。它是一组使网络中的不同设备能进行数据通信，而预先制定的一整套通信双方相互了解和共同遵守的格式和约定。

网络协议是网络通信的语言,是通信的规则和约定。网络协议由语义、语法、时序三个要素构成。

- 语义

指构成协议元素的含义,包括需要发出何种控制信息,完成何种动作及做出何种应答。

- 语法

指数据或控制信息的格式或结构形式。

- 时序

指事件执行的顺序及其详细说明。

也就是说,语义规定通信双方准备“讲什么”,确定协议元素的种类;语法规定通信双方“如何讲”,确定数据的格式、信号电平;时序说明了事件出现与执行的先后顺序。

2. 开放系统互连参考模型(OSI/RM)

由于不同的网络体系结构有不同的网络分层和协议,使得不同网络间难以进行通信,因此迫切需要有一个公认的标准。因此,国际标准化组织 ISO 通过研究异种计算机网络间的通信标准,提出了“开放系统互连参考模型”(Open System Interconnection Reference Model,OSI/RM)的国际标准,即 OSI/RM 参考模型。

OSI/RM 参考模型提供了一个在概念上和功能上实现开放系统互连的体系结构,规定了开放系统中各层间提供的服务和通信时需要遵守的协议。若各种计算机和信息处理系统符合 OSI/RM 标准,则无论系统采用何种硬件构架,使用什么操作系统,都可互连和交换信息。遵循这组规范,可以很方便地实现计算机之间的通信。

OSI/RM 参考模型将计算机网络体系结构分为七层,从低到高依次为物理层、数据链路层、网络层、传输层、会话层、表示层和应用层。在 OSI/RM 中,每个层都有相对独立的明确功能,而每一层的功能都依赖于下一层提供的服务,并为上一层提供必要的服务。相邻两层间通过界面接口进行通信。模型的一到四层是面向数据传输的,而五到七层则是面向应用的。物理层直接负责物理线路的传输,最上面的应用层直接面向用户。OS1/RM 参考模型的七层协议结构如图 8-6 所示,其中数据通信交换节点只有最低三层,称为中继开放系统,图 8-6 中也可看出网络中任意两个系统端点间的通信过程。

计算机网络通常被划分为通信子网和资源子网。通信子网(Communication Subnet)是指网络中实现网络通信功能的设备及其软件的集合,通信设备、网络通信协议、通信控制软件等属于通信子网,是网络的内层,负责信息的传输。资源子网(Resources Subnet)是指用户端系统包括用户的应用资源,如服务器、故障收集计算机、外设、系统软件和应用软件。从计算机网络各组成部件的功能来看,各部件主要完成两种功能,即网络通信和资源共享。把计算机网络中实现网络通信功能的设备及其软件的集合称为网络的通信子网,而把网络中实现资源共享功能的设备及其软件的集合称为资源子网。通信子网提供信息传输服务,资源子网提供共享资源。通信子网的设备工作在 OSI/RM 协议的物理层、数据链路层、网络层和传输层,资源子网的设备工作在 OSI/RM 协议的应用层。

3. 互联网体系结构(TCP/IP)

在互联网所使用的各种协议中,最重要和最著名的是 TCP(Transmission Control Protocol)和 IP(Internet Protocol)两个协议。TCP/IP 并不一定单指这两个具体协议,而是表示互联网所使用的整个协议族,称为 TCP/IP 协议族(Protocol Suite)。

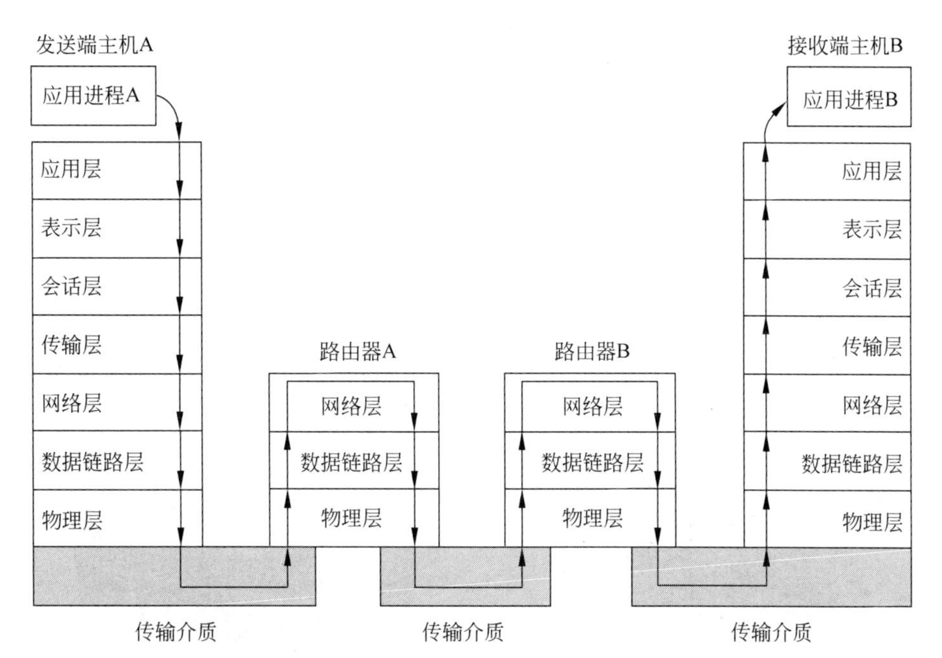

图 8-6 OSI/RM 参考模型结构及协议

所有连接到互联网上的计算机都依据共同遵守的通信协议传递信息，称为 TCP/IP 协议。由于 ISO OS1/RM 标准的制定与开发速度跟不上互联网的迅速发展，从而导致由厂商和市场推动的比较简单的 TCP/IP 体系结构成为互联网事实上的标准，使用 TCP/IP 协议的硬件和软件产品大量出现，几乎所有联网的个人计算机都配有 TCP/IP 协议。TCP/IP 协议族成为互联网上广泛使用的标准网络通信协议。

互联网体系结构以 TCP/IP 协议为核心。其中 IP 协议用来给各种不同的通信子网或局域网提供一个统一的互连平台，TCP 协议则用来为应用程序提供端到端的通信和控制功能。应该指出，技术的发展并不是遵循严格的 OSI 分层概念，实际上现在互联网使用的 TCP/IP 协议网络体系结构已经演变成如图 8-7 所示的结构。TCP/IP 协议分为 4 层，即网络接口层、网络层(或网际层)、传输层和应用层。

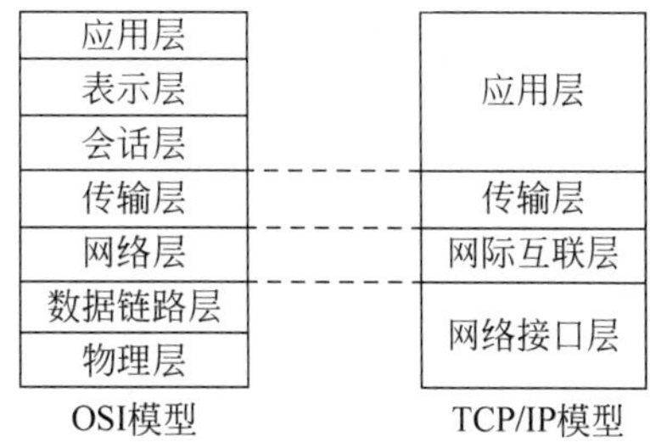

图 8-7 基于 TCP/IP 协议的网络体系结构

TCP/IP 协议可实现异构网络互连，为 Internet 的迅速发展打下了基础，成为 Internet 的基本协议。TCP/IP 协议所采用的通信方式是分组交换方式，基本传输单位是数据报，数据在传输时分成若干段，每个数据段称为一个分组。TCP/IP 协议的主要内容如表 8-1 所示。

表 8-1 TCP/IP 各层协议

层　　次	主 要 协 议
应用层	TELNET、HTTP、SMTP、FTP、DNS、DSP……
传输层	TCP、UDP……
网络层	IP、ICMP、ARP、PARP、UUCP……
网络接口层	ETHERNET、ARPANET、PDN……

8.1.3 计算机网络的常用设备

1. 网络互连设备

网络互连的目的是实现网络间的通信和更大范围的资源共享。常用的网络互连设备有中继器、集线器、网桥、交换机、路由器和网关。

- 中继器和集线器

中继器(Repeater)是用来放大或再生接收到的信号的。中继器主要用于扩展传输距离,不具备自动寻址能力,通过中继器互连的网段属于同一个竞争域。中继器因为其端口数量少,目前已经很少使用,集线器(Hub)就是一个多端口的中继器。中继器如图 8-8 所示,集线器如图 8-9 所示。

图 8-8 中继器

图 8-9 集线器

集线器的功能与中继器相同,其实质就是一个中继器,但它是一个可以多台设备共享的设备。所有传输到 Hub 的数据均被广播到与之相连的各个端口,通过 Hub 互连的网段属于同一个竞争域。

根据总线带宽的不同,Hub 分为 10M、100M 和 10/100M 自适应三种;若按配置形式的不同可分为独立型 Hub、模块化 Hub 和堆叠式 Hub 三种;根据管理方式的不同可分为智能型 Hub 和非智能型 Hub 两种。Hub 端口数目主要有 8 口、16 口和 24 口等。

在通过增加网段来延长网络距离的情况中,需要使用中继器或者集线器。

- 网桥和交换机

网桥(Bridge)和交换机(Switch)是工作在数据链路层的设备,更具体地说是工作在局域网中数据链路层的介质访问控制子层(MAC)的互连设备。网桥负责在数据链路层将信息进行存储转发,一般不对转发帧进行修改。交换机是更先进的网桥,除了具备网桥的基本功能外,还能在节点之间建立逻辑连接,为连续传输大量数据提供有效的速度保证。网桥如图 8-10 所示,交换机如图 8-11 所示。

图 8-10 网桥

图 8-11 交换机

交换机工作在数据链路层,能够在任意端口提供全部的带宽;交换机能够构造一张 MAC 地址与端口的对照表(俗称“转发表”)来进行转发,根据数据帧中 MAC 地址转发到目的网络。交换机支持并发连接,多路转发,从而使带宽加倍。

• 路由器

路由器(Router)是计算机网络互连的桥梁,是连接计算机网络的核心设备。

路由器工作在网络层,其作用一是连通不同的网络,二是选择信息传送的线路。路由器的操作对象是数据包,利用路由表比较进行寻址,选择通畅快捷的近路,这能大大提高通信速度,减轻网络系统的通信负荷,节约网络系统资源,提高网络系统畅通率,从而让网络系统发挥出更大的效益,路由器如图 8-12 所示。

• 网关

网关(Gateway)是让两个不同类型的网络能够相互通信的硬件或软件,网关工作在 OSI/RM 参考模型的传输层、会话层、表示层和应用层,即传输层到应用层。网关是实现应用系统级网络互连的设备,网关如图 8-13 所示。

图 8-12　路由器

图 8-13　网关

网关的主要功能是完成传输层以上的协议转换,一般有传输网关和应用程序网关两种,传输网关是在传输层连接两个网络的网关,应用程序网关是在应用层连接两部分应用程序的网关。网关既可以是一个专用设备,也可以用计算机作为硬件平台,由软件实现其功能。

2. 网络接入设备

在因特网飞速发展的今天,几乎所有的个人计算机和网络都会与因特网连接,以实现数据通信、资源共享的目的。因特网接入是指一台计算机或者一个局域网与因特网相互连接。网络接入设备主要有调制解调器、无线路由器等。

• 调制解调器

调制解调器(Modem)是一种既能将数字信号调制成模拟信号,又能将模拟信号解调成数字信号的装置。个人计算机(PC 机)若要通过电话线接入因特网,就必须使用调制解调器来转换这两种不同的信号。当 PC 机向因特网发送信息时,由于电话线传输的是模拟信号,所以必须用调制解调器把数字信号转换成模拟信号后才能传送到因特网上,这个过程叫作"调制"。当 PC 机从因特网上获取信息时,由于通过电话线从因特网传来的信息都是模拟信号,所以 PC 机想要看懂它们,还必须借助调制解调器将模拟信号转换成数字信号,这个过程叫作"解调"。调制解调器就是由调制器和解调器这两个名词合并而成的。如果没有特别的说明,调制解调器是指在一条标准的电话线上提供双向同时的数字通信的设备,其外观如图 8-14 所示。

ADSL 调制解调器(ADSL Modem)是为非对称用户数字线路(Asymmetric Digital Subscriber, ADSL)提供调制信号和解调信号的设备,最高支持 8Mb/s 的下行速率和 1Mb/s 的上行速率,抗干扰能力强,适用于普通家庭用户。

图 8-14　调制解调器

线缆调制解调器(Cable Modem)用于将计算机接入有线电视网络,实现网络操作。

图 8-15 无线路由器

• 无线路由器

无线路由器是带有无线覆盖功能的路由器,主要应用于用户上网和无线覆盖。无线路由器可以与以太网间的 ADSL Modem 或 Cable Modem 直接相连,也可以通过交换机/集线器、宽带路由器等接入局域网。其内置有简单的虚拟拨号软件,可以存储用户名和密码拨号上网,可以为 ADSL Modem、Cable Modem 等提供自动拨号功能,而无须手动拨号或占用一台电脑作为服务器使用,如图 8-15 所示为无线路由器的外观。此外,无线路由器一般还具备一定的安全防护功能。

8.1.4 计算机网络的发展

1. 宽带网络

宽带网络一般指的是带宽超过 155Kb/s 的网络。和宽带网络对应的是窄带网络。宽带网络可分为宽带骨干网和宽带接入网两个部分。

• 宽带骨干网

骨干网又称为核心交换网,基于光纤通信系统,能实现大范围(在城市之间和国家之间)的数据流传送,通常采用高速传输网络、高速交换设备(如大型 ATM 交换机和交换路由器)。电信业一般将传输速率达到 2Gb/s 的骨干网称作宽带网。

• 宽带接入网

接入网技术可根据所使用的传输介质的不同分为光纤接入、铜线接入、混合光纤同轴接入和无线接入等多种类型。

我国已建成了全球规模最大的固定宽带网络,全国地级以上城市均已实现光纤网络全面覆盖。随着网络性能、网络速率的提升以及资费的下降,在很大程度上支撑了我国经济的转型升级,从信息消费来看,宽带网络创造了更加丰富的信息服务内容,有效带动了抖音、快手等短视频以及网络直播等大流量应用的发展。

2. 全光网络

全光网络以光节点取代现有网络的电节点,并用光纤将光节点互连成网,采用光波完成信号的传输、交换功能。与传统通信网和现行的光通信系统相比,全光网络具有以下六大优势:

- 全光网络能够提供巨大的带宽。全光网络对信号的交换都在光域内进行,可最大限度地利用光纤的传输容量。
- 全光网络具有传输透明性。全光网络采用光路交换,以波长来选择路由,对传输码率、数据格式以及调制方式具有透明性。
- 全光网络具有良好的兼容性。它不仅可以与现有的网络兼容,还可以支持未来的宽带综合业务数据网以及网络的升级。
- 全光网络具备可扩展性。新节点的加入并不会影响原来网络结构和原有各节点设备。
- 全光网络具有可重构性。可以根据通信容量的需求,动态地改变网络结构,并可对光波长的连接进行恢复、建立、拆除。

- 全光网络具有较高的可靠性。全光网络中采用较多的无源器件，省去了庞大的电光、光电转换设备，不仅便于维护，还大幅度提升了网络整体的交换速度，提高了可靠性。

全光网络是5G最理想的承载技术，中国电信在“全光网1.0”实践成功的基础上为应对5G业务挑战已全面开启“全光网2.0”，以打造具有中国电信特色的信息基础设施，形成新一代云化全光化的智能网络。

3. 多媒体网络

多媒体网络是指能够传输多媒体数据的通信工程网络系统，是网络技术和多媒体技术结合的产物。多媒体网络需要满足多媒体信息传输的交互性和实时性要求。主要有以下几点。

- 高传输带宽要求

以分辨率为640×480(像素分辨率为24b)真彩色图像为例，如以每秒25帧动态显示，则需要通信带宽为184 Mb/s(640×480×24×25)，这样的带宽要求是很难实现的，一般采用压缩技术来减少对带宽的要求，常用的压缩标准有ITU-T的H261、H263和ISO的MPEC等。

- 对多媒体传输有连续性、实时性和通信带宽的要求

不同类型的数据对传输的要求不同。如语音数据的传输对实时性要求较强，对通信带宽的要求则不高；高质量的视频通信对实时性和通信带宽的要求都很高。

- 对多媒体传输有同步的要求

即要在传输过程中必须保持多媒体数据之间在时序上的同步约束关系。

- 具有多方参与通信的特点

如视频会议要求任何成员之间可以通信，视频点播要求视频服务器可以同时将视频数据发向多个用户。

典型的网络多媒体系统有：网络视频会议系统、分布式多媒体交互仿真系统、远程教学系统与远程医疗系统等。随着网络技术和多媒体技术的不断发展，多媒体网络的应用将更加普及和完善。

4. 移动网络

移动计算是将计算机网络和移动通信技术结合起来，为用户提供移动的计算环境。其作用是可以在任何时间都能够及时、准确地将有用信息提供给在任何地理位置的用户。如用户在汽车、飞机或火车里可随时随地办公，从事远程事务处理、现场数据采集、股市行情分析、战场指挥、异地实时控制等。主要技术有如下几种。

- 蜂窝式数字分组数据(CDPD)通信平台。其特点是可移动和无线。
- 无线局域网(WLAN)。以微波、激光、红外线等无线电波来部分或全部替代有线局域网中的同轴电缆、双绞线、光纤，以实现移动计算网络中移动节点的物理层和数据链路层的各功能，构成无线局域网。
- Ad hoc网络。Ad hoc网络是一种由一组用户群构成，不需要基站，没有固定路由器的移动通信模式。所有用户都可能移动。并且系统支持动态配置和动态流控制，每个系统都具备动态搜索、定位和恢复连接的能力。

- 无线应用协议 WAP。WAP 是移动通信设备与 Internet 或其他业务之间进行通信的开放性、全球性的标准。它能让用户使用内置浏览器在移动通信设备的屏幕上访问 Internet,可以使具备 WAP 功能的移动通信设备直接上网。

随着我国经济形式的多样化发展,移动网络技术将进一步发展。同时,先进技术也支撑着移动网络产业发展。目前,移动网络的应用已经深入我国的方方面面,未来,移动网络的发展将进一步推动我国智能化水平的不断提高。

8.2 网络设置

8.2.1 IP 协议和 IP 地址简介

1. IP 协议

IP 是 TCP/IP 体系中的网络层协议。设计 IP 的目的是提高网络的可扩展性：一是解决互联网问题,实现大规模、异构网络的互连互通；二是分割顶层网络应用和底层网络技术之间的耦合关系,以利于两者的独立发展。

2. IP 地址简介

- IP 地址

互联网上的主机要完成通信,就需要彼此识别身份,也就是说每台主机都必须有一个唯一的地址来标识。互联网采用 IP 地址表示该主机在网上的位置也叫主机网际协议地址,犹如电话系统中每台接入电话网络的具有标识效用的电话号码。IP 地址由两部分组成：网络号和主机号,其结构如图 8-16 所示。网络号(net-id)标识互联网中一个特定网络；主机号(host-id)标识网络中主机的一个特定连接。目前,IP 地址使用 32 位二进制地址格式,并且在整个互联网中是唯一的。为了避免地址冲突,互联网中的所有 IP 地址都是由一个中央权威机构 SRI 的网络信息中心 NIC(Network Information Center)分配的。

网络号 (net-id)	主机号 (host-id)

图 8-16　IP 地址结构

IP 地址采用点分十进制记法来提高可读性,通常用带点的十进制标记法来书写。IP 地址被划分为 4 段,分别写成 4 个十进制数,段间用圆点隔开,每个十进制数(从 0 到 255)表示 IP 地址的一个字节。例如 192.168.16.129(对应的二进制数为 11000000、10101000、00010000、10000001)。

IP 地址具有如下两个重要性质：

(1) 每台主机的 IP 地址在整个互联网中是唯一的。

(2) 网络地址在互联网范围内统一分配。主机地址则由该网络本地分配,即当一个网络获得一个网络地址后,可以自行对本网络中的每台主机分配主机地址,主机地址部分只需在本网络中唯一即可。

- IP 地址的分类

为适应不同规模网络的需要,Internet 委员会将 IP 地址分为 5 类：A 类,B 类,C 类,D 类和 E 类,适合不同容量的网络,如图 8-17 所示。其中 A 类、B 类和 C 类地址是基本的互联网地址,是供用户使用的地址,所规定的网络地址与主机地址的空间分别与它们相应的长度相关。D 类地址被称为多播地址,E 类地址尚未使用(保留给将来的特殊用途)。我们可以根据网络地址的前面几位确定地址的类型。

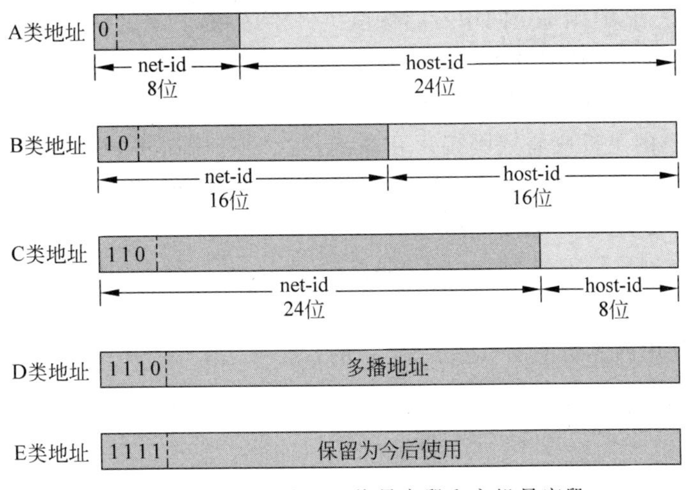

图 8-17 IP 地址中的网络号字段和主机号字段

A 类地址以“0”开头，适用于一个网络中主机数超过 65534 的超大型网络，总共有 126 个 A 类地址，每个 A 类地址内最多可以有 $2^{24}-2=16777214$ 台主机。B 类地址以“10”开头，适用于一个主机数超过 254 而小于 65535 的大、中型网络。总共有 16382 个 B 类地址，每个 B 类地址最多有 $2^{16}-2=65534$ 台主机。C 类地址以“110”开头，用于主机数量不多的小型网络，每个 C 类地址最多有 $2^{8}-2=254$ 台主机，总共有 200 多万个 C 类地址。D 类地址“110”开头，用于多点广播。E 类地址以“11110”开头，被保留供将来使用。NIC 在分配 IP 地址时，只指定地址类型(A、B、C)和网络号，而网络上各台主机的地址由申请者自己分配，其中，A、B、C 类为基本类，表 8-2 给出了基本类 IP 地址空间列表。

表 8-2 基本类 IP 地址空间列表

类别	第一字节	网络号位数	最多网络数	主机号位数	网络中最多主机数	地 址 范 围
A	0～127	7 位	126	24 位	16777214	0.0.0.0～127.255.255.255
B	128～191	14 位	16382	16 位	65534	128.0.0.0～191.255.255.255
C	192～223	21 位	2097150	8 位	254	192.0.0.0～223.255.255.255

- 特殊的 IP 地址

在 A、B、C 类中，有少量 IP 地址不可分配给主机，仅用于特殊用途，即特殊 IP 地址。包含特殊意义的地址有以下几种：

- 自测试地址：127.×.×.×，用来访问本机，一般使用 127.0.0.1。
- 全 0 地址：0.0.0.0，表示“本网络中的本主机”，用于机器启动时与其他机器之间的通信，机器一旦知道自己的 1P 地址后就不再使用。
- 广播地址：网内编号位全部为 1 时，表示在本网络内进行广播。例如 168.126.255. 255，表示将数据广播到网络 168.126 中的所有主机上。
- 有限广播地址：255.255.255.255，在不知道本网网络编号时，可以用这个地址来实现本网内的广播。
- 网络地址：网内编号位全部为 0 时，表示本网络。例如 168.126.0.0，表示网络 168.126。

- 私有地址：在 IP 地址空间中专门保留了 3 个区域，使用这些地址只能在网络内部进行通信，不能与其他网络互连。这些区域是：10.0.0.0～10.255.255.255；172.16.0.0～172.31.255.255；192.168.0.0～192.168.255.255。

用户要将自己的主机或局域网接入互联网，就必须向 Internet NIC（网络信息中心）申请 IP 地址，以避免与其他网络冲突。国内用户可通过 CNNIC 申请 IP 地址。

因此，在配置 IP 地址时，必须遵守以下规则：

(1) 主机号和网络号不能全为 0 或 255。

(2) 网络号不能为 127。

(3) 一个网络中的主机的 IP 地址是唯一的。

8.2.2 IP DNS 域名解析

1. 域名

域名其实就是入网计算机或计算机组的名字，它的作用就像寄信需要写明人的名字、地址一样重要，一一对应地标识计算机的 IP 地址，故域名在互联网上是唯一的。为此互联网规定了一套命名机制，称为域名系统（Domain Name System，DNS），在互联网上，按域名系统定义的、作为服务器的计算机的名字称为域名（Domain Name）。

域名其实就是名字，由于使用分级管理，互联网使用多级的域，因此就出现了“域名”这个名词。加入互联网的各级网络依照 DNS 的命名规则对本网内的计算机命名，并负责完成通信时域名到 IP 地址的转换。域名的一般形式为：

主机名.网络名.机构名.顶级域名

例如，华东政法大学向互联网提供网站服务的计算机的域名是 www.ecupl.edu.cn。其顶级域名是 cn，表示这台主机在中国这个域；edu 表示该主机为教育领域的；ecupl 表示华东政法大学的网络名；最左边的子域是 www（通常为 Web 服务器的子域名），表示该主机的名字。若要登录华东政法大学网的 Web 服务器，人们可以利用它的域名或 IP 地址，但域名显得更直观，便于记忆。这就是使用域名的方便所在。

2. 顶级域名

不同的子域由不同层次的机构分别进行命名和管理。互联网有关机构对顶级域名（最高层域名）进行命名和管理，这些顶级域名可分成两类。一类是基于机构的性质，例如 com 表示商业机构、edu 表示教育部门、gov 表示政府部门、mil 表示军事部门、int 表示国际组织、net 表示网络组织、org 表示非盈利组织等。另一类按照地理位置名称来表示，例如 CN 表示中国、US 表示美国、RU 表示俄罗斯、JP 表示日本、CA 表示加拿大、UK 表示英国、DE 表示德国、HK 表示香港、CH 表示瑞士、FR 表示法国、IT 表示意大利、SE 表示瑞典、NL 表示荷兰、KR 表示韩国等。当然机构名（二级域名）也可基于此法分类。

域名的命名规则如下：

(1) 域名无大小写之分。

(2) 域名最长为 255 个字符，每一段最长为 63 个字符。

(3) 域名只包含 26 个英文字母、数字和连字符“-”。

3. 域名解析

互联网上的计算机是通过 IP 地址来定位的，给出一个 IP 地址就可以找到互联网上的某台主机。而因为IP地址难于记忆，又有了域名，以此来代替IP地址。但通过域名并不能直接找到要访问的主机，需要将域名转换为IP地址，这个过程就是域名解析，其中负责将域名解析成为IP地址的服务器就叫作域名解析服务器。总之，要访问一台互联网上的服务器，最终还是必须通过IP地址来实现，域名解析就是将域名重新转换为IP地址的过程。一个域名只能对应一个IP地址，而多个域名可以同时被解析到一个IP地址。域名解析需要由专门的域名解析服务器来完成。

8.2.3 常用的网络命令

1. ipconfig命令和ping命令

以行命令的方式在Windows的命令提示符窗口中执行对网络的测试和配置，在许多情况下比使用专门的工具程序来得更加直观和简捷。下面通过实例初步接触一些和网络有关的命令。

例8-1 在Windows的“开始”搜索栏输入“cmd”，打开命令提示符窗口，并执行以下命令操作：

(1) 用ipconfig命令查看本机的网络设置。

(2) 用ping命令检查网络是否通畅和网络的连接速度。

操作提示：

(1) 输入命令“ipconfig /all”并按Enter键，可见如图8-18所示的本机网络标识、适配器及其物理地址(MAC码)、IP地址、子网掩码、网关、DNS等设置参数。

```
C:\Documents and Settings\dfli>ipconfig /all

Windows IP Configuration

        Host Name . . . . . . . . . . . . : smmu-47b86bc7c7
        Primary Dns Suffix  . . . . . . . :
        Node Type . . . . . . . . . . . . : Unknown
        IP Routing Enabled. . . . . . . . : No
        WINS Proxy Enabled. . . . . . . . : No

Ethernet adapter 本地连接:

        Connection-specific DNS Suffix  . :
        Description . . . . . . . . . . . : ASUSTeK/Broadcom 440x 10/100 Integr
ated Controller
        Physical Address. . . . . . . . . : 00-11-2F-56-E1-D1
        Dhcp Enabled. . . . . . . . . . . : No
        IP Address. . . . . . . . . . . . : 192.168.153.50
        Subnet Mask . . . . . . . . . . . : 255.255.255.0
        Default Gateway . . . . . . . . . : 192.168.153.100
        DNS Servers . . . . . . . . . . . : 202.121.224.5
                                            202.121.224.4
        NetBIOS over Tcpip. . . . . . . . : Disabled
```

图8-18 运行ipconfig命令

ipconfig命令常用来查看本机的网络设置，其常用形式为：ipconfig /all。常用的设置参数为IP地址192.168.153.50，子网掩码为255.255.255.0，默认网关为192.168.153.100。

(2) 输入命令“ping 192.168.129.247”并按Enter键，可见图8-19中所示的检查本机与IP地址为192.168.129.247的主机之间网络的连接情况。

ping是用来检查网络是否通畅或者网络连接速度的命令。它所利用的原理是：给网络上的目标IP地址发送一个数据包，对方就要返回一个同样大小的数据包，根据返回的数据包我们可以确定目标主机的存在，可以初步判断目标主机的操作系统等。其基本用法为：

ping IP。该命令可带具体参数,在命令窗口中输入: ping /? 按 Enter 键,可看到帮助信息。

```
C:\Documents and Settings\dfli>ping 192.168.129.247

Pinging 192.168.129.247 with 32 bytes of data:

Reply from 192.168.129.247: bytes=32 time<1ms TTL=125
Reply from 192.168.129.247: bytes=32 time<1ms TTL=125
Reply from 192.168.129.247: bytes=32 time<1ms TTL=125
Reply from 192.168.129.247: bytes=32 time<1ms TTL=125

Ping statistics for 192.168.129.247:
    Packets: Sent = 4, Received = 4, Lost = 0 (0% loss),
Approximate round trip times in milli-seconds:
    Minimum = 0ms, Maximum = 0ms, Average = 0ms
```

图 8-19 运行 ping 命令

发出 4 次测试请求,并收到 4 次响应,响应平均时间为 0 毫秒。

利用 ping 命令可以快速查找局域网故障,可以判断网络连接速度。

习　　题

扫码观看

1. 用 ipconfig 命令查看本机的 IP 地址、子网掩码、网关的 IP 地址。
2. 输入命令"ping 192.168.0.1",测试"主机"与路由器之间是否连通。

第9章 声音和视频的基本处理

目的与要求

(1) 掌握数字声音的获取方式。

(2) 掌握使用 Adobe Audition 进行数字声音的简单编辑和效果处理。

(3) 了解语音识别技术的基本概念和应用。

9.1 数字声音的获取

9.1.1 数字声音的基本相关概念

声音是由物体震动产生的,以波的形式通过介质进行传播,人的耳朵能够听到的声音的频率在 20Hz 到 20000Hz 之间,在不同的介质中,声音的传播速度是不一样的。声音的特性可由三个要素来描述,分别是响度、音调和音色。

数字声音是一种利用数字化技术手段对声音进行录制、存放、编辑、压缩、还原或播放的声音。它具有存储方便、存储成本低廉、失真小、编辑和处理非常方便等特点,数字声音有时也称为数字音频。数字声音在计算机中存储和处理时,其数据必须以文件的形式进行组织,所选用的文件格式必须得到操作系统应用软件的支持。不同应用软件中使用的声音文件格式也互不相同。常见的格式有 WAV、Mp3、MIDI、RealAudio、CMF、WMA 和 SACD 等。数字声音的两个重要概念是采样频率和比特率。

- 采样频率。声音采样的时间间隔叫采样频率。常见的采样频率有 16kHz、22.05kHz、37.8kHz、44.1kHz、48kHz 等,采样频率越大声音失真越小。22.05kHz 只能达到 FM 广播的声音品质,44.1kHz 则是理论上的 CD 音质界限,48kHz 则更加精确。声音本是连续量,存储在计算机中时,需要转换成离散量,奈奎斯特采样定理是连续信号与离散信号之间的一个基本桥梁。根据奈奎斯特采样定理,两倍于一个正弦波的频率进行采样就能完全真实地还原该波形,因此一段数字声音的采样频率直接关系到它的最高还原频率。
- 比特率。比特率是指每秒传送的比特(bit)数。单位为 b/s(bit per second),比特率越高,传送数据速度越快。声音中的比特率是指将模拟声音信号转换成数字声音信号后,单位时间内的二进制数据量,是间接衡量音频质量的一个指标。

使用计算机进行数字声音播放的过程是将数字信号转换成模拟信号,数字声音的格式很多,不同格式的数字声音,一般来说,需要对应不同的软件来进行播放。可以使用格式工厂进行数字声音格式的转换。

例 9-1 在素材文件夹中,有一个音频文件“9-1 音频.mp3”,请使用格式工厂将该 MP3

格式的音频转换为 WAV 格式，以文件名“9-1 音频.wma”保存在源文件目录中。

操作步骤如下：

(1) 打开格式工厂软件如图 9-1 所示，先单击左侧的“音频”，打开音频菜单，选择“->WMA”，打开“添加文件”窗口。

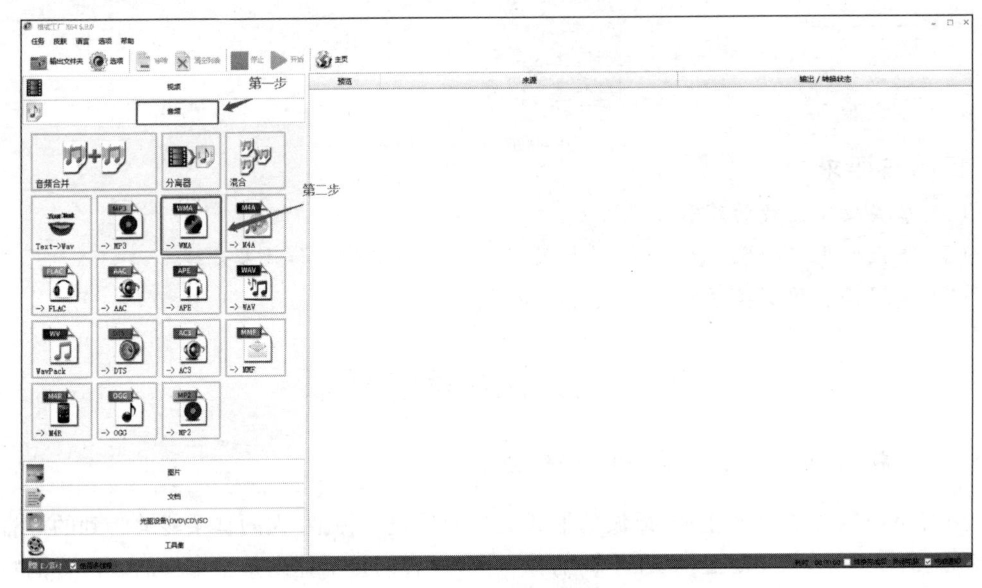

图 9-1　格式工厂文件转换

(2) 单击左下角的文件夹，如图 9-2 所示，设置输出文件的路径。单击“添加文件”，添加要进行格式转换的文件后，文件出现在“文件信息”列表中，单击右下角的“确定”按钮，开始文件格式的转换，如图 9-3 所示。

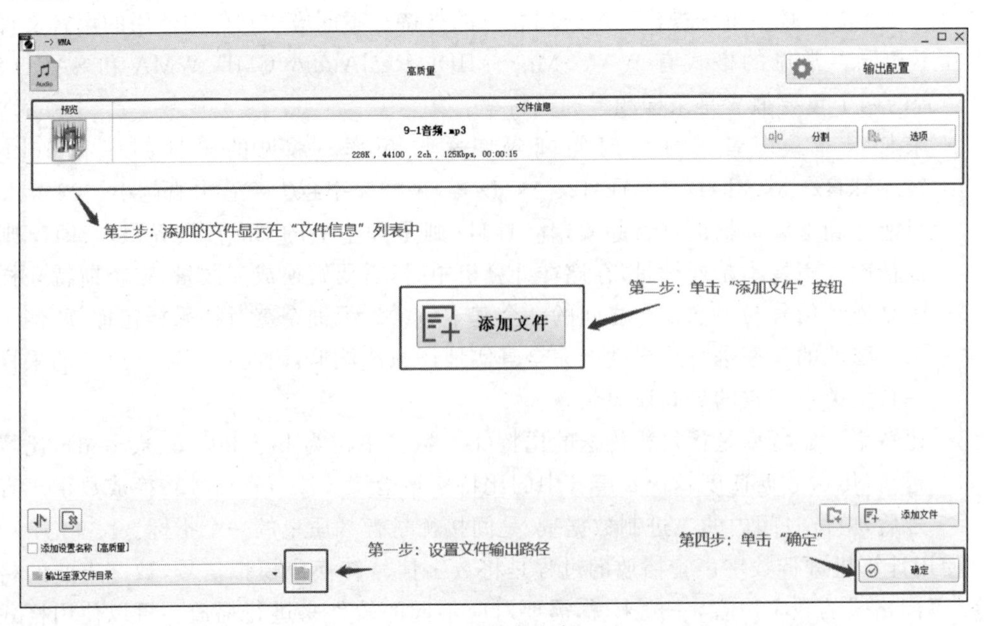

图 9-2　添加文件

(3) 转换结束后，在“素材”文件夹中，出现“9-1 音频.wma”文件。

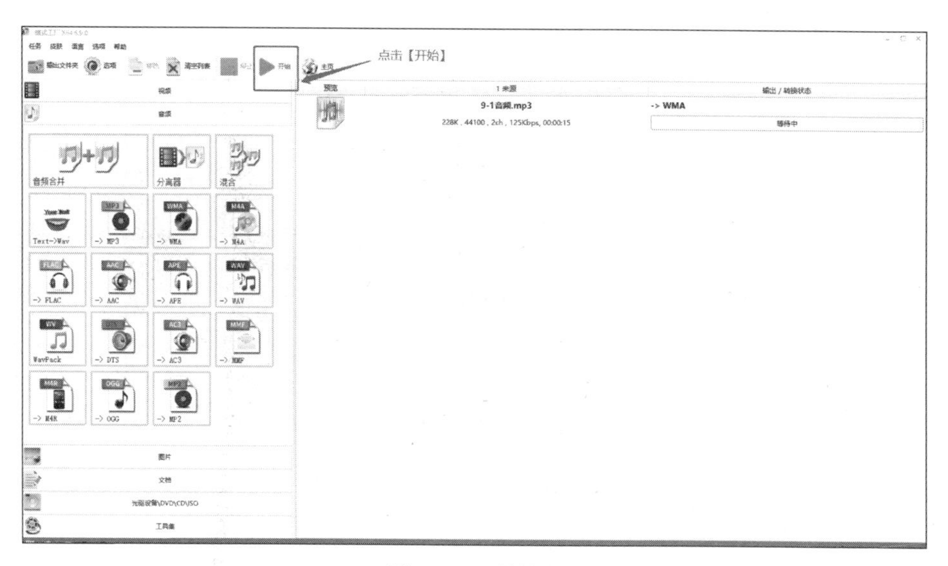

图 9-3　开始转换

9.1.2　通过 windows 10 系统录音机录制声音

例 9-2　使用 Windows 10 操作系统自带的录音机录制一段音频，保存在磁盘上。

操作步骤如下：

(1) 启动“录音机”应用。利用任务栏搜索功能，搜索“录音机”。在弹出的搜索界面中，单击“录音机”应用，即可启动 Windows 10 系统自带的录音机功能，如图 9-4 所示。(注意需要电脑自带麦克风或者外接麦克风设备)

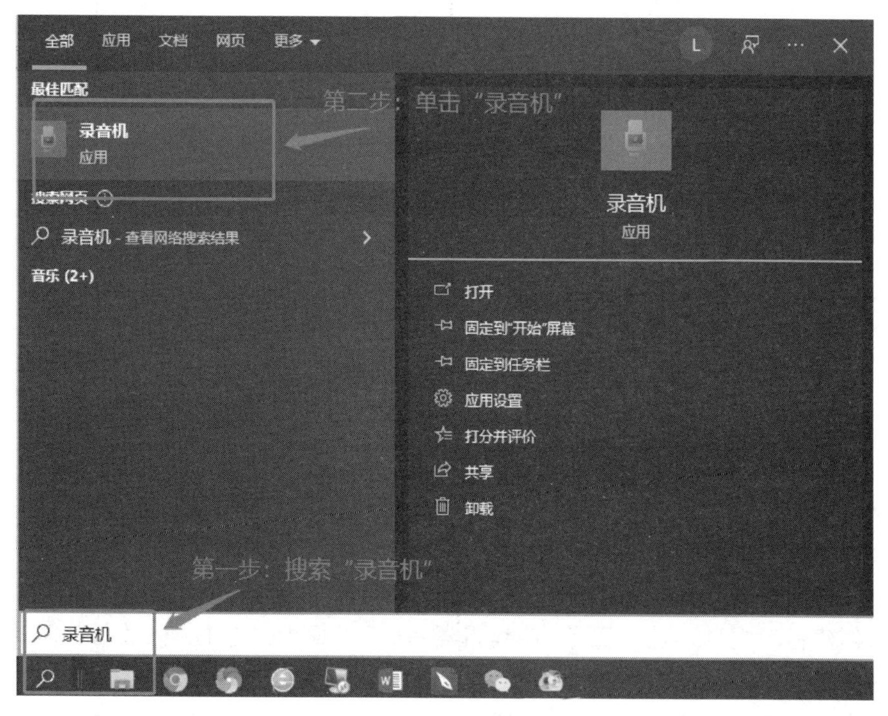

图 9-4　启动“录音机”应用

（2）在“录音机”应用界面，单击“录制”按钮可以开始录制数字声音。

（3）录制结束后，可单击“停止录制”按钮，结束录音，如图 9-5 所示。

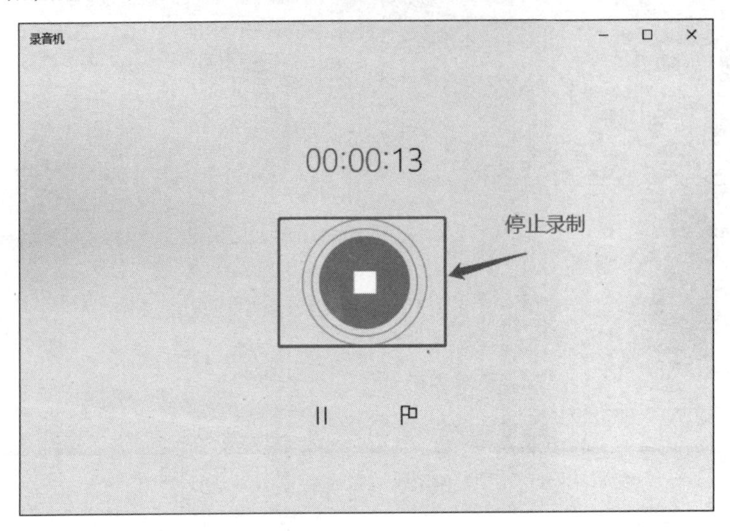

图 9-5　停止录制

（4）录制结束后，刚才录制的声音出现在左侧列表中，右击该声音文件，可在弹出的快捷菜单中选择相应的操作。也可以播放该声音或继续录制，如图 9-6 所示。

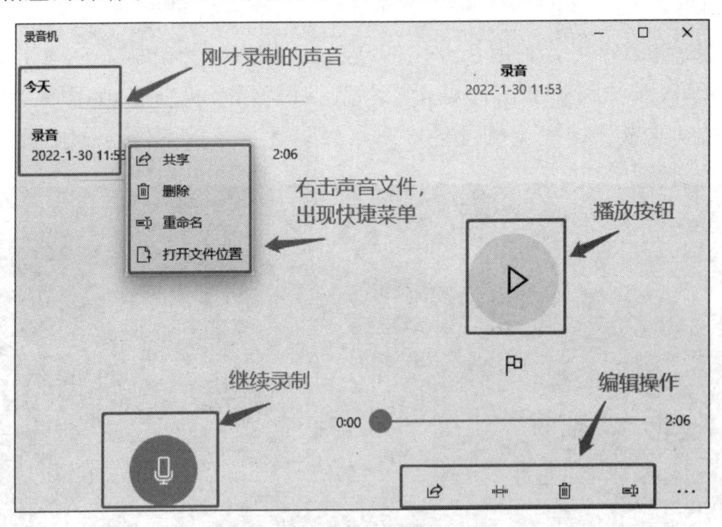

图 9-6　录制完毕的声音

9.1.3　通过 Adobe Auditon 录制声音

例 9-3　通过 Adobe Auditon 软件录制一段音频，保存在磁盘上。

操作步骤如下：

（1）打开 Adobe Auditon 软件，选择“文件”|“新建”|“音频文件”命令，设置相关参数，可以开始创建音频文件。也可以单击“编辑器”面板下面的红色按钮“录制”（Shift＋空格键），开始创建音频文件。

（2）设置参数。文件名为文件的名称，设置为“音频 1”；采样率为 48000Hz；声道：立体声；位深度：32 位。单击“确定”按钮，可以开始录制音频，如图 9-7 所示。

(3) 录制音频。单击红色圆点按钮“录制”，可以开始录制音频，录制中间可以暂停，录制结束后，单击黑色方块按钮“停止”，可以结束音频的录制。

(4) 保存音频。选择“文件”|“另存为”命令，打开“另存为”界面，设置要存储的文件名、存储位置和格式等参数。也可以更改“采样类型”和“格式设置”参数。单击“确定”按钮，将录制的音频文件保存在相应的磁盘位置，如图 9-8 所示。

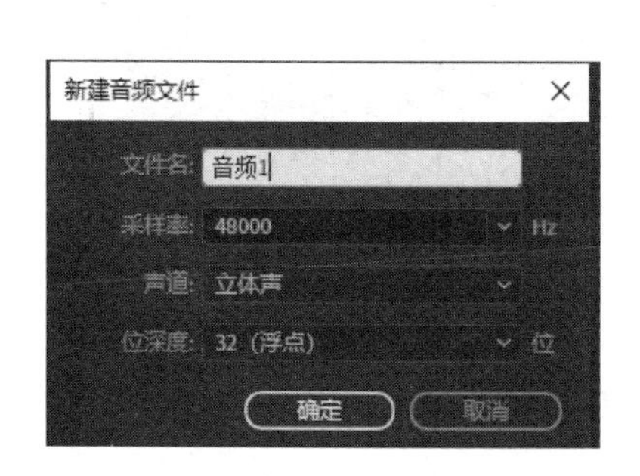

图 9-7　新建音频文件参数设置

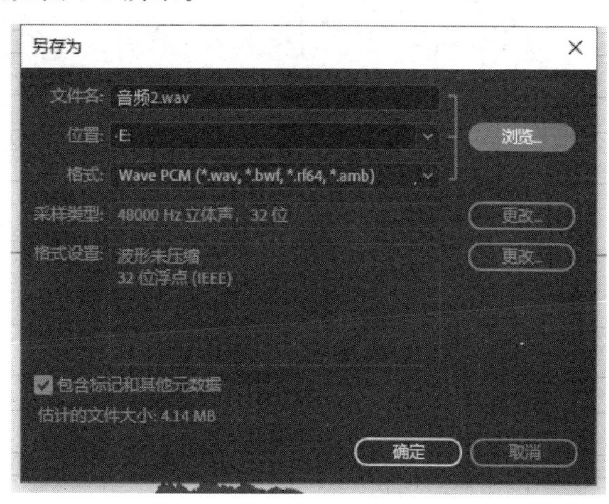

图 9-8　保存文件

本例中需要注意：

(1) 需要电脑自带麦克风或者外接麦克风设备。

(2) 采样率是指文件采样的频率范围。

(3) 声道是指声音在录制或播放时在不同空间位置采集或回放的相互独立的音频信号，所以声道数也就是声音录制时的音源数量或回放时相应的扬声器数量，默认为“立体声”，立体声一般会有 2～4 个发声点，5.1 声道至少可以达到 6 个发声点，单声道一般只有一个发声点。

(4) 位深度越大，提供的动态范围越大，一般可以选择 16 位或者 32 位，默认为 32 位。一般来说，采样率和位深度越大，音频文件的总体大小会越大。

(5) 选择“窗口”|“工作区”|“默认”命令，设置相应的 Adobe Auditon 界面风格。

9.1.4　通过 Adobe Auditon 获取视频中的声音

例 9-4　利用 Adobe Auditon 软件将素材文件中的视频文件“逐帧动画的制作. mP4”中的声音提取出来，以文件名“声音. MP3”保存在磁盘中。

操作步骤如下：

(1) 选择“文件”|“打开”命令，弹出“打开文件”窗口，选择素材文件夹中的“逐帧动画的制作. mP4”，单击“打开”，可在软件中打开视频文件，如图 9-9 所示。

(2) 右击文件名，在弹出的菜单中选择“将音频提取到新文件”，可生成视频的声音文件“未命名”，出现在文件列表中，选中该文件，选择“文件”|“另存为”命令，打开“另存为”界面，可设置相关参数和位置保存视频中的声音文件。

本例中需注意：若需要处理的音频文件格式无法使用 Adobe Auditon 软件打开，可以先利用格式工厂软件转换为 MP4 格式。

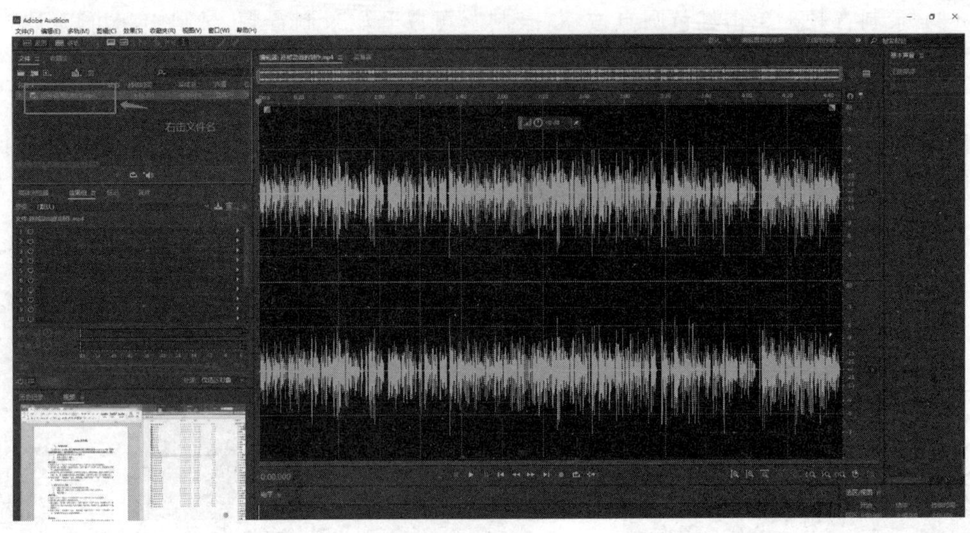

图 9-9　打开视频文件

9.1.5　通过录制立体声混音获取视频中的声音

例 9-5　利用 Adobe Auditon 软件通过录制立体声混音，获取素材文件夹中“逐帧动画的制作. mp4”视频文件的声音。

操作步骤如下：

(1) 设置录制声音硬件。打开 Adobe Auditon 软件，选择“编辑”|“首选项”|“音频硬件”命令，打开“音频硬件”设置窗口。选择“录制”选项卡，右击“立体声混音”，在弹出的快捷菜单中选择“启用”后，单击下方的“设为默认值”，再单击“确定”按钮，如图 9-10 所示。

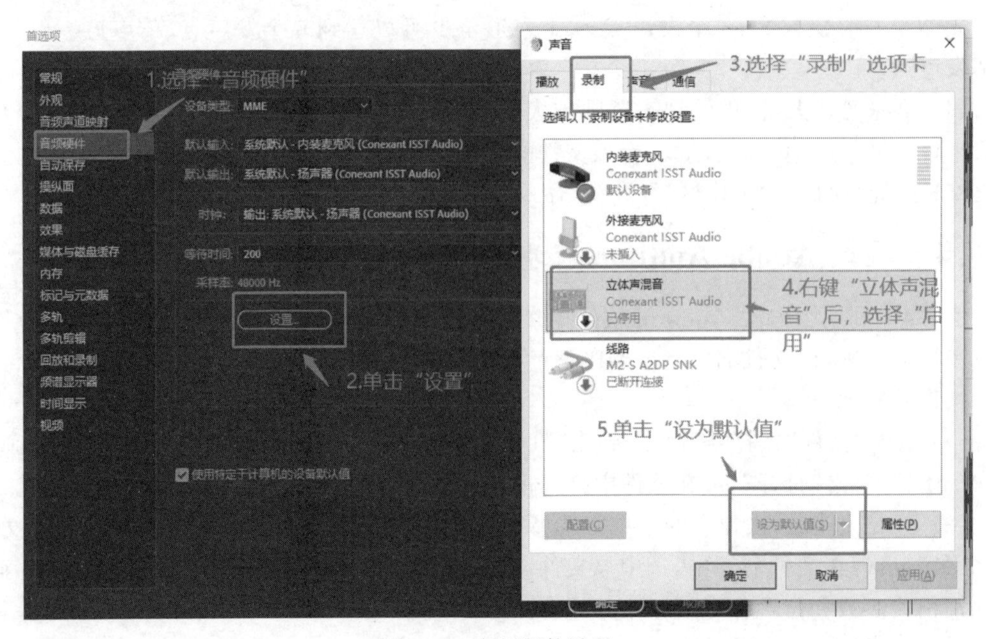

图 9-10　音频硬件设置

(2) 在返回的“首选项”窗口中,“默认输入”显示“立体声混音”,单击“确定”按钮,完成录制声音输入的硬件设置。

(3) 打开素材文件夹中的视频文件“逐帧动画的制作.mp4”,单击开始播放,迅速单击Adobe Auditon软件中的红点,设置相关参数,开始录制,录制结束后保存至磁盘中。

9.1.6 通过格式工厂提取视频中的声音

例 9-6 在素材文件夹中,有一个视频文件“逐帧动画的制作.mp4”,使用格式工厂提取该视频中的声音,以文件名“逐帧动画的制作.mp3”保存在素材文件中。

操作步骤如下:

(1) 在格式工厂软件界面中单击“音频”,在展开的菜单中选择“-> MP3”。

(2) 在弹出的界面中,单击“添加文件”按钮,选择要提取声音的视频文件“逐帧动画的制作.mp4”。在界面左下角中,设置输出音频文件的路径,最后单击“确定”按钮,文件被添加到待转换文件列表中。

(3) 在返回的格式工厂主界面中,单击“开始”按钮,开始声音文件的提取,待转换完成,会在指定文件夹“素材”中,出现“逐帧动画的制作.mp3”文件,声音提取完毕,如图 9-11所示。

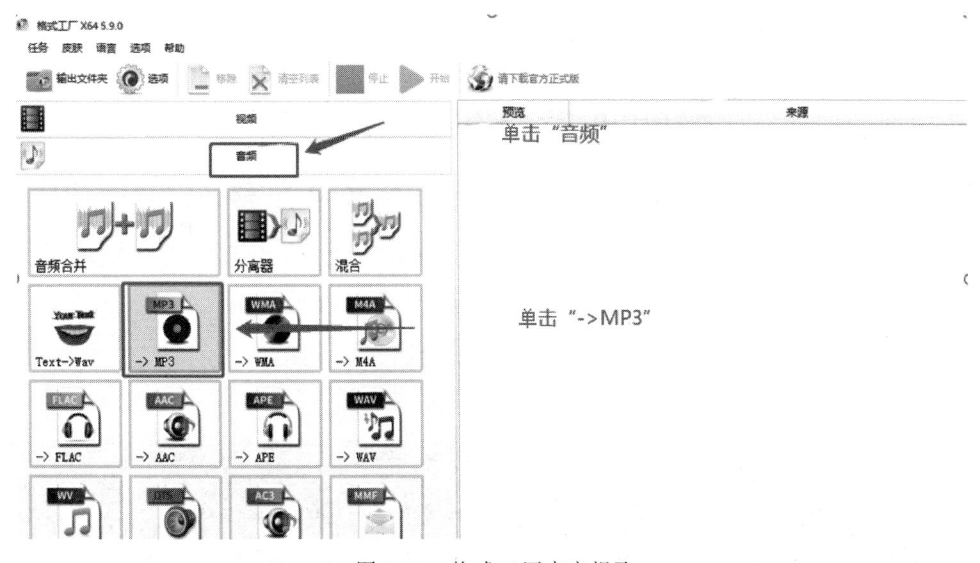

图 9-11 格式工厂声音提取

9.1.7 语音合成简介

语音合成即文本转语音(Text To Speech,TTS)的技术,是将文字转换为计算机语音。TTS可以看作是一个序列到序列(seq-to-seq)的问题,它涉及声学、语言学、数字信号处理、计算机科学等多个学科技术,一般包括两个主要阶段,即文本分析阶段和语音合成阶段。文本分析与一般的自然语言处理步骤类似。例如,句子分割、分词、语音部分等。第一阶段的输出是grapheme-to-phoneme(G2P),它是第二阶段的输入。在语音合成中,它将第一级的输出作为输入并最终生成波形。过去的机器虽然能正常发声,但是随着时代的发展和人机交互体验的需求增加，单纯机器的声音就显得苍白而僵硬，无法给人类提供最生动的交互体验。语音合成与传统的声音回放设备（系统）有着本质的区别。传统的声音回放设备（系统），如磁带录音机，是通过预先录制声音然后回放来实现"让机器说话"的。这种方式无论是在内容、存储、传输或者方便性、及时性等方面都存在很大的限制。而通过语音合成则可以在任何时候将任意文本转换成具有高自然度的语音，从而真正实现让机器"像人一样开口说话"。如今，现代语音合成系统更关注体验至上的个性化技术产出，分为通用性 TTS、个性化 TTS 和情感 TTS。

- 通用 TTS：可满足商业化需求，制作过程包括前期录音人员准备、录音场地确定、录制（数据采集）、后期数据清洗加数据标注可以得到一套完整的"商用数据库"。
- 个性化 TTS：根据数据产品特点提供不同类型的声音进行个性化定制语音库。
- 情感 TTS：通过 XML-tagging 的 prosodic 参数。这种预处理协助 TTS 系统生成合成语音，该语音含有情感线索。情感意图识别是情感 TTS 的重要技术之一，它也与自然语言处理有着密不可分的关系。想要更加趋于人类的真实语言，让机器被赋予情感而不只是一台冰冷的复读机，这是企业都想让产品能够达到的效果。而想要让这样一台机器生动地说话，情感合成语音技术背后的数据库也将更为丰富多样。

常用的在线语音合成工具有百度智能云（https://cloud.baidu.com/product/speech/tts_online）、讯飞开放平台在线语音合成（https://www.xfyun.cn/services/online_tts）等。

9.2 Adobe Auditon 数字声音编辑

9.2.1 Adobe Auditon 的基本工作界面和功能介绍

Adobe Audition 是一个专业音频编辑和混合环境软件，原名为 Cool Edit Pro，被 Adobe 公司收购后，改名为 Adobe Audition。该软件专门为音频和视频专业人员设计，可提供先进的音频混合、编辑、控制和效果处理功能。Adobe Auditon 基本工作界面如图 9-12 所示。

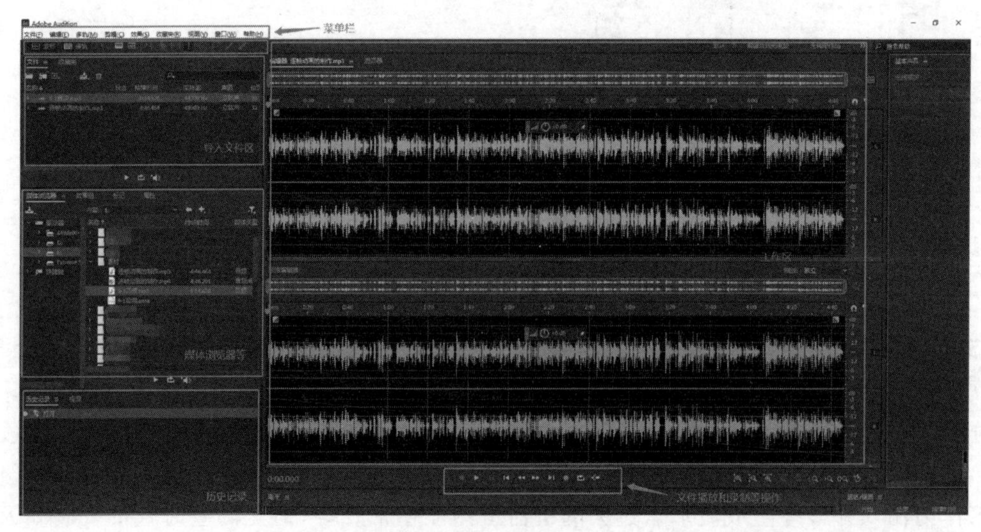

图 9-12 Adobe Auditon 界面

菜单栏：软件的常用功能命令。可选择“窗口”菜单，调整软件界面显示。

导入文件区：显示导入 Adobe Auditon 软件中的音频和视频文件列表。

媒体浏览器：该区域是一个窗口组，包括媒体浏览器、效果组、标记和属性，单击不同的窗口，可以显示相应的窗口界面。其中，在“媒体浏览器”窗口中，可以浏览磁盘文件，可直接拖动相应文件到上方的“文件”窗口中进行文件的导入。

历史记录：该区域也是一个窗口组，包括历史记录和视频。其中历史记录可显示对当前选中文件的历史操作。

工作区：当前选中文件的波形显示在该区域。菜单栏下方的“编辑器”有两种类型，其中“波形”对单一音频进行编辑；“多轨”对多个音频进行编辑等操作。

文件播放和录制等操作：可以录制音频、对选中的音频快速操作，如播放、暂停、快进和快退等。

注意：不同版本的软件，界面会有所不同。

9.2.2 Adobe Auditon 声音编辑

1. 混音的处理(合成配乐诗朗诵)

例 9-7 使用 Adobe Auditon 录制一段诗词朗诵音频，以文件名“诗朗诵.mp3”存在磁盘上，并使用素材文件中的“背景音乐.mp3”作为背景音乐，在 Adobe Auditon 软件中合成配乐诗朗诵，以文件名“配乐诗朗诵.mp3”存放在磁盘上。

操作步骤如下：

(1) 新建多轨会话项目。选择“文件”|“新建”|“多轨会话”命令，设置会话名称为“配乐诗朗诵”，保存位置为“E:\素材”，并设置其他参数，如图 9-13 所示。单击“确定”按钮，在工作区出现多轨编辑器界面：编辑器：配乐诗朗诵.sesx。

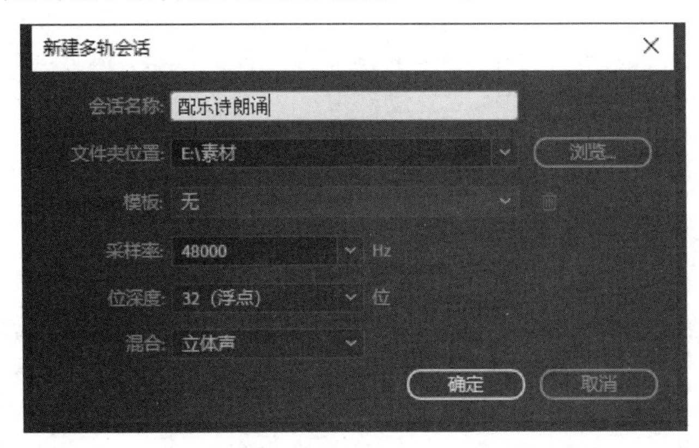

图 9-13 新建多轨会话

(2) 导入音频文件。从“媒体浏览器”窗口将文件“背景音乐.mp3”和“诗朗诵.mp3”拖动到上方“文件”窗口，将两个待混音的文件导入。使用鼠标将“诗朗诵.mp3”音频向右微微拖动，使其前方空 5s 的时间开始播放。

(3) 混音。将文件“诗朗诵.mp3”拖动到“轨道 1”，文件“背景音乐.mp3”拖动到“轨道 2”。单击“全部缩小”按钮，可以将两个音频文件全部显示在一个窗口中，此时时间滑杆变到最长。鼠标从右向左拖动，选中轨道 2 中，对于长出的一段音频，按键盘 Delete 键，可删除多余的背景音乐，将朗诵音频和背景音频文件时间长度调整一致。

(4) 设置背景音乐的淡入淡出效果。将鼠标移到轨道 2 音频起始位置上的“淡入”按钮，左右拖动可以改变淡入的持续时间；上下拖动可以改变淡入的变化速度，单击下方的“播放”按钮，可试听混音的淡入效果。按照同样的方式，设置轨道 2 背景音乐的淡出效果，如图 9-14 所示。

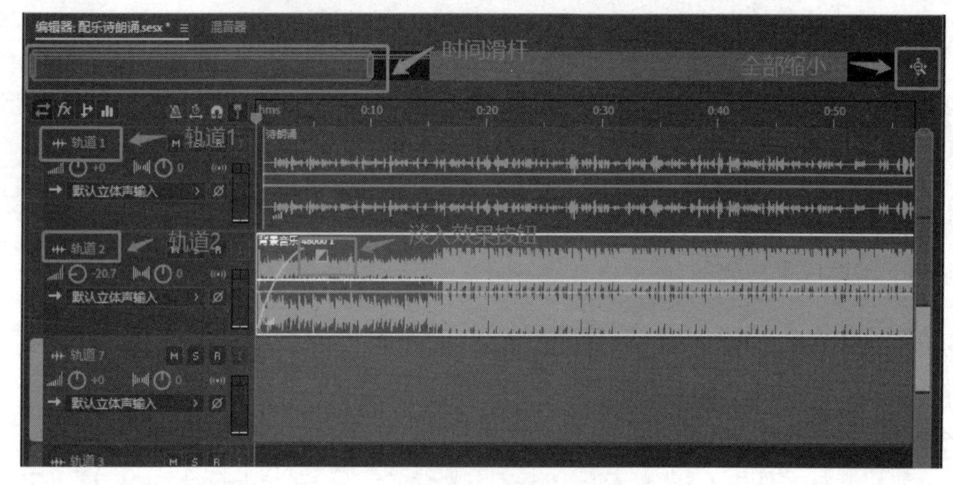

图 9-14　混音

(5) 调整背景音乐音量。单击下方的播放按钮，可从时间轴处播放两个音频的混音，有时需要调节背景音乐的音量，以免背景音乐声音过大。将鼠标移至轨道 2“音量调节”区域，单击，可通过左右移动鼠标进行音量大小的调节；也可以单击音量数字，在文本框中重新输入音量值。本例中，音量值设置为－20.7dB，如图 9-15 所示。

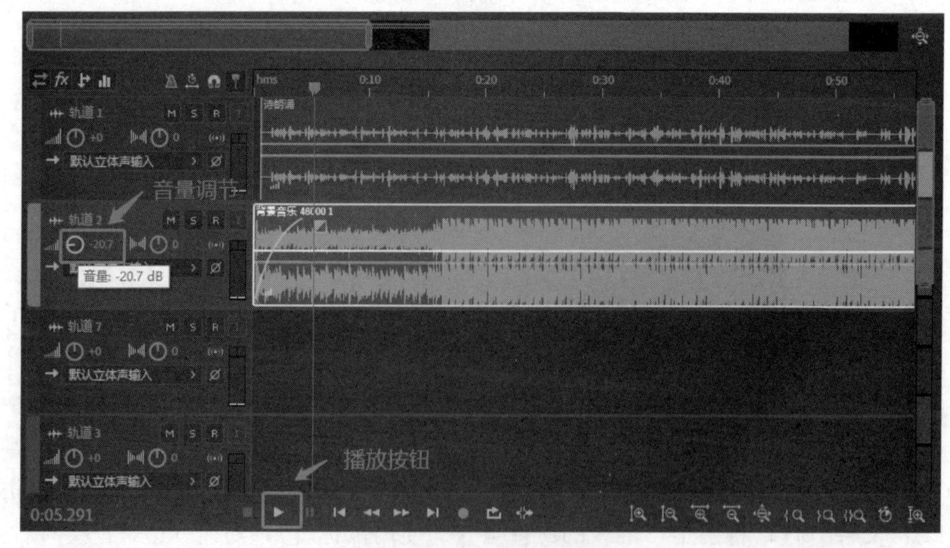

图 9-15　音量调节

(6) 保存。选择“文件”|“导出”|“多轨混音”|“整个会话”命令，打开“导出多轨混音”对话框，设置文件名为“配乐诗朗诵.mp3”、格式为 MP3，单击“确定”按钮，保存文件，如图 9-16 所示。

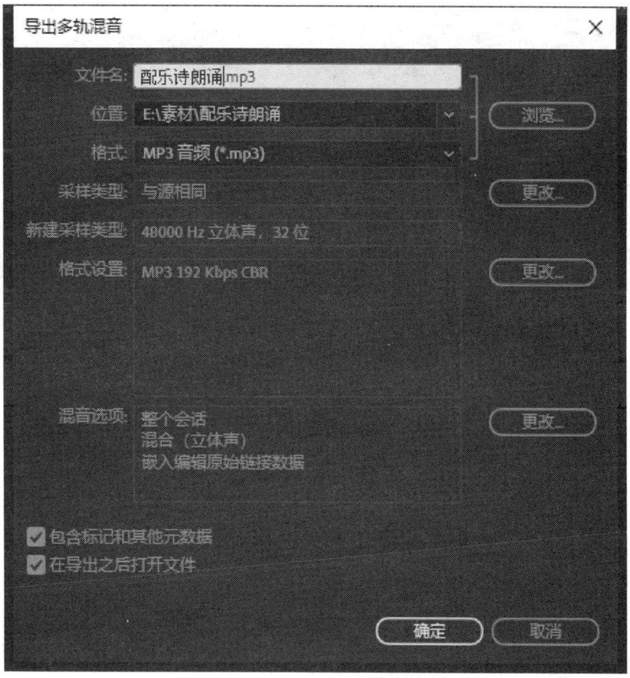

图 9-16　保存文件

注意：若插入轨道中的音频与当前多轨会话采用率等参数不同，Adobe Auditon 会自动调整，如图 9-17 所示，单击“确定”按钮即可。

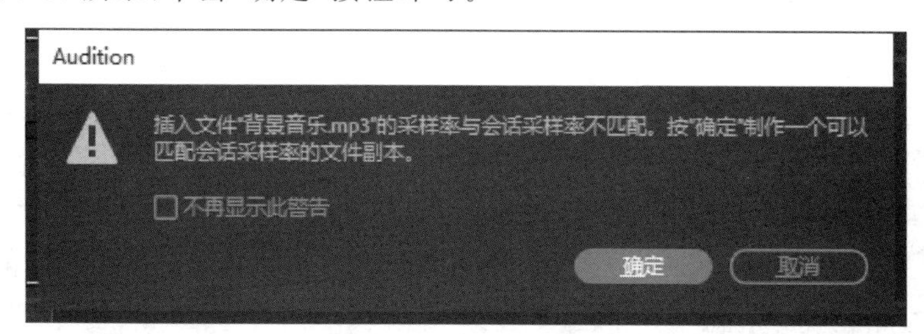

图 9-17　参数自动调整

2. 声音的编辑(淡入淡出效果)

淡入效果是指音乐开始时声音逐渐增加；淡出效果是指音乐结束时声音逐渐减弱。整体效果就是开始的时候音乐声音是缓缓变大，不会突然很大。结束的时候声音逐渐变小，也不会突然地消失。给音频设置淡入淡出效果后会让音频整体显得不那么突兀，会让人有一种听觉上的舒适感。

例 9-8　为素材文件夹中的音频文件“lt_9_8. mp3”设置淡入淡出效果。

操作步骤如下：

(1) 打开 Adobe Auditon 软件，导入音频文件“lt_9_8. mp3”。

(2) 在工作界面中，将鼠标移至“淡入”按钮上方，单击，上下拖动可以设定淡入线性值，左右拖动可以调整淡入的时间长短，如图 9-18 所示。

(3) 淡出效果的操作同淡入效果的设置。

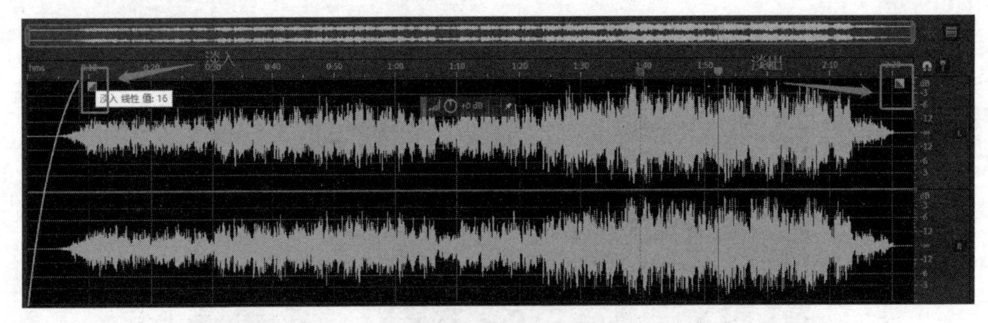

图 9-18　设置淡入效果

3. 音效处理——降噪

例 9-9　编辑音频文件时,若音频里杂音太多,会导致音频的质量下降。要求去掉素材文件夹中音频文件“lt_9_9. wav”的环境噪声。

操作步骤如下:

(1) 打开 Adobe Auditon 软件,导入文件“lt_9_9. wav”。

(2) 单击右下角的“放大”按钮,可以放大音频波形,在音频的最前端,并不是音频声音,而是环境噪声。连续选中环境噪声,选择“效果”|“降噪/恢复”|“捕捉噪声样本”命令,同时会在软件左下角显示“捕捉噪声样本,用时 0.00 秒”。

(3) 再次选择“效果”|“降噪/恢复”|“降噪(处理)”命令,出现“效果-降噪”窗口,使用鼠标拖动左右两侧的上调点,使得绿色的“阈值”曲线与红色的“低”曲线最远,基本与黄色的“高”曲线重合,单击“选择完整文件”后,单击“应用”按钮,可对整个音频进行降噪处理,如图 9-19 所示。

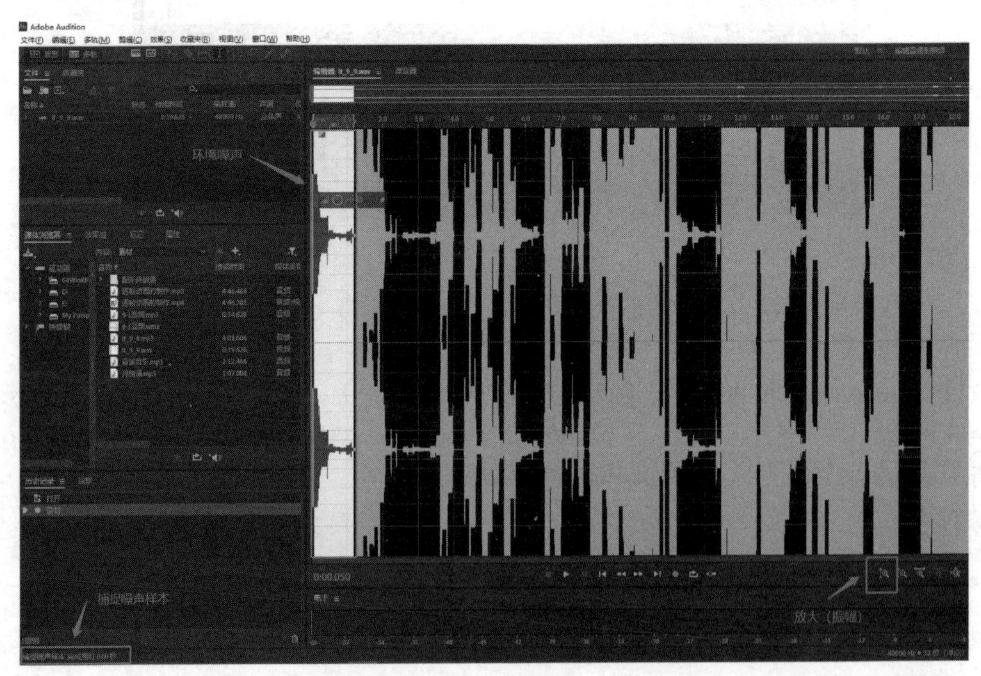

图 9-19　降噪

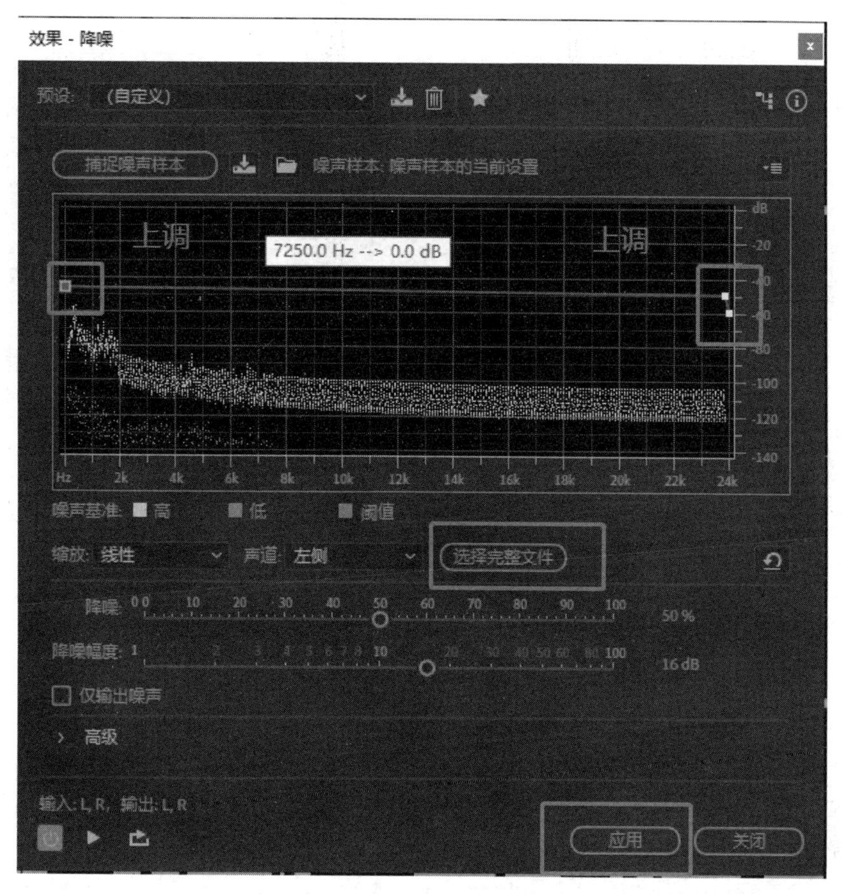

图 9-19 （续）

4. 音效处理——提取伴奏音

一般常用的 Adobe Audition 效果是中置声道提取，因为一首歌曲的高音和低音部分往往承载了歌曲的伴奏，而歌手的人声部分，一般位于波形中央，因此使用中置声道提取器，但在消除伴奏提取人声处理后，往往不会完全消除人声，效果取决于音频文件和相关参数的设置。

例 9-10 为素材文件夹中的音频文件"lt_9_10. mp3"提取伴奏音，保存在磁盘上。

操作步骤如下：

(1) 打开 Adobe Auditon 软件，导入音频文件"lt_9_10. mp3"。

(2) 选择"效果"|"立体声声像"|"中置声道提取器"命令，在"预设"中选择"人声移除"，在"提取"中选择"中心"，将右侧"中心声道电瓶"调低，单击左下角的"播放"按钮可以试听，最后单击"应用"按钮后，显示开始"中置声道提取"，提取结束后，单击"播放"按钮，可以播放已经移除人声的伴奏，如图 9-20 所示。

(3) 选择"文件"|"另存为"命令，可以将伴奏音乐保存到磁盘中。移除人声的音乐波形如图 9-21 所示，原始音乐波形如图 9-22 所示。

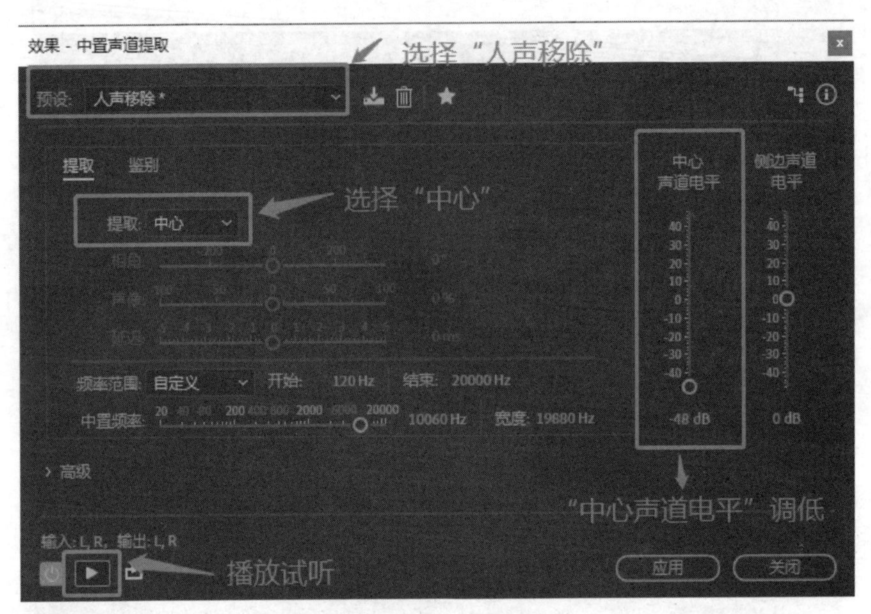

图 9-20　人声移除

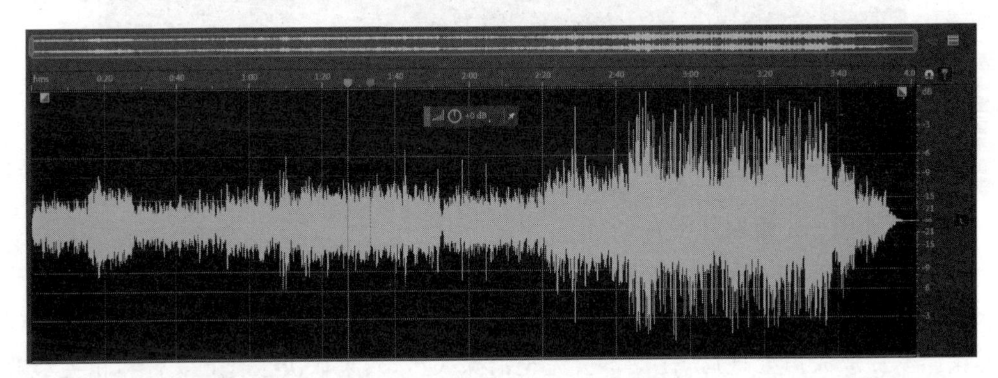

图 9-21　移除人声的音乐波形

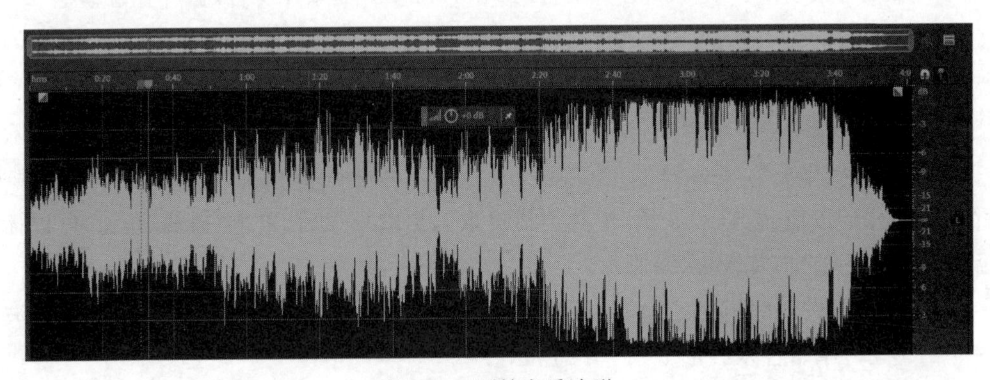

图 9-22　原始音乐波形

5. 视频配音

例 9-11 Adobe Audition 是音频编辑软件，也可以用来给视频配音。要求使用素材文件夹中音频文件“lt_9_11_2. mp3”给视频文件 “lt_9_11_1. mp4”配音。

操作步骤如下：

(1) 打开 Adobe Auditon 软件，导入音频文件“lt_9_11_2. mp3”、视频文件“lt_9_11_1. mp4”。

(2) 将视频文件“lt_9_11_1. mp4”拖入轨道 1，将音频文件“lt_9_11_2. mp3”拖入轨道 2，单击“播放”按钮，音频和视频可以同步播放，方便配音，如图 9-23 所示。

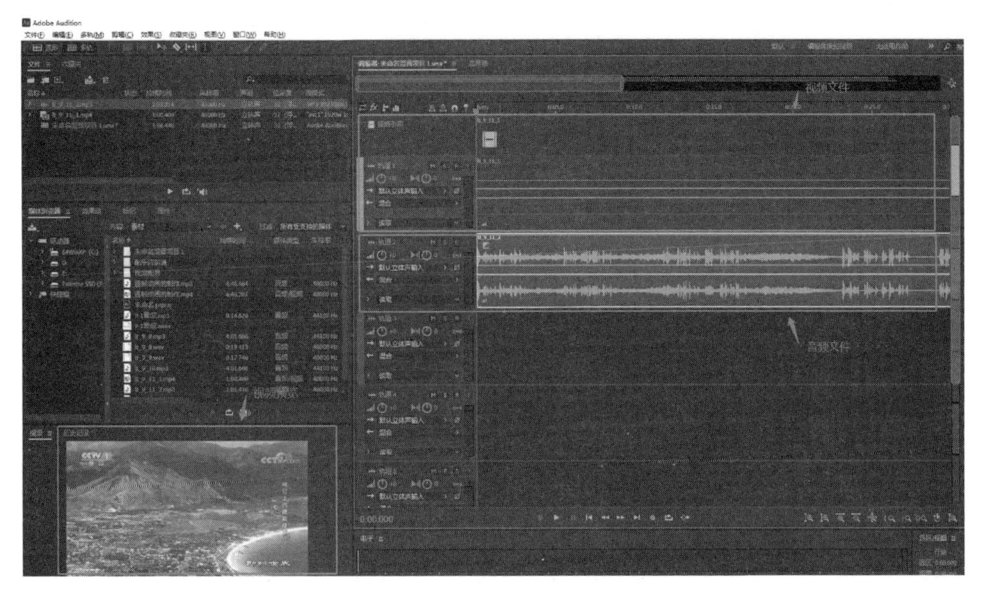

图 9-23 视频配音

9.3 数字视频的获取和编辑

9.3.1 常用的数字视频获取方式

1. 智能手机录制

目前大家使用的智能手机基本都带有视频录制功能，录好视频之后，文件类型一般会有些差别，这里不再做过多介绍。

2. EV 软件视频录制

EV 录屏软件是一款非常实用也非常好用的免费录屏软件，这款软件可以帮助用户录制设备的屏幕，软件很小，免费使用无水印。双击打开 EV 软件，在初始界面中可以对录制的屏幕大小、音频来源等进行设置。单击左下角的“开始”按钮，倒数 3 秒即可开始录制指定的屏幕区域。录制完毕后，单击位于屏幕右下角的悬浮球红色方形按钮结束录制，跳出已录制视频的列表窗口，可以修改录制视频的文件名称和位置，如图 9-24 所示。

3. 360 浏览器录制视频

双击打开 360 浏览器，使用 360 浏览器播放网络视频，将鼠标移动至视频上，在视频的右上角会出现图标，如图 9-25 所示，单击“录制小视频”，启动视频录制窗口。在窗口下方，单击红色圆点按钮“开始录制”，可以开始录制播放的视频。

图 9-24　EV 录屏软件录制视频

图 9-25　使用 360 浏览器录制视频

9.3.2　数字视频的基础编辑

帧是动画中最小的单位，无数帧构成了秒。一帧相当于一个画面，一秒就是由一定的帧构成的。视频常用的帧数有 24 帧、25 帧、29.97 帧以及 30 帧。自媒体或一般的短视频剪辑通常选择的帧速率是 25 帧/秒，意味着 1 秒可以播放 25 个画面。常用的视频格式有：MOV、MP4、AVI、WMV、MPEG、RMVB 以及 FLV 等。

例 9-12 使用 Adobe Premiere 软件，利用素材文件夹中的素材文件“lt_9_11_1. mp4”“lt_9_11_2. mp4”“lt_9_11_3. mp4”“lt_9_11_4. mp3”制作微视频“动物世界”，存放于磁盘中。

操作步骤如下：

(1) 双击打开 Adobe Premiere 软件，选择“新建项目”，在弹出的“新建项目”窗口中设置名称为“动物世界”，设置位置参数后单击“确定”按钮。

(2) 在左下角“项目：动物世界”窗口右击，在弹出的快捷菜单中选择“导入”命令，选择素材文件夹中的素材文件“lt_9_11_1. mp4”“lt_9_11_2. mp4”“lt_9_11_3. mp4”“lt_9_11_4. mp4”“lt_9_11_5. mp3”导入 Adobe Premiere 软件。

(3) 将视频文件依次拖入右侧时间轴上，选择工具箱中的“剃刀”，在第三段视频中 18:16 时间点上单击，将第三段视频分成两段。选择工具箱中的“选择工具”，单击剪辑后的第三段短视频，按键盘上的 Delete 键，删掉此段视频后，将第四段视频向左拖动，和前段视频对齐。视频剪辑完毕。

(4) 连续选中剪辑后的三段视频，右击，在弹出的快捷菜单中选择“取消链接”命令，可将视频与配音文件分开，单击下层的音频文件，按键盘上的 Delete 键删除。

(5) 拖动左侧“lt_9_11_4. mp3”至右侧视频下方，删掉多余的音频，添加视频背景音乐。

(6) 选择“效果”，在效果窗口中，选择“视频过渡”，将合适的效果拖动至两段视频交接处，为微视频添加视频过渡效果。

(7) 选择“文字工具”，可以在视频中添加字幕或者其他文字效果，移动和拖动“图形”，可以调整文字出现的时间和帧数。右击“图形”，选择弹出的快捷菜单中的相应命令，可以调整文字的效果。单击“播放”按钮，可以预览视频的编辑效果，如图 9-26 所示。

图 9-26 视频编辑

(8) 选择“文件”|“导出”|“媒体”命令，在“导出设置”界面设置相应参数，单击“输出名称”，设置保存的路径和文件名称后，单击“导出”按钮，可保存文件，如图 9-27 所示。

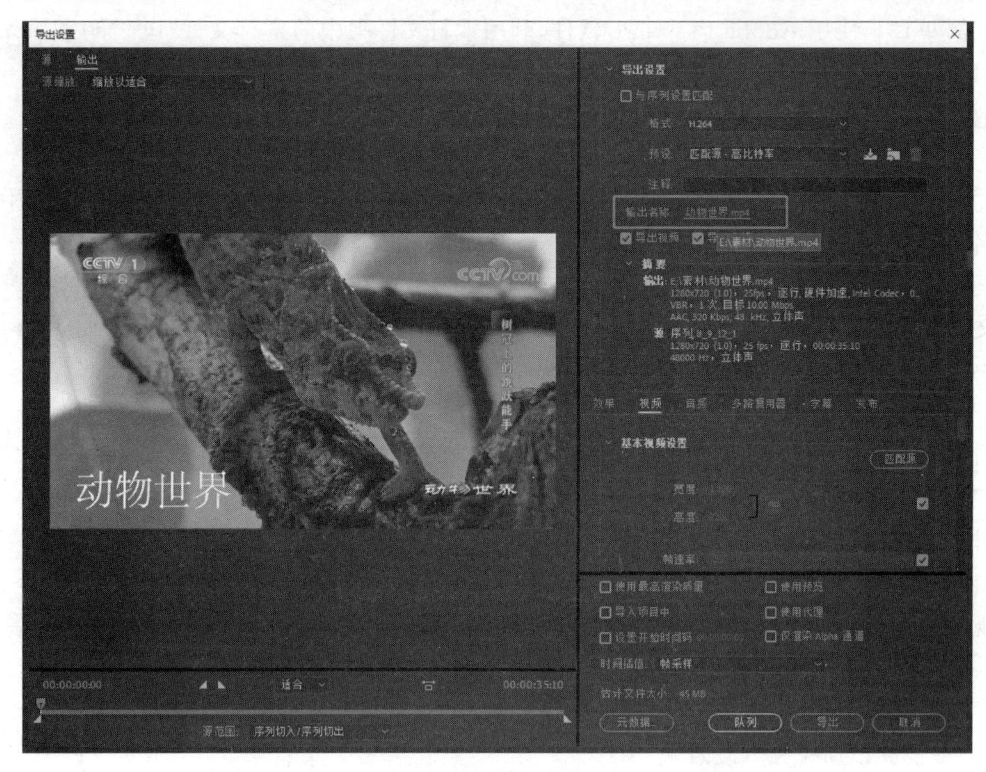

图 9-27　保存文件

习　　题

1. 使用软件 Adobe Audition 录制音频文件，消除环境噪声并设置淡入淡出效果。
2. 尝试使用软件 Adobe Premiere 编辑短视频。